国家示范性高职院校建设项目成果
高等职业教育教学改革系列规划教材

单片机及接口技术
项目教程

李建兰　主　编
顾　捷　殷海双　副主编
邵建龙　主　审

電子工業出版社
Publishing House of Electronics Industry
北京・BEIJING

内 容 简 介

本书以 MCS-51 系列单片机实际应用为主线，采用项目驱动法编写，以理论为基础，以注重实践为原则，采用 C 语言编程。讲解通俗易懂、条理清楚，程序编写思路简洁清晰，学生易于理解。在训练项目的选取上，采用独立模块设计，项目内容尽可能地选择了目前实际工程中常用的新技术、新器件，既力求实例丰富，又强调实用性、针对性和可操作性。书中对软件的安装与使用部分采用适量图片进行说明，以帮助读者更好地理解知识及过程，加深印象。通过该书，读者可在学习过程中自行完成多个综合训练项目的设计与制作，达到学以致用的效果。

本书共 8 个项目：认识单片机、单片机最小系统与 I/O 接口应用、单片机中断系统与定时器/计数器应用、LED 点阵与 LCD 液晶显示接口技术、键盘接口技术、A/D 与 D/A 转换接口技术、串行通信接口技术、单片机应用系统设计。

本书可作为高职高专院校电气自动化、应用电子技术、机电一体化及相关专业的教材，也可供单片机初学者、电子爱好者及职业高中等相关专业师生学习和实践参考。

图书在版编目（CIP）数据

单片机及接口技术项目教程/李建兰主编. —北京：电子工业出版社，2013.1
高等职业教育教学改革系列规划教材
ISBN 978-7-121-19371-2

Ⅰ. ①单… Ⅱ. ①李… Ⅲ. ①单片微型计算机－基础理论－高等职业教育－教材②单片微型计算机－接口技术－高等职业教育－教材 Ⅳ. ①TP368.1

中国版本图书馆 CIP 数据核字（2012）第 311894 号

策划编辑：王艳萍
责任编辑：郝黎明
印　　刷：北京七彩京通数码快印有限公司
装　　订：北京七彩京通数码快印有限公司
出版发行：电子工业出版社
　　　　　北京市海淀区万寿路 173 信箱　邮编：100036
开　　本：787×1 092　1/16　印张：15.75　字数：403.2 千字
版　　次：2013 年 1 月第 1 版
印　　次：2017 年 6 月第 3 次印刷
定　　价：33.00 元

凡所购买电子工业出版社图书有缺损问题，请向购买书店调换。若书店售缺，请与本社发行部联系，联系及邮购电话：（010）88254888，88258888。

质量投诉请发邮件至 zlts@phei.com.cn，盗版侵权举报请发邮件至 dbqq@phei.com.cn。

本书咨询联系方式：wangyp@phei.com.cn。

前言

本书根据教育部高等职业院校的教学与教改指导思想进行编写，适用于培养应用型人才院校的电气自动化、应用电子技术、机电一体化及相关专业的学生。

本书以理论为基础，以注重实践为原则，是编者多年来单片机课程教学改革的成果与经验总结。书中精选对学生后期的职业发展有益的专业知识和实用技巧，从实际应用出发，突出培养学生运用所学知识和技能解决实际问题的综合应用能力，为其今后的职业生涯打下良好的基础。本书具有以下几个特色。

1．按学习情境重构课程内容，用训练项目组织单元教学

本书分为 8 个学习情境，包括 22 个训练项目，以设计制作多个电子小产品的形式，讲解单片机应用系统的基础知识、开发过程、设计方法和基本技能。全书按学习情境编排，每个学习情境就是一个学习项目，每个学习项目包括若干个训练项目，按照先简要叙述理论知识、再介绍训练项目仿真及制作的形式展开论述。每个训练项目实际上是完成设计制作中的一个小任务，单片机应用系统设计所需要的专业知识和基本技能穿插在各个任务完成的过程中，每个训练项目只讲解完成本任务所需要的基本知识、基本方法和基本技能，从而将知识化整为零，降低了学习的难度。

2．融“教、学、做”于一体，突出教材的基础性、实践性、科学性和先进性

书中每个训练项目都是按以下方式组织编排的：目的→任务→任务引导→硬件电路设计→软件设计→功能仿真→实物制作。其中，任务是对功能的要求，后续的各部分都是围绕任务的实现而展开的；任务引导部分主要供读者在完成任务时有一个整体设计思路，也是本任务完成后所要掌握的基本知识；硬件电路设计、软件设计和功能仿真是实践时必须亲手做的事情；实物制作可根据实际情况选做。每个训练项目中都穿插了相关方法、技能和技巧的介绍。本书融“教、学、做”于一体，突出了基础性、实践性、科学性和先进性，读者能在完成训练任务的过程中水到渠成地学会单片机应用技术。

3．强化对工程上的实用方法的介绍，突出教材的实用性和实效性

书中的内容来源于实际产品，无论是器件的选型，还是电路的设计及程序的编写，都反映了工程上的实际需求。书中全部代码采用现在市场上普遍使用的 C 语言编写，突出了教材的实用性和实效性。

4．注重新旧知识的衔接

本书通过数字芯片 3 个典型实例引出单片机的用途，将新旧知识有机结合，直观实用，拓宽了读者的眼界，使读者对单片机产生浓厚的兴趣，增强学习的主动性。

5．提供配套的仿真和实训平台，避免教材与实训环节相互脱节

单片机及接口技术是一门实践性非常强的课程，必须加强实践环节的训练。因此，我们将 51 单片机仿真板和 Proteus 仿真软件引入教学内容，每个训练项目都实现了仿真，同时研制并推出了第一代和第二代单片机学习板以供教学和实训用。该学习板与本书训练项目配套，避免了以往出现的教材与实际应用相互脱节的问题，真正做到课堂内外相互统一。

6．提供了立体化教学资源，便于教师备课和读者自学

本书有配套的立体化教学资源库，包括教学大纲、教学计划、教学视频、仿真录像、教学课件、源程序、电子教案等，请有需要的教师登录华信教育资源网（www.hxedu.com.cn）免费注册后进行下载，如有问题请在网站留言或与电子工业出版社联系（E-mail: hxedu@phei.com.cn）。

本书由李建兰任主编，顾捷、殷海双任副主编，项目 1～6 由李建兰编写，项目 7～8 由殷海双编写，附录 A～F 由顾捷编写，全书由李建兰统稿，邵建龙主审。

我们希望这本以 MCS-51 系列单片机实际应用为主线的教材能对读者学习单片机及接口技术有所帮助。由于编者水平有限，书中难免会有错误和不妥之处，恳请广大读者批评指正。

编　者

目　　录

项目 1　认识单片机

1.1　学习情境

对于智能化的电子产品，如果单靠数字芯片通过逻辑设计来实现控制功能，其产品成本较高、灵活性不强、开发周期长、通用性差，更不便于维护。那么，怎样才能制作出灵活、多样、高效、智能的电子产品呢？让我们先来认识一下单片机。

单片机（MCU，Micro Controller Unit）是一种可通过编程控制的微控制器。在许多大批量小型智能产品的开发过程中，往往要求直接采用单片机进行开发，因为这样不仅可以大幅度降低生产成本，而且可以提高产品的可靠性和效率。本书就从数字芯片和 C 语言编程技巧出发，深入到单片机内部，学习单片机基础知识，掌握如何用单片机来开发或制作智能电子产品，进而逐步深入到单片机的应用领域。

从数字芯片到单片机，采用的硬件平台不一样；从 C 语言程序设计到单片机 C51 程序设计，编程的侧重点也发生了很大变化。作为对单片机的一个初步认识，我们先从熟悉的电路功能开始，用不同的平台完成相同的任务。通过类比和分析，读者就能知道什么是核心的技能和方法了；从单片机应用实例中，读者也能感性认识到单片机的强大功能和灵活的控制能力，相信你已很想一试身手了。

1.2　什么是单片机

单片微型计算机简称单片机，又称为微控制器（MCU），是微型计算机的一个重要分支，主要用于实现智能控制。

单片机外观如图 1-1 所示。

图 1-1　单片机外观图

简单地说，单片机是一片集成芯片（IC），但却不是一片普通的 IC，它是把微型计算机的主要部件集成制造在同一个 IC 内而形成的微型计算机。

单片机定义：单片机是把微型计算机中的微处理器（CPU）、存储器、I/O 接口、定时器/计数器、串行通信接口、中断系统等电路集成在一块集成电路芯片上形成的微控制器。

各大 IC 制造厂为适合不同用途设计出的单片机品种非常多，目前市场上以 Intel 公司的 MCS 系列最为普遍，它共有三大系列——MCS-48 系列、MCS-51 系列和 MCS-96 系列，其中主流是 MCS-51 系列。

MCS-51 单片机是由美国 Intel 公司生产的 8 位高档单片机系列，也是我国目前应用最为广泛的一种单片机系列。这一系列单片机品种很多，如 8031、8051/80C51、8751 等，其中 8051/80C51 是整个 MCS-51 系列单片机的核心，该系列其他型号的单片机都是在这一内核的基础上发展起来的。所以人们习惯于用 8051 来称呼 MCS-51 系列单片机，简称 51 系列单片机。

MCS-51 单片机分为 51 和 52 两个子系列，并以芯片型号的末位数字加以标记。其中，51 子系列是基本型，而 52 子系列是增强型。

单片机型号中带有字母“C”的，表示该单片机采用的是 CHMOS 工艺，具有低功耗的特点，如 8051 的功耗为 630mW，而 80C51 的功耗只有 120mW。

Intel 公司将 MCS-51 的核心技术授权给了很多公司，所以许多公司都在做以 MCS-51 为核心的单片机。当然，功能或多或少有些改变，以满足不同的需求。其中较典型的一款单片机 AT89S52 是由美国 Atmel 公司以 MCS-51 为内核开发生产的。

AT89S52 是一种高性能、低功耗的 8 位单片机，其内部含有 8KB 的 Flash ROM，可以反复擦写，并有 ISP（In System Programmable，系统在线编程）功能，支持在线下载，非常适于做实验。在实际工程应用中，功能强大的 AT89S52 已成为许多高性价比嵌入式控制应用系统的解决方案之一。

另外还有一款 STC 系列单片机，它是宏晶科技推出的新一代超强抗干扰/高速/低功耗的单片机，指令代码完全兼容传统 8051 单片机，其功能更为强大，下载程序更为简单方便，本书即采用 STC89C51RC 单片机作为主控芯片。在后面的仿真过程中，由于仿真软件中没有 STC 系列单片机，故仍用 AT89C51 单片机，仿真效果是相同的。

1.3 单片机能做什么

单片机究竟能做些什么，它与数字芯片有什么关系呢？下面来回顾几个典型数字芯片实例电路，然后用单片机来实现其控制功能。

【实例 1-1】 产生秒脉冲信号

方法 1：用 555 芯片实现

在数字电路中可利用 555 芯片构成多谐振荡器电路产生秒脉冲。多谐振荡器电路如图 1-2 所示。

电路分析：

由图 1-2 可知，数字芯片 555 定时器外接电阻 R1、R2 和电容 C1 构成了一个多谐振荡器，图中电阻 R1、R2 和电容 C1 组成充电电路，电阻 R2、电容 C1 和 555 芯片内的放电管 T 组成放电电路。在接通电源后，电源 VCC 通过 R1 和 R2 对电容 C1 充电，此时输出端 OUT 为高电平，充电时间常数 $\tau=(R_1+R_2)C_1$；当电容 C1 两端电压充电到 $u_C>2/3V_{CC}$ 时，放电管 T 导通，此时电容 C1 开始通过电阻 R2 和放电管 T 放电，输出端 OUT 为低电平。这一过程周而复始振荡下去，便产生如图 1-2（b）所示的脉冲波。

图中输出高电平的脉冲宽度 t_1 由电容 C1 的充电时间来决定，$t_1=0.7(R_1+R_2)C_1$；输出低电平的脉冲宽度 t_2 由电容 C1 的放电时间来决定，$t_2=0.7R_2C_1$；脉冲周期 $t=t_1+t_2$。

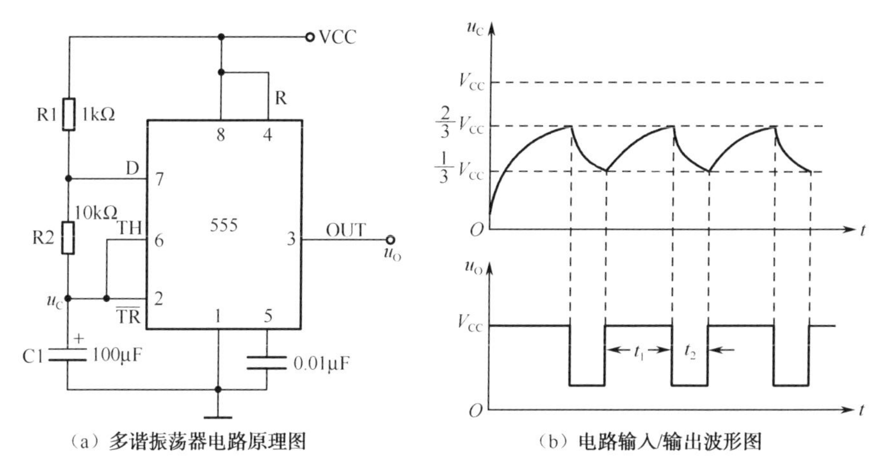

（a）多谐振荡器电路原理图　　（b）电路输入/输出波形图

图 1-2　555 芯片多谐振荡器电路

由此可知，可以通过改变电阻 R1、R2 和电容 C1 的值来改变输出脉冲的宽度。

调试与仿真：

调用 Proteus 仿真软件，观察仿真电路运行情况，其仿真结果如图 1-3 所示。

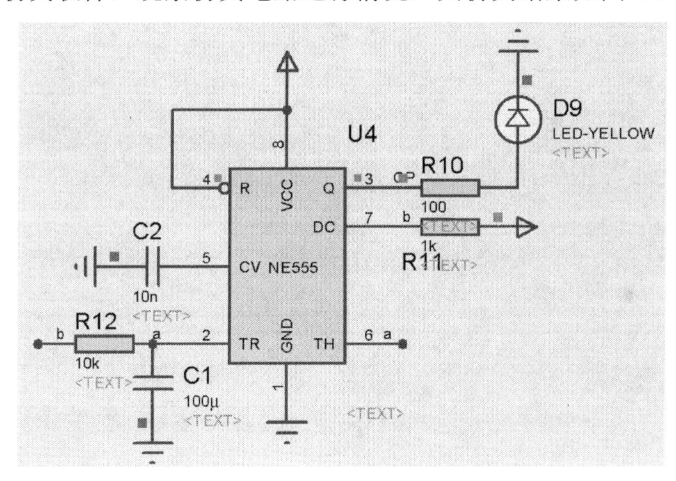

图 1-3　555 芯片多谐振荡器电路仿真

方法 2：用单片机控制实现

现在用单片机控制来完成秒脉冲，单片机控制 LED 电路框图如图 1-4 所示。

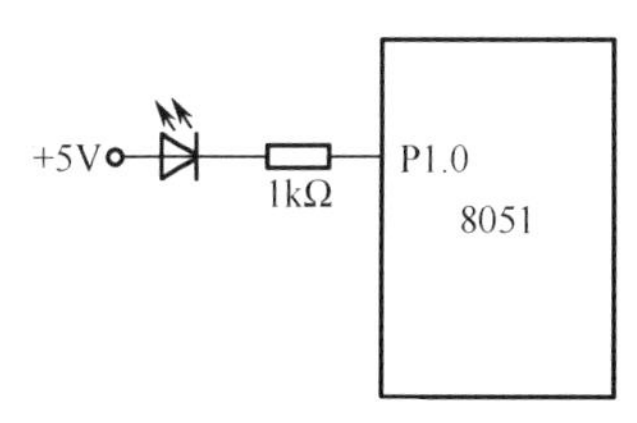

图 1-4　单片机控制 LED 电路框图

电路分析：

由图 1-4 可知，只要给单片机的 P1.0 口送 0 信号，LED 灯亮；送 1 信号，LED 灯灭。如果不断反复地送 0、1、0、1…信号，LED 灯便可以不断循环闪烁。

编写程序：

编写 C51 控制源程序如下所示。

```
/*******************************************************************************
        * @File：chapter 1_1.c
        * @Function：LED1 灯间隔 1s 循环闪烁
*******************************************************************************/
    #include<reg51.h>                    //51 系列单片机头文件
    #include <stdio.h>                   //标准 I/O 库函数头文件
    #define uint unsigned int            //宏定义
    sbit LED1=P1^0;                      //定义单片机 P1 口的第一位接 LED 灯
    uint i,j;                            //定义变量
    void main()                          //主函数
    {
        SCON=0x52;                       //串口初始化打开串口窗口
        TMOD=0x20;
        TH1=0xf3;
        TR1=1;
        printf("Program   Running ! \n ");   //输出三行信息
        printf("LED1   ON  :    1s   \n ");
        printf("LED1   OFF:   1s     \n ");
        printf("\n ");
        while(1)                         //大循环
        {
            LED1=0;                      //点亮第一个发光二极管
            for(i=1000;i>0;i--)          //延时 1s
                for(j=125;j>0;j--);
            LED1=1;                      //关闭第一个发光二极管
            for(i=1000;i>0;i--)          //延时 1s
                for(j=125;j>0;j--);
        }
    }
```

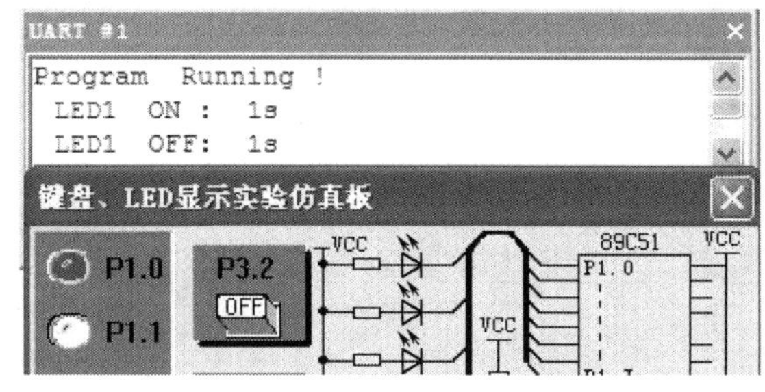

图 1-5　LED1 灯间隔 1s 循环闪烁

调试与仿真：

启用 Keil 软件编译、调试、运行程序，同时调出键盘、LED 显示实验仿真板，在 Keil 开发环境中进行仿真，其仿真显示结果如图 1-5 所示。

通过调试程序可以发现，要想改变输出脉冲的宽度，不用修改硬件电路，只需改变调试程序里的延时函数的参数值即可，也就是实现了用软件来控制硬件电路，使电路功能的调试修改更加简单方便。

【实例 1-2】　实现 8 个 LED 灯循环点亮与熄灭

方法 1：用 74LS194 芯片实现

在数字电路中可利用两片 74LS194 双向移位寄存器来实现八彩灯的循环点亮与熄灭，电路原理图如图 1-6 所示。

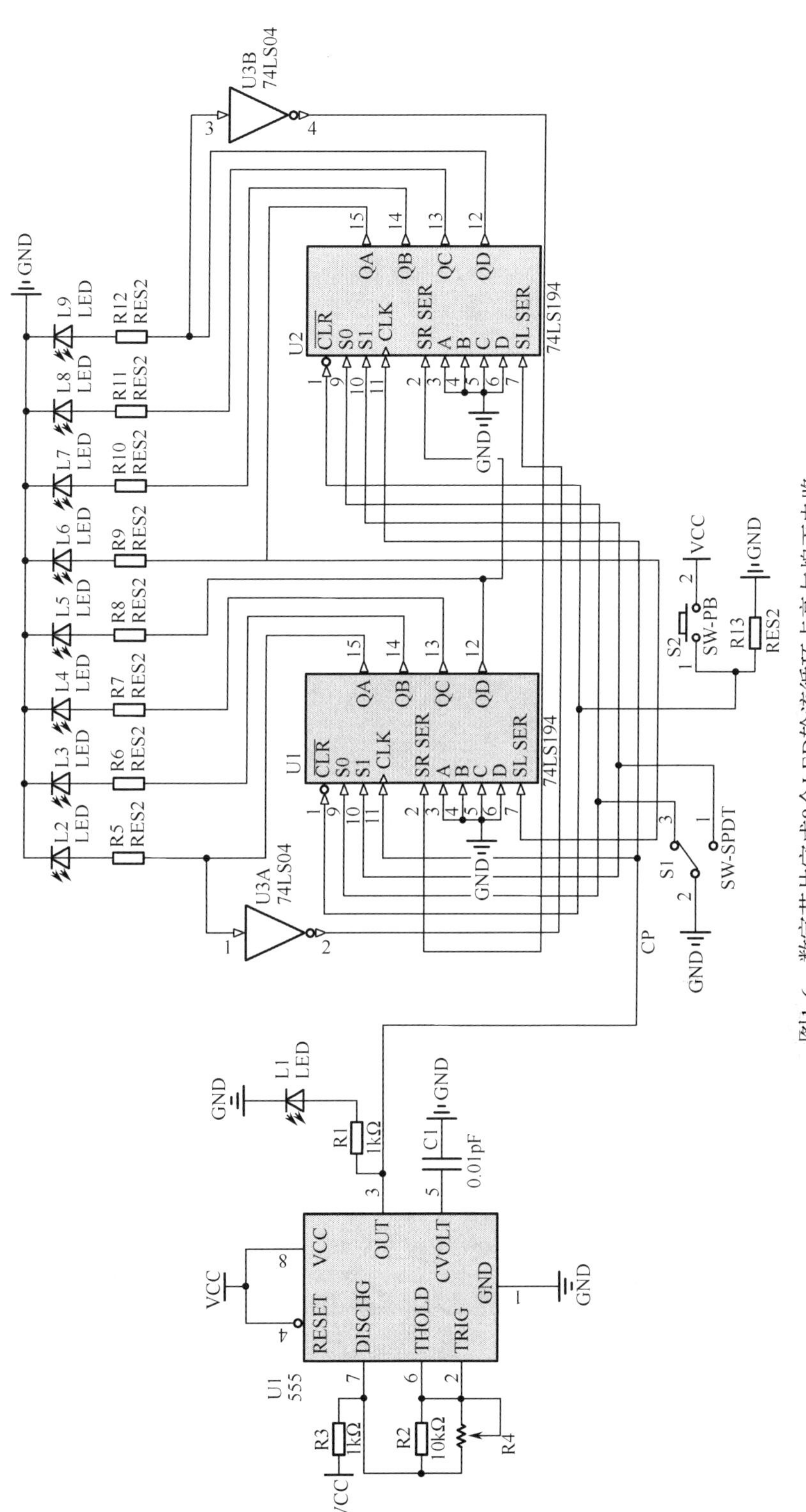

图1-6　数字芯片完成8个LED轮流循环点亮与熄灭电路

电路分析：

由图 1-6 可知，两片 74LS194 芯片连接成了一个 8 位二进制双向移位电路，通过 A、B 控制端控制 74LS194 双向移位寄存器的方向。

（1）右移：将控制端 A 接低电平，B 接高电平，秒信号输入端（CP）接图 1-2 多谐振荡器电路 OUT 端。接通电源，电路中的发光二极管从左至右逐个循环点亮，然后又从左至右逐个循环熄灭，依此规律不断循环。

（2）左移：关闭电源，将控制端 A 接高电平，控制端 B 接低电平，秒信号输入端（CP）接 555 定时器构成的秒信号发生器。再次接通电源后，与原来的显示方式不同，电路中的发光二极管从右至左逐个循环点亮，然后又从右至左逐个循环熄灭，依此规律不断循环。

调试与仿真：

调用 Proteus 仿真软件，观察仿真电路运行情况，其电路仿真结果如图 1-7 所示。

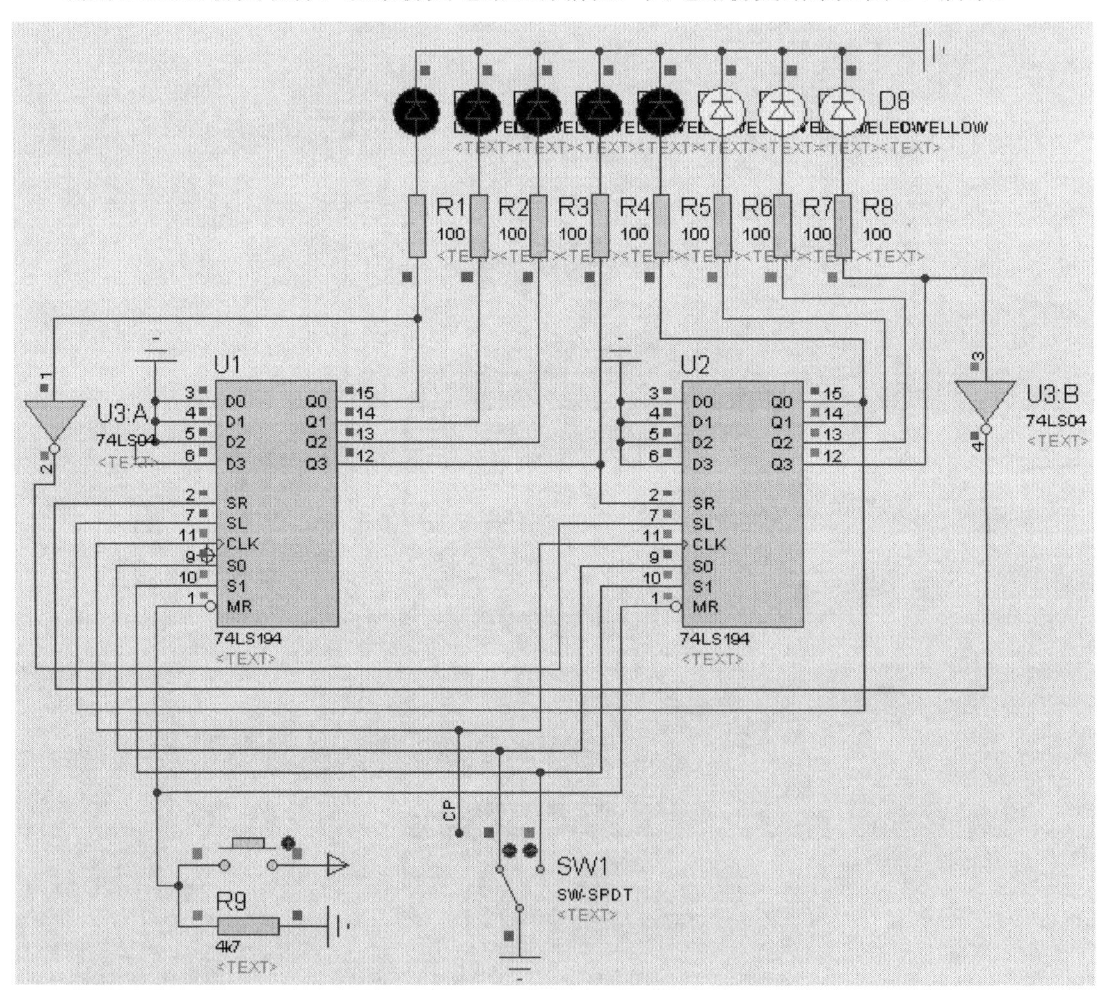

图 1-7　数字芯片 8 个 LED 轮流循环点亮与熄灭电路仿真

对于上述电路，要想改变八彩灯显示花样，需要重新设计电路图才行，这样做相当麻烦，所以单一由数字芯片构成的数字电路其控制灵活性较差。

方法 2：单片机控制实现

现在用单片机控制来实现 8 个 LED 轮流循环点亮与熄灭，同时通过修改程序改变显示花样和显示速度。

单片机控制八彩灯电路框图如图 1-8 所示。

电路分析：

由图 1-8 可知，要使 8 个 LED 灯循环点亮与熄灭，只需在单个 LED 闪烁的基础上，循环点亮或熄灭下一个 LED 灯即可。在这里采用数组形式定义彩灯的花样代码，每经过 1s，再取下一个 LED 灯的花样代码，不断循环。

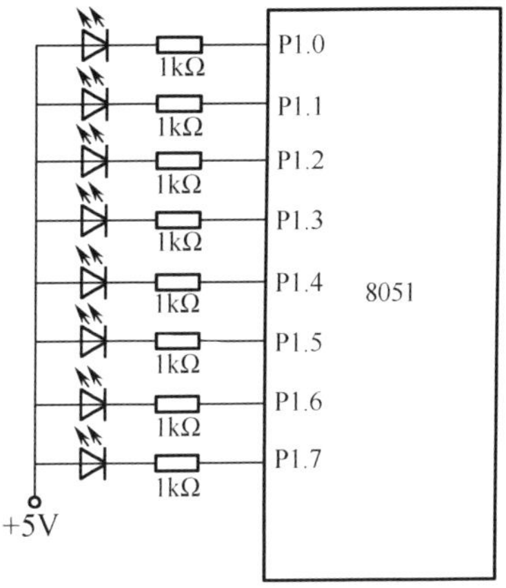

图 1-8　单片机控制八彩灯电路框图

编写程序：

编写 C51 控制源程序如下所示。

```
/***************************************************************************
        * @ File：chapter 1_2.c
        * @ Function：8 个 LED 轮流循环点亮与熄灭
***************************************************************************/
    #include<reg51.h>                              //51 系列单片机头文件
    #include <stdio.h>                             //标准 I/O 库函数头文件
    #define uint unsigned int                      //宏定义
    #define uchar unsigned char                    //定义 LED 显示花样代码
    uchar code table[4][8]={{0xfe,0xfc,0xf8,0xf0,0xe0,0xc0,0x80,0x00},
                            {0x01,0x03,0x07,0x0f,0x1f,0x3f,0x7f,0xff},
                            {0x7f,0x3f,0x1f,0x0f,0x07,0x03,0x01,0x00},
                            {0x80,0xc0,0xe0,0xf0,0xf8,0xfc,0xfe,0xff}}   ;
    void delayms();                                //延时函数声明
    void main()                                    //主函数
    {
        uchar x,y;                                 //定义变量
        SCON=0x52;                                 //串口初始化
        TMOD=0x20;
        TH1=0xf3;
        TR1=1;
        printf(" Program   Running ! \n ");        //输出两行信息
        printf("8 个 LED 轮流循环点亮与熄灭   ");
        printf("\n ");
        while(1)                                   //大循环
        {
            for(x=0;x<4;x++)
            {
```

```
                for(y=0;y<8;y++)
                {
                    P1=table[x][y];
                    delayms();
                }
            }
        }
    }
    void delayms()                                      //延时函数
    {
        uint i,j;
        for(i=1000;i>0;i--)
            for(j=125;j>0;j--);
    }
```

调试与仿真：

启用 Keil 软件编译、调试、运行程序，同时调出键盘、LED 显示实验仿真板，在 Keil 开发环境中进行仿真，其仿真显示结果如图 1-9 所示。

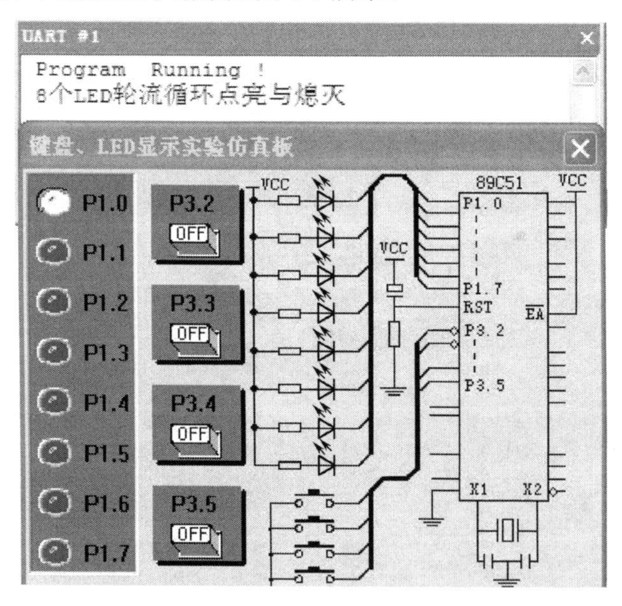

图 1-9 8 个 LED 间隔 1s 轮流循环点亮与熄灭显示仿真

对于上述单片机控制系统，要想改变八彩灯的显示花样，只需要通过调试程序，修改数组中定义 LED 显示花样中的代码值，便可以很方便地改变八彩灯的显示花样；同时通过改变延时函数中的循环参数值，可以很方便地控制花样彩灯的显示速度。

【实例 1-3】 实现 0～9 数字计数、译码、显示

方法 1：用 74LS161 芯片实现

在数字电路中可利用 74LS161 计数芯片实现数字增 1 计数，再通过 74LS48 译码器芯片

译码，最后将译码得到的二进制代码送八段数码管显示，电路原理图如图 1-10 所示。

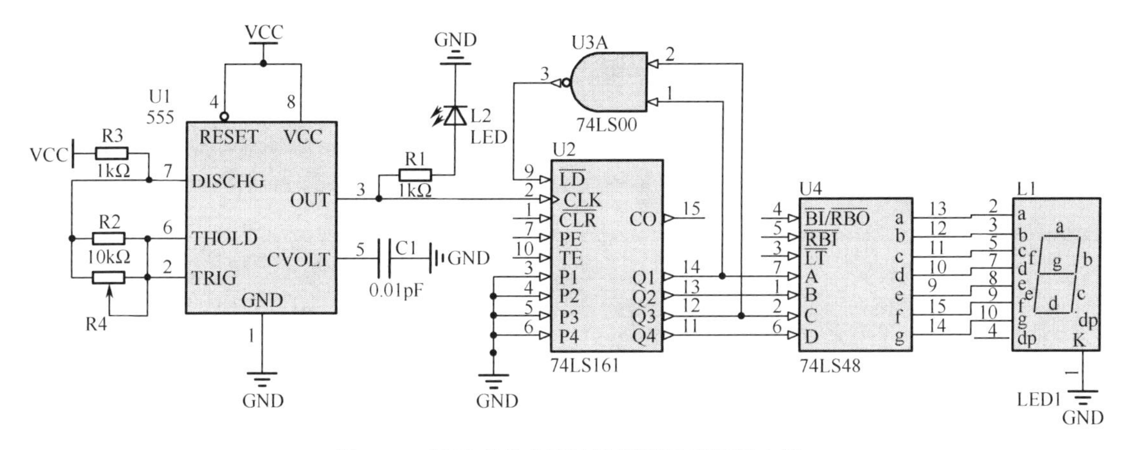

图 1-10　数字芯片实现计数译码显示逻辑电路

电路分析：

该逻辑电路的功能是对 555 定时器输出的秒脉冲的个数（0～9）进行递增计数，并通过译码显示电路将所计的脉冲数显示出来。

555 定时器产生秒脉冲信号，每产生一个脉冲，由 74LS161 计数芯片完成对秒脉冲的计数，将计数值送给 74LS48 译码器芯片进行译码，再通过 LED 数码管显示出对应的脉冲个数。

调试与仿真：

调用 Proteus 仿真软件，观察仿真电路运行情况，其电路仿真结果如图 1-11 所示。

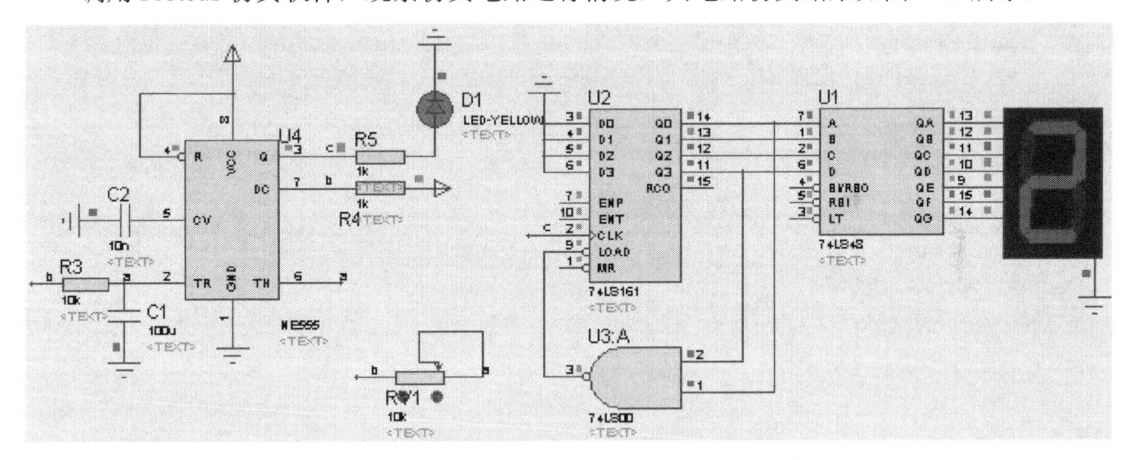

图 1-11　数字芯片 0～9 计数译码显示电路仿真

对于上述电路，如想改变显示结果，同样需要通过改变硬件电路才能实现。

方法 2：单片机控制实现

现在用单片机控制来完成 0～9 数字计数译码显示。

单片机控制实现 0～9 数字显示电路框图如图 1-12 所示。

电路分析：

由图 1-12 可知，采用单片机控制实现 0～9 数字显示，只要通过单片机 P0 口，每经过 1s 送一个数字 0～9 的字形代码即可，0～9 数字代码用数组形式定义。

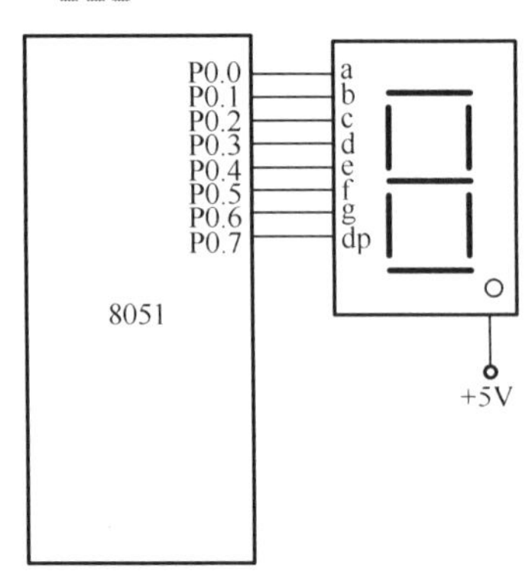

图 1-12 单片机控制实现 0～9 数字显示电路框图

编写程序：

编写 C51 控制源程序如下所示。

```
/*************************************************************************
        * @ File：chapter 1_3.c
        * @ Function：10s 计数显示
*************************************************************************/
    #include<reg51.h>                                   //51 系列单片机头文件
    #include <stdio.h>                                  //标准 I/O 库函数头文件
    #define uint unsigned int                           //宏定义
    #define uchar unsigned char
    uchar code table[]={0xC0,0xF9,0xA4,0xB0,0x99,0x92,0x82,0xF8,0x80, 0x90};
    //共阳极数码管 0～9 字形码
    void delayms();                                     //延时函数声明
    void main()                                         //主函数
    {
        int num1;                                       //定义变量
        SCON=0x52;                                      //串口初始化
        TMOD=0x20;
        TH1=0xf3;
        TR1=1;
        printf(" Program   Running ! \n ");             //输出两行信息
        printf("10 秒显示  ");
        printf("\n ");
        while(1)                                        //大循环
        {
            for(num1=0;num1<10;num1++)
            {
                P0=table[num1];                         //送字形码
                P2=0xfe;                                //送位选码
                delayms();
```

```
            }
        }
    }
    void delayms()                                  //延时函数
    {
        uint i,j;
        for(i=1000;i>0;i--)
            for(j=125;j>0;j--);
    }
```

调试与仿真：

启用 Keil 软件编译、调试、运行程序，同时调出键盘、LED 显示实验仿真板，在 Keil 开发环境中进行仿真，其仿真显示结果如图 1-13 所示。

图 1-13 10 秒计数显示仿真

三个典型实例总结：

用数字电路去实现某一功能，往往需要使用很多芯片，每种芯片分别完成不同的功能，然后再组合到一起实现整个电路功能。这样设计，电路很复杂、烦琐，且功能单一，灵活性差，一个电路只能完成一个功能，要想改变其功能几乎不可能实现。而用单片机实现控制，则灵活方便，硬件平台相对简单稳定，要改变实现的功能，在硬件方面改动较少时，只需增减外围电路，通过修改程序即可改变控制功能，十分易于产品功能的扩展和升级。

1.4 单片机特点

单片机具有如下特点：

（1）体积小；

（2）集成度高；

（3）性价比高；

（4）可靠性好；

（5）低功耗、低电压；

（6）外部总线丰富；

（7）功能扩展性强；

（8）简单易学。

1.5 单片机应用

目前，单片机凭借体积小、性价比高、软件控制硬件等优势已渗透到我们日常工作、生活的各个领域，几乎很难找到哪个领域没有单片机的踪迹。单片机广泛应用于导弹的导航装置、飞机上各种仪表的控制、工业自动化过程的实时控制和数据处理、各种智能 IC 卡、小汽车的安全保障系统、录像机、摄像机、全自动洗衣机、程控玩具、电子广告牌、电子宠物等，更不用说自动控制领域的机器人、智能仪表和电子医疗器械了。

总之，单片机控制功能非常强，其应用领域十分广泛，概括单片机应用领域如图 1-14 所示。

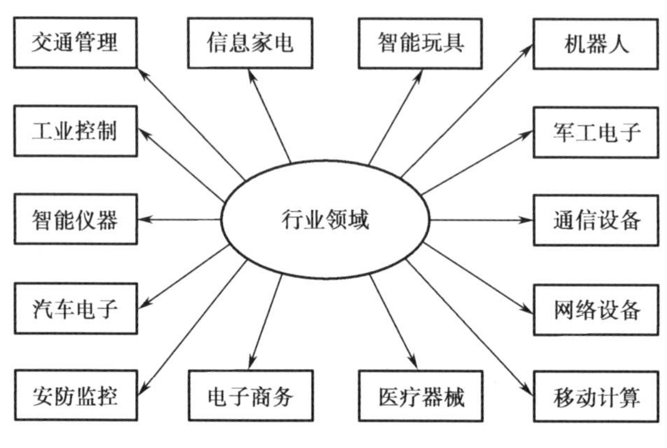

图 1-14　单片机应用领域

1.6 单片机开发软件

Keil 软件是美国 Keil Software 公司出品的 51 系列兼容单片机 C 语言软件优秀开发系统，与汇编语言相比，C 语言在功能、结构、可读性、可维护性上有明显的优势，用过汇编语言后再使用 C 语言来开发，体会更加深刻。它集编辑、编译、仿真于一体，支持汇编、PLM 语言和 C 语言的程序设计，界面友好，易学易用。

Keil 软件提供丰富的库函数和功能强大的集成开发调试工具，全 Windows 界面。另外，Keil 生成的目标代码效率非常高，多数语句生成的汇编代码紧凑、易理解，在开发大型软件时更能体现高级语言的优势。

1. 获得软件

读者可以从网站（www.keil.com/download/product）下载 Keil 软件的可执行文件（文件名为 MCS-51v903）。

2. 安装软件

（1）执行 Kei1 μVision 4 安装程序，选择 Eval Version 版进行安装。

（2）在后续出现的窗口中全部选择“Next”按钮，将程序默认安装在 C:\Program Files\Keil 文件夹中。

（3）将光盘“头文件”文件夹中的文件复制到 C:\Program Files\Keil\MCS-51\INC 文件夹里。

Keil μVision IDE 软件安装到计算机上的同时，会在计算机桌面建立一个快捷方式。

安装、下载其他软件的方法与此类似。

3．软件的使用

1）建立工程

双击 Keil μVision IDE 的图标，启动 Keil μVision IDE 程序，进入 Keil μVision IDE 4 的主界面如图 1-15 所示。

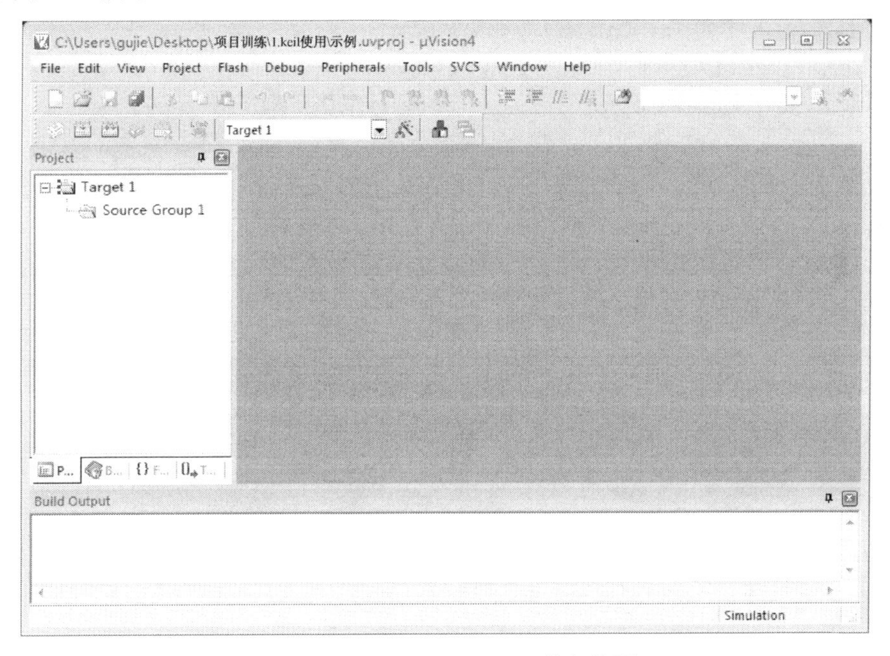

图 1-15　Keil μVision IDE 4 的主界面

选择“Project”→“New μVision Project”命令，如图 1-16 所示，出现“Create New Project”对话框如图 1-17 所示，在文件名处输入所建工程名称，选择需要保存的路径，然后单击“保存”按钮。

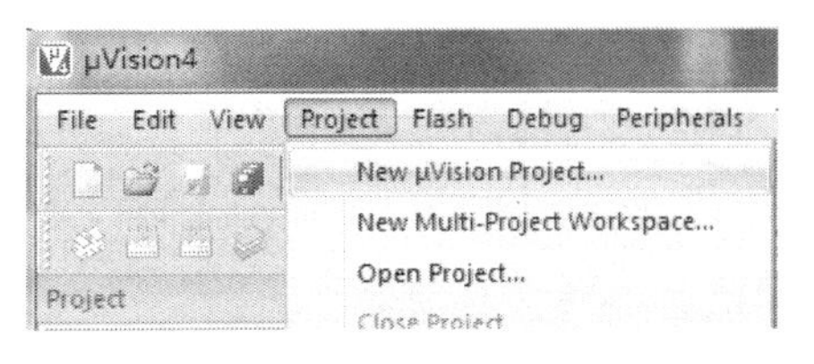

图 1-16　建立工程

工程保存之后，出现如图 1-18 所示对话框，在其中选择生产厂家及单片机型号。本书所使用的为宏晶公司的 STC 系列单片机，但是在 CPU 列表中没有这种型号，读者可以去宏晶公司网站（www.stcmcu.com）下载 UV3.CDB 文件，把该文件解压并改文件名为

UV4.CDB，复制到 Keil 安装路径中的 UV4 文件夹中，即出现图 1-19 所示的单片机型号。

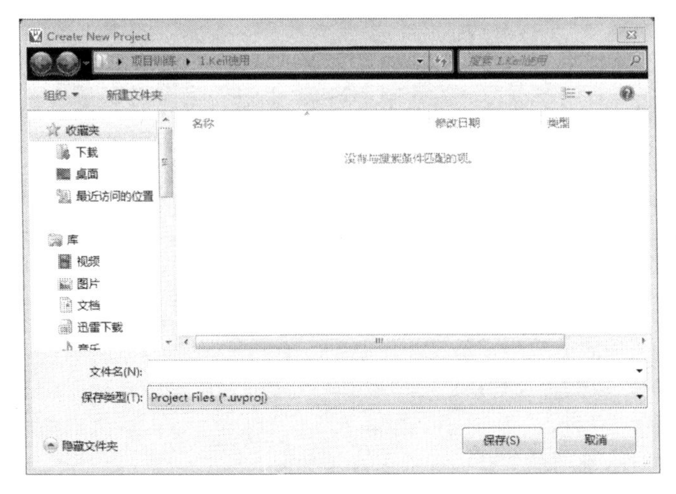

图 1-17　保存工程

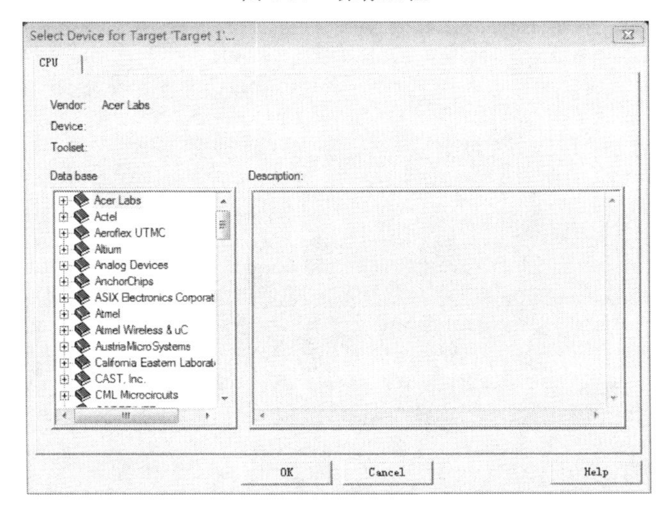

图 1-18　单片机选择

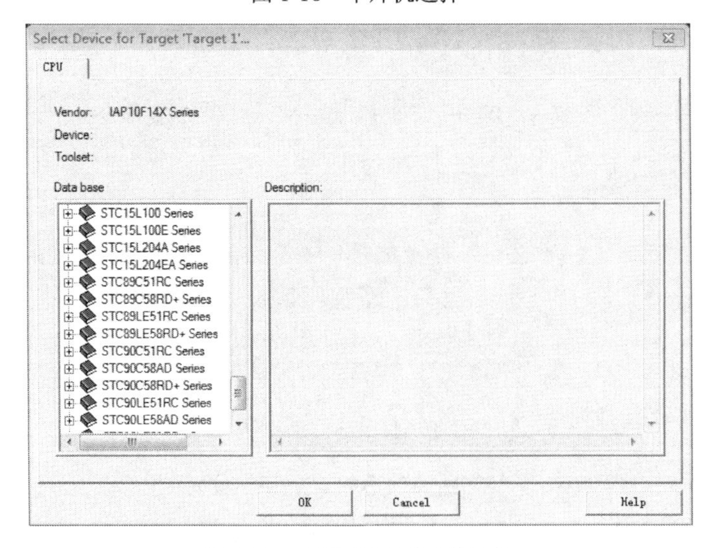

图 1-19　新增 STC 系列单片机

选择 STC89C51RC 系列的单片机，确认后弹出如图 1-20 所示对话框，询问是否要将 8051 的标准启动代码源程序复制到工程所在文件夹并将该文件添加到工程中，对于初学者选择“否”即可。

图 1-20　询问是否将 51 的标准启动代码复制到工程中

2）输入源程序

选择“File”→“New”命令新建一个空白文本文档，选择“File”→“Save”命令保存所建文本于项目文件夹中。文件格式为：文件名.扩展名（即后缀），如果是 C 语言编写的程序则扩展名为 C，即“文件名.C”；若是汇编语言编写的程序则扩展名为 ASM，即“文件名.ASM”。本书用 C 语言编写程序，以“示例”为文件名，如图 1-21 所示，接下来就可以在新建文本中录入事先编好的程序，如图 1-22 所示。

图 1-21　保存源文件

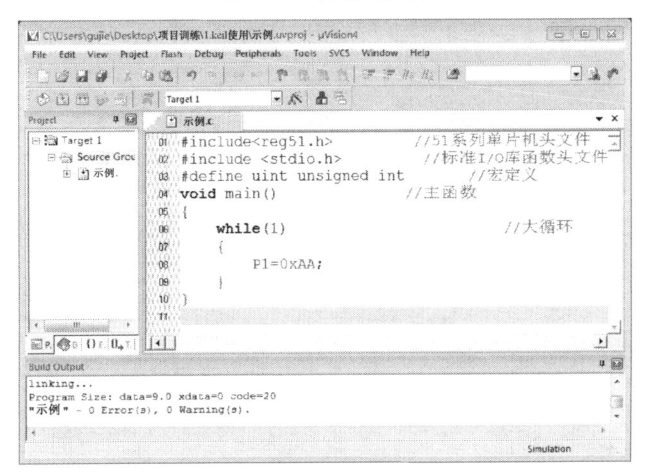

图 1-22　源程序录入

3）添加文件至项目

单击“Target1 前的“+”号，出现“Source Group 1”，右击“Source Group 1”出现下拉菜单如图 1-23 所示，选择“Add Files to Group 'Source Group 1'”命令，出现如图 1-24 所示对话框，选择刚才保存的文件，双击确认后即可将源程序加入到工程中，如还需加入程序则继续添加，若不需要添加，则关闭对话框即可。

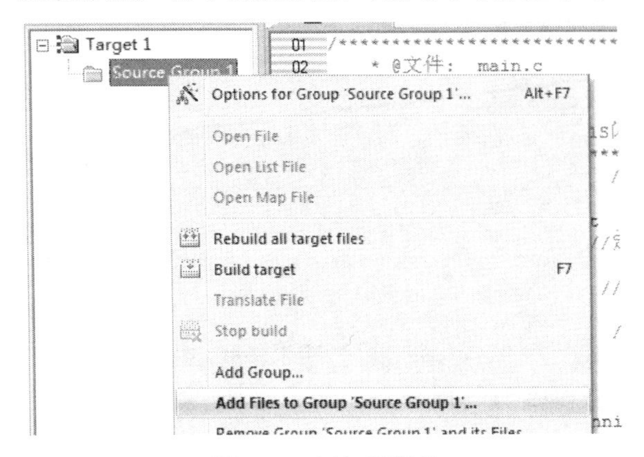

图 1-23　添加源程序

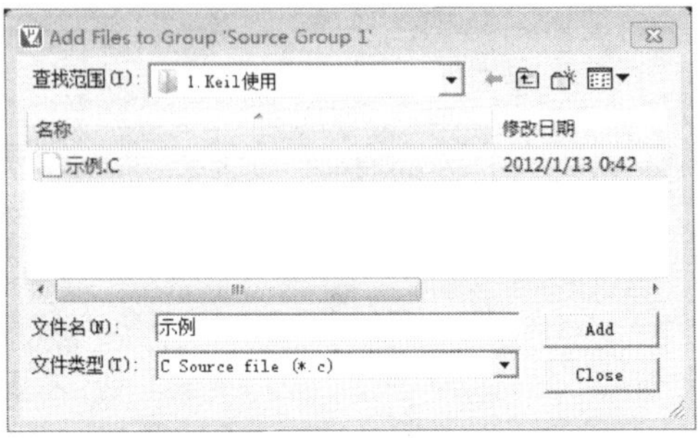

图 1-24　加入源程序

4）设置代码文件

工程建立好之后，如需将程序烧入到单片机中，则在编译时需要生成十六进制的代码文件，这就需要代码文件设置。

选择“Project”→“Options for Target 'Target 1'”（设置工程）命令，出现如图 1-25 所示对话框，切换到“Output”选项卡，勾选“Create HEX File”复选框，编译时就会产生 HEX（十六进制）文件。

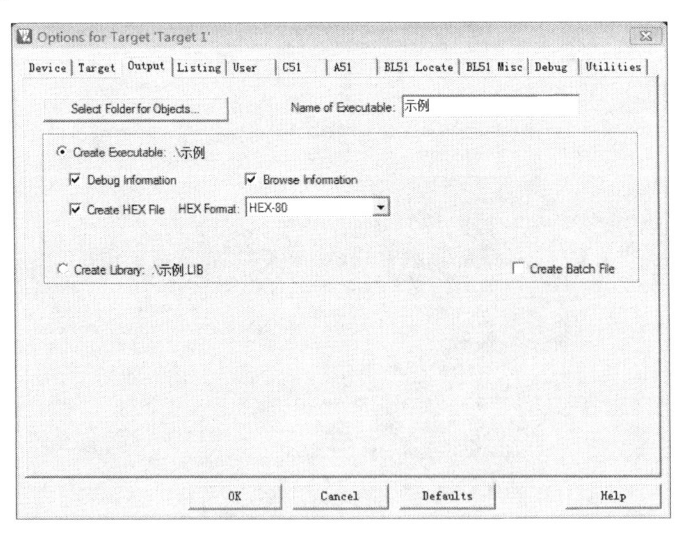

图 1-25　生成 HEX 文件

5）程序编译

接下来的工作就是编译程序，即将 C 语言程序编译为单片机所能识别的机器代码。Keil 软件常用的工具图标如图 1-26 所示。

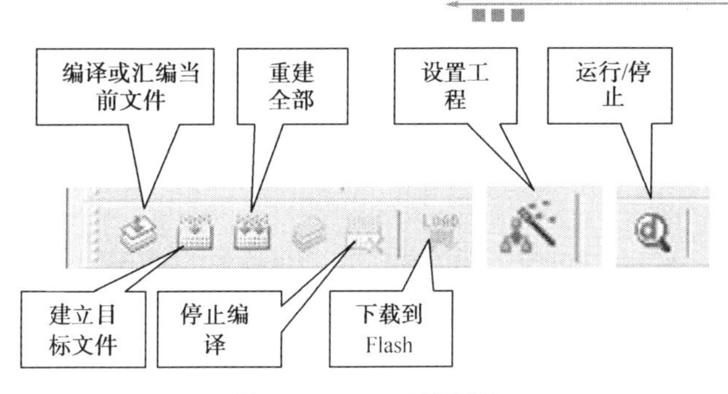

图 1-26　Keil 工具图标

选择“Project”→“Build target”命令进行程序编译。如果有程序出错则在“Build Output”界面中有错误报告，双击错误提示可以定位到程序的错误行或者错误行的上一行，然后对程序进行修改，之后重新编译直到出现“0 Error(s)，0 Warning(s)”字样。报告显示连接后生成程序代码量为 1254 字节（code=1254），内部 RAM 使用量为 34.1 字节（data=34.1），外部 RAM 使用量为 0 字节（xdata=0），提示生成了名为“示例”的 HEX 文件，如图 1-27 所示。

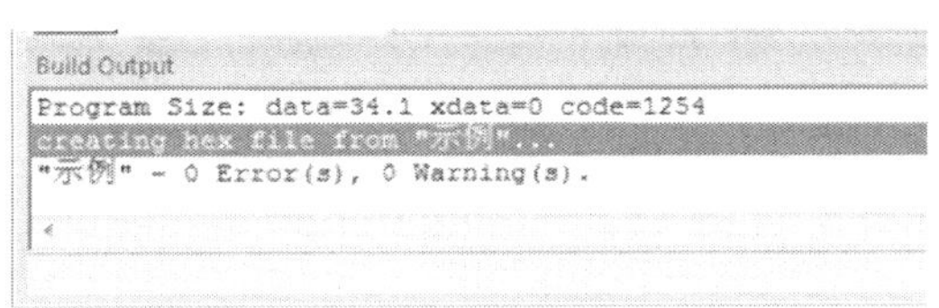

图 1-27　Build Output

如果不想进入仿真步骤，则可直接将 HEX 文件下载到单片机电路板上，给电路板上电后就能观察到实际的显示效果。关于下载过程请读者参考本书附录。

6）程序调试与仿真

为了让初学者更容易入门，平凡单片机工作室利用 Keil 提供的 AGSI 接口开发了两块实验仿真板，键盘、LED 显示实验仿真板和单片机实验仿真板如图 1-28 和图 1-29 所示，读者可以从平凡单片机工作室网站（www.mcustudio.com）下载。键盘、LED 显示实验仿真板在 P1 口接有 8 个发光二极管，在 P3 口接有 4 个独立式按钮；单片机实验仿真板接有 8 个共阳极 LED 数码管、16 个按键（接成 4×4 的矩阵式），另外 P1 口接有 8 个发光管、两个外部中断按钮、一个带有计数器的脉冲发生器等资源。

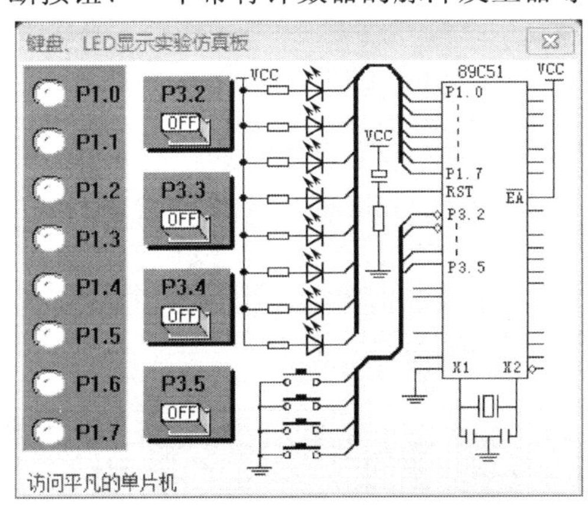

图 1-28　键盘、LED 显示实验仿真板

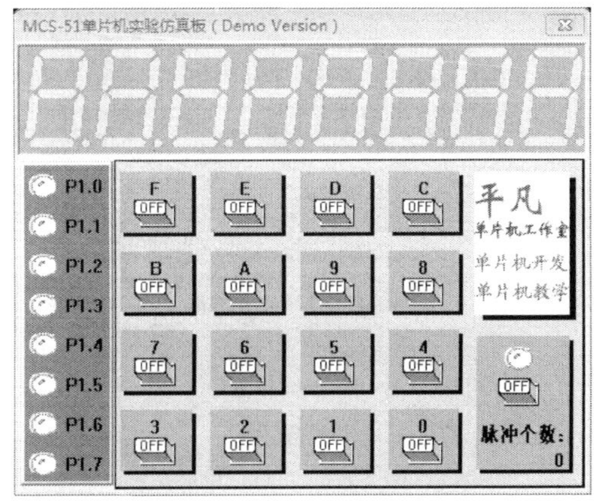

图 1-29　单片机实验仿真板

（1）实验仿真板的安装。

这两块实验仿真板实际上是两个 dll 文件，名称分别是 LEDkey.dll 和 simboard.dll，安装时只要把这两个文件复制到 Keil μVision4 安装目录下的\Keil\MCS-51\BIN 中，然后修改 Tool.ini 文件（此文件位于 Keil μVision4 安装目录\Keil 下），把“AGSI1=LEDkey.dll ("LEDkey")”和“AGSI2=simboard.dll ("simboard")”添加到“MCS-51”部分的后面，然后重启 Keil 软件。

（2）实验仿真板的使用。

要使用仿真板，必须对工程进行设置，设置的方法是选择“Project”→“Option for Target 'Target1”命令打开对话框，然后选中“Debug”标签页，勾选“Use Simulater”复选框。

接着编译程序，选择“Debug”→“Start/Stop Debug Session”命令或者双击“Start/Stop Debug Session”的快捷图标，然后单击“Peripherals”选择所需要的仿真板，最后选择“Debug”→“Run”命令或双击“Run”的快捷图标，就可以看到对应程序的运行结果。

（3）实验仿真板实例测试。

以键盘、LED 显示实验仿真板为例，使用以下程序测试，结果如图 1-30 所示。

```
//单片机实验仿真板定义：simboard
//P1：LED 灯
//P0：数码管段码，低电平有效
//P2：数码管位码，低电平有效
//P3：矩阵键盘
#include<reg51.h>                  //51 系列单片机头文件
#include <stdio.h>                 //标准 I/O 库函数头文件
#define uint unsigned int          //宏定义
void main()                        //主函数
{
    while(1)                       //大循环
    {
        P1=0xAA;
    }
}
```

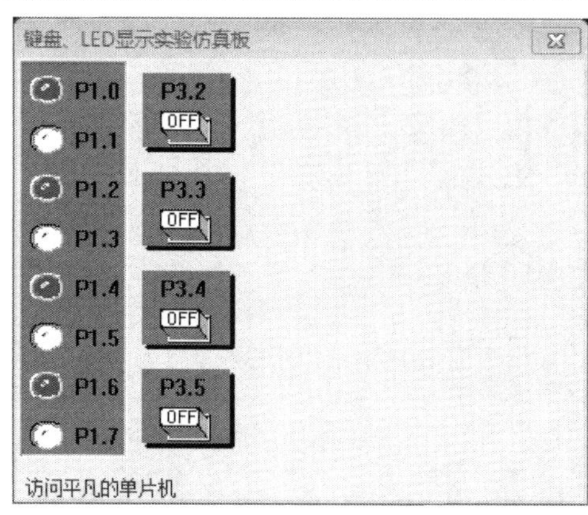

图 1-30　键盘、LED 显示实验仿真板测试

7）使用 Keil 软件注意事项

（1）保存工程时，输入的工程名后不要加后缀。

（2）保存源程序时，输入文件名后一定要加后缀，即“文件名.C”或“文件名.ASM”。

（3）输入源程序时务必将输入法切换成英文半角状态。

（4）单片机所有特殊功能寄存器一律用大写字母。

（5）当创建一个工程并编译这个工程时，生成的 HEX 文件名与工程文件名相同，添加的源程序代码可以有很多，但 HEX 文件名只能和工程文件名相同。

通过上面的学习，读者已经对单片机及其开发软件有了一个初步认识，从下一个项目开始，本书将引导你如何运用 MCS-51（选择 STC89C51RC）单片机作为大脑，采用 C 语言编程，通过多个训练项目的学习与训练，学会用单片机控制不同的外围硬件设备，实现多个基础和综合智能任务。这些任务的完成，会使你在无限的乐趣之中，不知不觉地掌握单片机内部结构及接口技术，以及单片机 C 程序设计技术，轻松走上单片机嵌入式系统开发之路。

项目 2　单片机最小系统与 I/O 接口应用

2.1　学习情境

生活中各式各样的彩灯把城市装扮得格外美丽，那么这些彩灯是如何工作的呢？

本项目教你如何用 MCS-51 单片机的输入/输出接口来控制彩灯、蜂鸣器和继电器等外围设备，实现彩灯闪烁、蜂鸣器报警和继电器通断。为此，读者需要了解一些单片机的基础知识，需要理解和掌握 MCS-51 单片机 I/O（输入/输出）接口的特性，需要熟练掌握单片机引脚、单片机最小系统的组成及画法，以及如何用 C 语言编程输出不同频率的脉冲信号以控制被控对象动作。

2.2　MCS-51 单片机主要性能

MCS-51 单片机主要性能（以 STC89C51RC 单片机为例）如表 2-1 所示。

表 2-1　STC89C51RC 单片机主要性能

1 个 8 位微处理器（CPU）
4KB 可编程 Flash ROM（可擦写 1000 次以上）
128 字节（B）内部 RAM
4 个 8 位并行 I/O 端口，共 32 条 I/O 引线
2 个 16 位定时器/计数器
1 个串行通信口
5 个中断源（外部 2 个，内部 3 个）
片内时钟振荡器
三级程序存储器保密
静态工作频率：1～24MHz
工作电压：5V，最低工作电压：3.3V

2.3　MCS-51 单片机内部结构

2.3.1　单片机内部结构

MCS-51 系列单片机内部结构框图如图 2-1 所示。

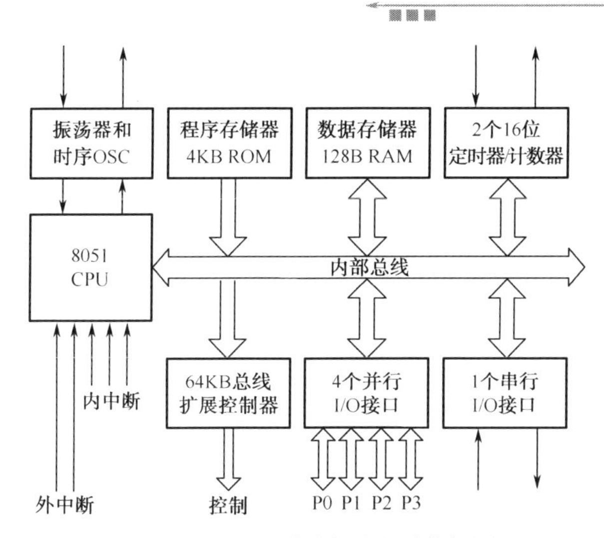

图 2-1　MCS-51 单片机内部结构框图

2.3.2　单片机信号引脚

图 2-2 是 MCS-51 单片机的信号引脚图，其为标准 40 引脚双列直插式集成芯片，各部分引脚功能如下。

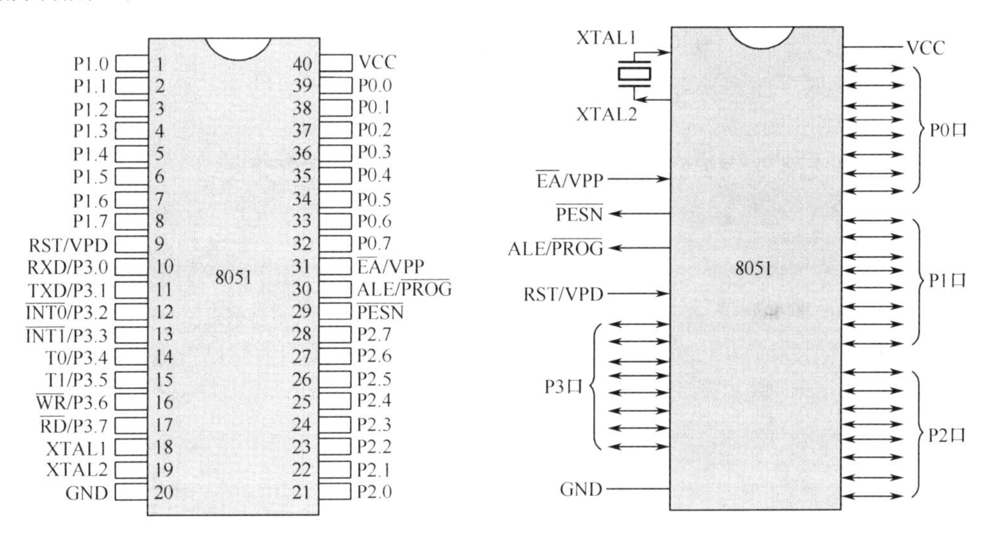

图 2-2　MCS-51 单片机信号引脚图

1．电源引脚

VCC（40）：电源输入端。

GND（20）：接地端。

2．外接晶振引脚

XTAL1（18）是片内振荡器的反相放大器输入端，XTAL2（19）则是输出端，使用外部振荡器时，外部振荡信号应直接加到 XTAL1 上，而 XTAL2 悬空。采用内部方式时，时钟发生器对振荡脉冲二分频，如晶振为 12MHz，时钟频率就为 6MHz。晶振的频率可以在

1～24MHz 内选择，如可选择 12MHz、16MHz、20MHz、24MHz 等。

3．复位引脚

RST/VPD（9）：在振荡器运行时，有两个机器周期（24 个振荡周期）以上的高电平出现在此引脚时，将使单片机复位，只要这个引脚保持高电平，51 芯片便循环复位。复位后 P0～P3 口均置 1，4 个 I/O 口的各个引脚表现为高电平，程序计数器 PC 和特殊功能寄存器 SFR 全部清零。当复位脚由高电平变为低电平时，单片机芯片从 ROM 的 0000H 处开始运行程序。

4．输入/输出（I/O）引脚

MCS-51 单片机共有 4 个 8 位并行 I/O 端口，称为 P0（P0.0～P0.7）、P1（P1.0～P1.7）、P2（P2.0～P2.7）和 P3（P3.0～P3.7）口，每个端口都各有 8 条 I/O 口线，每条 I/O 口线都能独立地用做输入或输出。有关各端口内部结构将在后续内容中介绍。

5．其他的控制或复用引脚

1）ALE/$\overline{\text{PROG}}$（30）

当 CPU 访问片外存储器时，ALE（地址锁存允许）的输出信号用于控制锁存 P0 口输出的低 8 位地址，从而实现 P0 口数据与低字节地址的分时复用。单片机上电正常工作后，即使 CPU 不访问外部存储器，ALE 端仍以不变的频率输出脉冲信号（此频率是振荡器频率的 1/6）。

在访问外部数据存储器时，出现一个 ALE 脉冲。对 Flash 存储器编程时，这个引脚用于输入编程脉冲 PROG。

2）$\overline{\text{PSEN}}$（29）

该引脚是片外 ROM 的选通信号输出端，低电平有效，以实现对片外 ROM 的读操作。当 MCS-51 单片机由片外 ROM 取指令或常数时，每个机器周期输出 2 个脉冲即 2 次有效。但访问片外 RAM 时，将不会有脉冲输出。

3）$\overline{\text{EA}}$/VPP（31）

该引脚为外部访问允许端。当该引脚访问片外 ROM 时，应输入低电平。要使 MCS-51 单片机只访问片外 ROM（地址为 0000H～FFFFH），这时该引脚必须保持低电平；而要使用片内 ROM 时，该引脚必须保持高电平。对 Flash 存储器编程时，该引脚用于施加 VPP 编程电压。

2.3.3 单片机时钟电路

晶振的作用：单片机要能工作，必须有一个标准时钟信号，而晶振就为单片机提供了标准时钟信号。

CPU 的时序就是 CPU 在执行指令时所需控制信号的时间顺序。单片机的时序定时单位从小到大依次为：时钟周期、状态周期、机器周期和指令周期。

时钟周期（或称振荡周期）：时钟周期是为单片机提供时钟信号的振荡源的周期，是时序中最小的时间单位。

状态周期：状态周期是振荡源信号经二分频后形成的时钟脉冲信号的周期，一个状态周期（或状态 S）是振荡周期的两倍。

机器周期：一条指令的执行过程分为几个基本操作，机器周期是完成一个基本操作所需要的时间。一个机器周期包含 6 个状态周期，也就等于 12 个振荡周期。

指令周期：指令周期是指 CPU 执行一条指令所需要的时间，是时序中的最大时间单位。由于单片机执行不同指令所需的时间不同，因此不同指令所包含的机器周期数也不相同，一个指令周期通常含有 1～4 个机器周期。

若 MCS-51 单片机外接晶振为 12MHz，则单片机的 4 个周期的具体值为：

振荡周期=1/12μs=0.0833μs

状态周期=1/6μs=0.167μs

机器周期=1μs

指令周期=1～4μs

MCS-51 单片机的时钟信号通常由两种方式产生：一种是内部振荡方式，另一种是外部时钟方式，如图 2-3 所示。

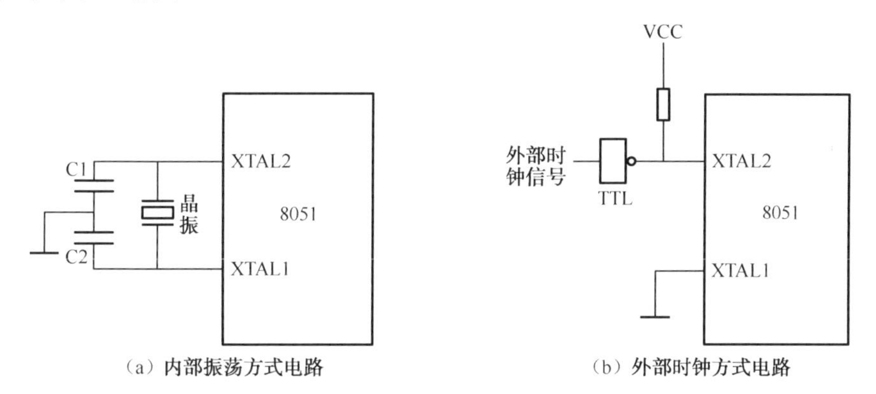

（a）内部振荡方式电路　　（b）外部时钟方式电路

图 2-3　时钟电路

1．内部振荡方式

在 MCS-51 单片机内部有一个高增益的反相放大器，用于构成振荡器。反相放大器的输入端为 XTAL1，输出端为 XTAL2。内部振荡方式是在 XTAL1 和 XTAL2 引脚两端跨接石英晶体振荡器，与两个电容构成稳定的自激振荡电路。电容 C1 和 C2 通常取 30pF，对振荡频率有微调作用，晶振频率范围是 1.2～24MHz。

2．外部时钟方式

外部时钟方式是把外部已有的时钟信号引入到单片机内。

对 8051 而言：外部时钟由 XTAL2 输入，直接送入内部时钟电路，XTAL1 接地。

对 CHMOS 型 80C51 而言：外部时钟由 XTAL1 输入，XTAL2 悬空。

一般要求外部时钟信号为高电平，持续时间大于 20ns 且频率低于 12MHz 的方波。

2.3.4　单片机复位电路

复位是单片机的初始化操作，除了进入系统的正常初始化之外，当由于程序运行出错或操作错误使系统处于死锁状态时，为摆脱困境，也需要按复位键重新启动。单片机的复位引脚 RST 出现两个机器周期以上的高电平时，单片机就执行复位操作。

单片机常见的复位操作有上电自动复位和按键手动复位两种方式，其电路如图 2-4 所示。

上电自动复位是通过外部复位电路的电容 C 充电来实现的。

按键手动复位是通过复位端经电阻与电源 VCC 接通而实现的，它兼备上电复位功能。

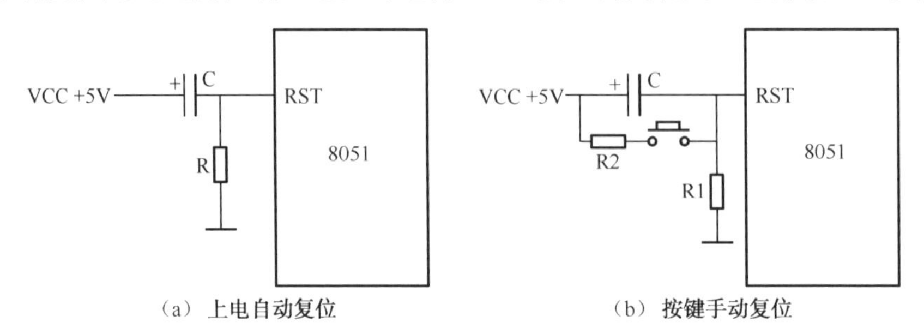

图 2-4 单片机复位电路

2.4 MCS-51 单片机存储器结构

从物理地址空间看，MCS-51 单片机的存储器主要有 4 个存储器地址空间，即片内数据存储器（idata）区、片外数据存储器（xdata）区、片内程序存储器和片外程序存储器（程序存储器合称为 code）区。程序存储器为只读存储器（ROM），数据存储器为随机存取存储器（RAM）。其存储器的空间分布情况如图 2-5 所示。

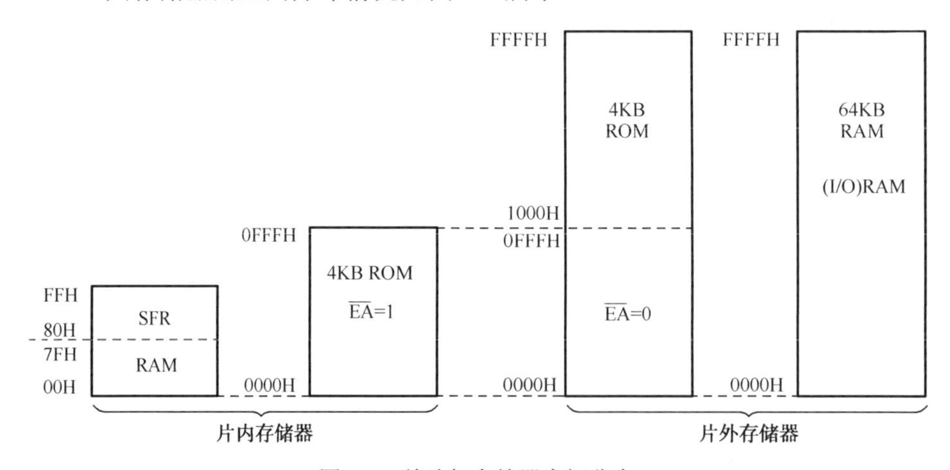

图 2-5 单片机存储器空间分布

2.4.1 程序存储器

程序存储器主要用来存放编好的程序和一些固定表格常数。在 8051/8751 单片机的内部带有 4KB 的 ROM/EPROM 程序存储器（code 区），4KB 可存储约两千多条指令，对于一个小型的单片机控制系统来说容量已够，不必另加程序存储器；若空间不够，可选 8KB 或 16KB 内存容量的单片机，如 89C52 等，也可以采用外部扩展存储器的方式。

2.4.2 数据存储器

数据存储器通常用来存放程序运行中所需要的常数和变量。8051 单片机内部共有 256 个单元的数据存储器，通常把这 256 个单元按其功能划分为两部分：低 128 单元和高 128 单元。

1. 内部数据存储器低 128 单元（data 区）

片内 RAM 的低 128 个单元用于存放程序执行过程中的各种变量和临时数据，称为 data 区，按其用途可划分为 3 个区域：工作寄存器区、位寻址区和用户数据缓冲区。

（1）工作寄存器区：分为 4 组——第 0 组（00H～07H）、第 1 组（08H～0FH）、第 2 组（10H～17H）和第 3 组（18H～1FH），每组包括 8 个存储单元，共计 32 个寄存器，用来存放操作数及中间结果等。在任一时刻，CPU 只能使用其中的一组寄存器，并且把正在使用的那组寄存器称为当前寄存器组，当前工作寄存器到底是哪一组，由程序状态字寄存器 PSW 中 RS1 和 RS0 位的状态组合来决定。

（2）位寻址（bdata）区：内部 RAM 的 20H～2FH 单元，共占 16 个单元。既可作为一般 RAM 单元使用，进行字节操作，又可对单元中的每一位进行位操作，因此把该区称为位寻址区。

（3）用户数据缓冲区：工作寄存器和位寻址区除外，还剩下 80 个单元，单元地址为 30H～7FH，是供用户使用的一般 RAM 区。对它的使用没有任何规定或限制，但在一般应用系统中常用做堆栈区域。

2. 内部数据存储器高 128 单元

内部 RAM 的高 128 单元地址为 80H～FFH，其中有 21 个存储单元是供给专用寄存器 SFR（Special Function Register，也称为特殊功能寄存器）使用的，其名称、符号及地址如表 2-2 所示。

特殊功能寄存器在 MCS-51 单片机中扮演着非常重要的角色，凡是要使用单片机的定时器/计数器、串行口、中断等功能，都必须先设置特殊功能寄存器中的各相关控制寄存器才能工作，如何设置我们将在后续内容中做详细介绍。

表 2-2 MCS-51 单片机特殊功能寄存器

特殊功能寄存器名称	符号	地址	位地址与位名称							
			D7	D6	D5	D4	D3	D2	D1	D0
P0 口	P0	80H	87	86	85	84	83	82	81	80
堆栈指针	SP	81H								
数据指针低字节	DPL	82H								
数据指针高字节	DPH	83H								

续表

特殊功能寄存器名称	符号	地址	位地址与位名称							
			D7	D6	D5	D4	D3	D2	D1	D0
定时器/计数器控制	TCON	88H	TF1 8F	TR1 8E	TF0 8D	TR0 8C	IE1 8B	IT1 8A	IE0 89	IT0 88
定时器/计数器方式	TMOD	89H	GATE	C/$\overline{T}$	M1	M0	GATE	C/$\overline{T}$	M1	M0
定时器/计数器 0 低字节	TL0	8AH								
定时器/计数器 0 高字节	TH0	8BH								
定时器/计数器 1 低字节	TL1	8CH								
定时器/计数器 1 高字节	TH1	8DH								
P1 口	P1	90H	97	96	95	94	93	92	91	90
电源控制	PCON	97H	SMOD				GF1	GF0	PD	IDL
串行口控制	SCON	98H	SM0 9F	SM1 9E	SM2 9D	REN 9C	TB8 9B	RB8 9A	TI 99	RI 98
串行口数据	SBUF	99H								
P2 口	P2	A0H	A7	A6	A5	A4	A3	A2	A1	A0
中断允许控制	IE	A8H	EA AF		ET2 AD	ES AC	ET1 AB	EX1 AA	ET0 A9	EX0 A8
P3 口	P3	B0H	B7	B6	B5	B4	B3	B2	B1	B0
中断优先级控制	IP	B8H			PT2 BD	PS BC	PT1 BB	PX1 BA	PT0 B9	PX0 B8
程序状态寄存器	PSW	D0H	C D7	AC D6	F0 D5	RS1 D4	RS0 D3	OV D2	D1	P D0
累加器	A	E0H	E7	E6	E5	E4	E3	E2	E1	E0
寄存器 B	B	F0H	F7	F6	F5	F4	F3	F2	F1	F0

其中，标有位地址或位名称的特殊功能寄存器既可以按字节方式寻址，又可以按位寻址，即实现对某一位的控制。

2.5　MCS-51 单片机 I/O 接口

MCS-51 单片机内部有 4 个 8 位的并行 I/O 口 P0、P1、P2 和 P3。这 4 个接口既可以作为输入接口，也可以作为输出接口；可按字节方式（8 位）来处理数据，也可以按位方式（1 位）使用。

在无片外扩展存储器的系统中，这 4 个 I/O 口都可以作为通用 I/O 口使用；在有片外扩展存储器的系统中，P2 口送出高 8 位地址，P0 口分时送出低 8 位地址和 8 位数据信号。下面分别介绍这 4 个 I/O 口。

1．P0 口

P0 口是一个 8 位漏极开路型双向 I/O 端口，P0 口某一位的内部结构图如图 2-6 所示。它由一个输出 D 锁存器、两个三态数据输入缓冲器（1 门、2 门）、一个输出驱动电路（场效应管 T1 和 T2）和一个控制电路（与门、非门及转换开关 MUX）组成。图中的控制信号 C 决定转换开关 MUX 的位置：当 C=0 时，MUX 拨向下方，P0 口作为通用 I/O 口使用；当 C=1 时，MUX 拨向上方，P0 口作为地址/数据总线使用。

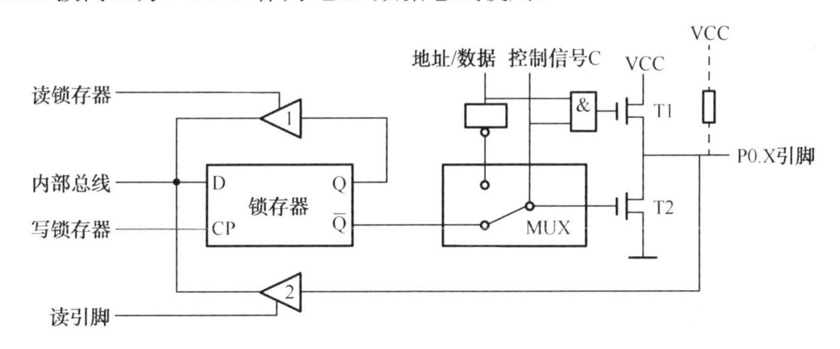

图 2-6　P0 口某一位内部结构图

1）P0 口作为通用 I/O 口使用

（1）P0 口作为输出口。

P0 口作为输出口使用时，由 D 锁存器和场效应管驱动电路构成数据输出通路。CPU 发来的控制信号 C 为 0，封锁了与门，此时 MUX 与锁存器的反相输出端接通，与门输出为 0，T1 截止，T2 处于漏极开路状态。内部数据总线的数据在“写锁存器”信号的作用下，由 D 端进入锁存器，取反后出现在输出端 $\overline{Q}$，再经过 T2 反相，则 P0.X 引脚上的数据就是内部总线的数据。由于 T2 为漏极开路输出，故此时必须外接上拉电阻，才能得到有效的输出高电平。P0 口作为输出口使用时其驱动能力是 4 个 I/O 口中最强的，能驱动 8 个 TTL。

注意：上拉电阻的作用简单来说就是把电平拉高，通常用 4.7～10k 的电阻接到 VCC 电源上，如图 2-6 中虚线所示。下拉电阻的作用则是把电平拉低，电阻接到 GND 地线上。

（2）P0 口作为输入口。

P0 口作为输入口使用时，输入数据信号分为“读引脚”和“读锁存器”两种方式，由两个输入三态缓冲器（1 门、2 门）控制，使用时应注意区分。

① 方式 1——读引脚：所谓读引脚，就是读芯片引脚的状态，这时使用下方的数据缓冲器（2 门），由“读引脚”信号把缓冲器（2 门）打开，把 P0.X 引脚上的数据从缓冲器通过内部数据总线读进来。

注意：在读引脚时，为避免锁存器为“0”状态时对引脚读入的干扰，必须先向电路中的 D 锁存器写入 1，使 T2 截止，P0.X 引脚处于悬浮状态而成为高阻抗输入，此时读入的引脚信号才正确。

② 方式 2——读锁存器：所谓读锁存器，就是通过上方的数据缓冲器（1 门）读锁存器 Q 端的状态。读锁存器是为了适应对 I/O 端口进行“读—改—写”操作语句的需要，如下面的 C51 语句：

```
P0 = P0&0xf0;    //将 P0 口的低 4 位引脚清零输出
```

该语句执行时，分为“读—改—写”三步。首先读入 P0 口锁存器中的数据，然后与 0xf0 进行“逻辑与”操作，最后将所读入数据的低 4 位清零，再把结果送回 P0 口。对于这类“读—改—写”语句，不直接读引脚而读锁存器是为了避免可能出现的错误。因为在端口已处于输出状态的情况下，如果端口的负载恰好是一个晶体管的基极，则导通了的 PN 结会把端口引脚下的高电平拉低，这样直接读引脚就会把本来的“1”误读为“0”。但若从锁存器 Q 端读，就能避免这样的错误，得到正确的数据。

2）P0 口作为地址/数据线使用

若要进行单片机系统的扩展，在访问外部程序和数据存储器时，P0 口作为分时转换的地址（低 8 位）/数据线，对访问期间内部的上拉电阻起作用。

MUX 将地址/数据线与 T2 接通，同时与门输出有效。若地址/数据线为 1，则 T1 导通，T2 截止，P0 口输出为 1；反之 T1 截止，T2 导通，P0 口输出为 0。当数据从 P0 口输入时，读引脚使三态缓冲器 2 门打开，端口上的数据经缓冲器 2 门直接送到内部总线。

3）P0 口小结

（1）P0 口既可作为地址/数据总线使用，也可作为通用 I/O 口使用。当 P0 口作为地址/数据线使用时，就不能再作为通用 I/O 口使用了。

（2）P0 口作为输出口使用时，由于 T1 截止，其为漏极开路输出，必须外接上拉电阻，才能得到有效高电平输出。

（3）P0 口作为输入口读引脚时，应先向锁存器写 1，使 T2 截止，这样才不影响输入信号的正确读入。

2. P1 口

P1 口是一个带有内部上拉电阻的 8 位准双向 I/O 端口，输出时可驱动 4 个 TTL。P1 口某一位的内部结构图如图 2-7 所示。

P1 口是准双向口，仅能作为通用 I/O 口使用。由图 2-7 可知，在其输出端接有上拉电阻，故可以直接输出而无须外接上拉电阻。同 P0 口一样，当其作为输入口时，必须先向锁存器写 1，使场效应管 T 截止。

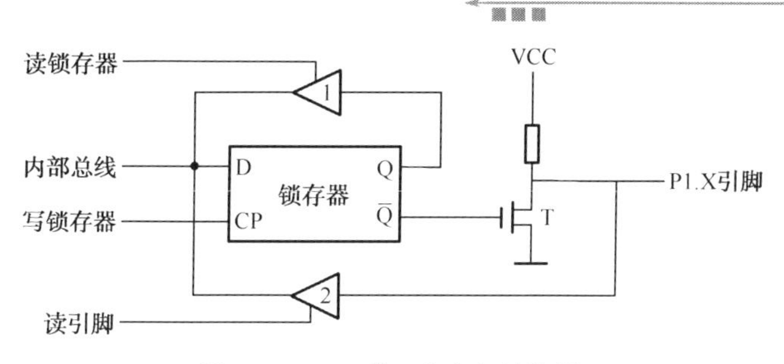

图 2-7　P1 口某一位内部结构图

3. P2 口

P2 口是一个带有内部上拉电阻的 8 位准双向 I/O 端口，输出时可驱动 4 个 TTL。P2 口某一位的内部结构图如图 2-8 所示。

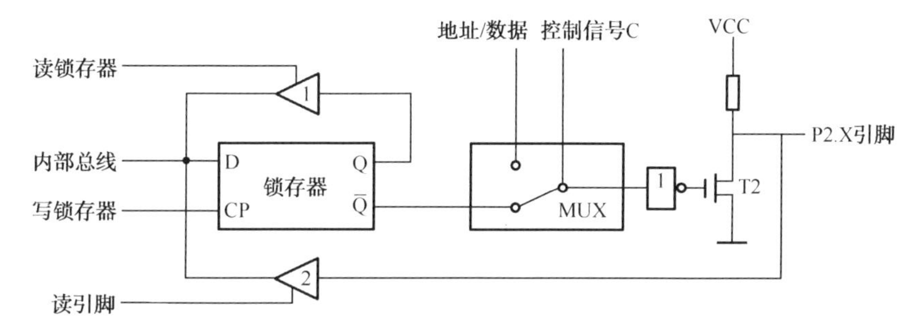

图 2-8　P2 口某一位内部结构图

与 P0 口相同，图中的控制信号 C 决定转换开关 MUX 的位置：当 C=0 时，MUX 拨向下方，P2 口为通用 I/O 口；当控制信号 C=1 时，MUX 拨向上方，P2 口作为地址总线使用。在实际应用中，P2 口通常作为高 8 位地址总线使用。

4. P3 口

P3 口是一个带有内部上拉电阻的 8 位准双向 I/O 端口，输出时可驱动 4 个 TTL。P3 口某一位的内部结构图如图 2-9 所示。

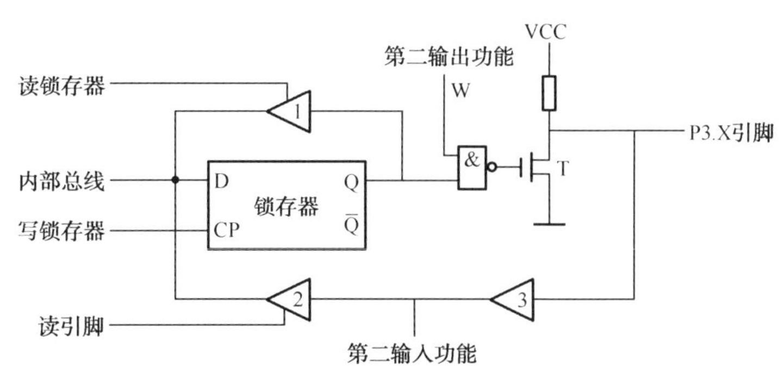

图 2-9　P3 口某一位内部结构图

P3 口作为通用 I/O 口时，第二输出功能信号 W=1，P3 口的每一位都可定义为输入或输出，其工作原理同 P1 口类似。除此之外 P3 端口还用于第二专门功能，如表 2-3 所示。在实际应用电路中，P3 口的第二功能显得更为重要。

表 2-3 P3 口第二功能

P3 口引脚	第 二 功 能
P3.0	串行数据接收（RXD）
P3.1	串行数据发送（TXD）
P3.2	外部中断 0 申请（$\overline{\text{INT0}}$）
P3.3	外部中断 1 申请（$\overline{\text{INT1}}$）
P3.4	定时器/计数器 T0 外部脉冲输入（T0）
P3.5	定时器/计数器 T1 外部脉冲输入（T1）
P3.6	外部 RAM 或外部 I/O 写选通（$\overline{\text{WR}}$）
P3.7	外部 RAM 或外部 I/O 读选通（$\overline{\text{RD}}$）

注意：

① 对于 MCS-51 单片机（CHMOS），端口只能提供几毫安的输出电流，故当其作为输出口去驱动一个普通晶体管的基极时，应在端口与晶体管基极间串联一个电阻，以限制高电平输出时的电流。

② 为提高单片机端口带负载的能力，通常在端口和外接负载之间增加一个缓冲驱动器，如 74LS245、74LS06 或 74LS07 等芯片。

2.6 MCS–51 单片机最小系统

最小系统：所谓单片机最小系统是指一个真正可用的单片机最小配置系统。

如果单片机内部资源已能满足系统需要，可直接采用最小系统。8051/8751 片内有 4KB 的 ROM/EPROM，因此，只需要外接晶体振荡器和复位电路就可构成单片机最小系统，如图 2-10 所示。

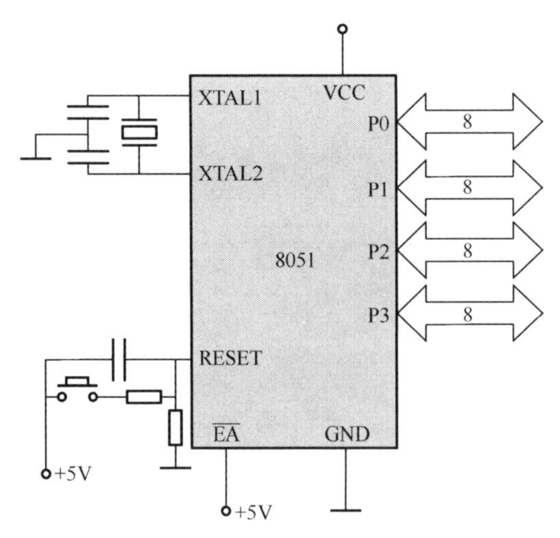

图 2-10 MCS-51 单片机最小系统

该最小系统具有如下特点。

（1）由于片外没有扩展存储器和外设，P0、P1、P2、P3 口都可以作为用户 I/O 口使用。

（2）片内数据存储器有 128 字节，地址空间为 00H～7FH，没有片外数据存储器。

（3）内部有 4KB 程序存储器，地址空间为 0000H～0FFFH，没有片外程序存储器，$\overline{EA}$应接高电平。

（4）可以使用两个定时器/计数器 T0 和 T1，一个全双工的串行通信接口，5 个中断源。

2.7 训练项目

2.7.1 点亮 LED 发光二极管

1. 目的

（1）学会 Keil 软件的使用。
（2）掌握 MCS-51 单片机通用 I/O 口的使用方法。
（3）掌握位变量的定义及使用。
（4）掌握 LED 发光二极管点亮方法。

2. 任务

本项目要完成的任务是使用 P1 口的某一引脚（如 P1.0）控制 LED 发光二极管点亮。

3. 任务引导

由前面的学习可知，要想验证 P1 口的输出电平是不是由你编写的程序输出的电平，可以采用一个非常简单有效的办法，就是在想验证的端口接一个发光二极管。当输出高电平时，发光二极管灭；输出低电平时，发光二极管亮。

4. 任务实施

1）硬件电路设计

单片机最小系统控制电路如图 2-11 所示。

注意： 图中 P0 口 8 个上拉电阻用一个排阻，电路简单实用，排阻外观及引脚图如图 2-12 所示。在排阻上一般都标有阻值号如 102、103 等，102 表示其阻值大小为 1kΩ；103 表示其阻值大小为 10kΩ。

2）软件设计

编写 C51 控制源程序如下所示（采用两种方式实现）。

（1）按位方式实现。

```
/*********************************************************************
          * @ File：chapter 2_1.c
          * @ Function：点亮第一个发光二极管
*********************************************************************/
#include <reg51.h>              //51 系列单片机头文件
```

```
sbit LED1=P1^0;                //定义 LED1
void main()                    //主函数
{
LED1=0;                        //点亮第一个发光二极管
while(1);                      //程序暂停
}
```

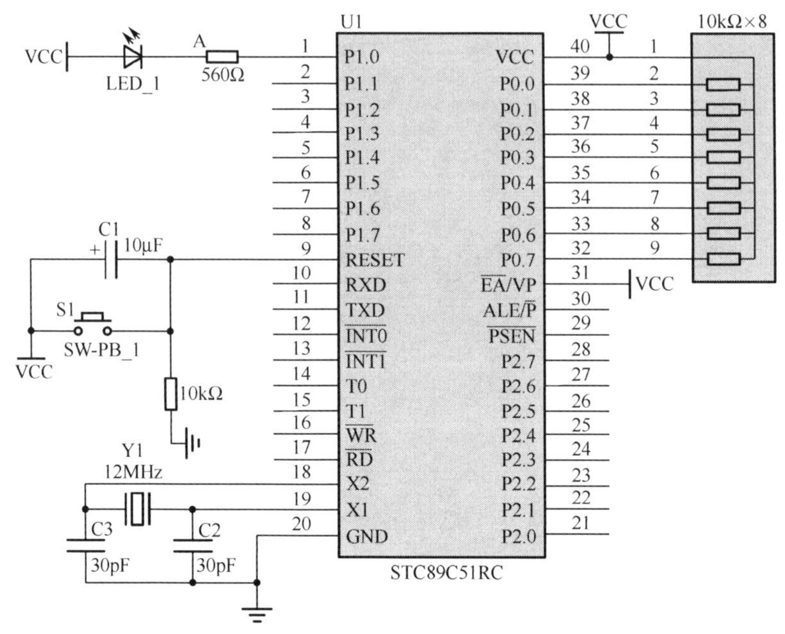

图 2-11　单片机最小系统控制电路

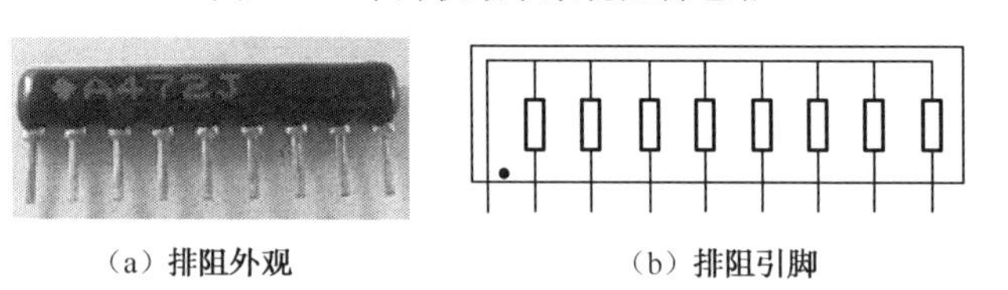

（a）排阻外观　　（b）排阻引脚

图 2-12　排阻外观及引脚

（2）按字节方式实现。

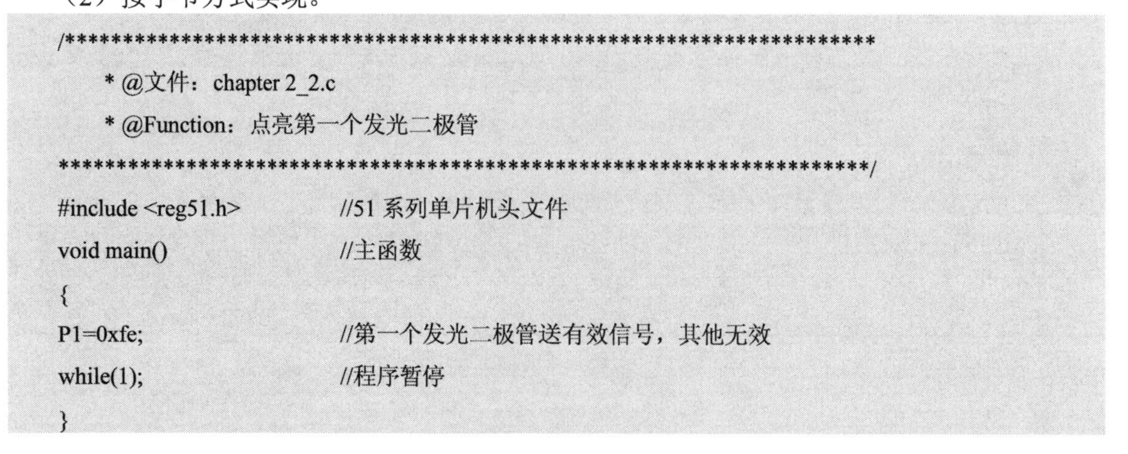

```
/**********************************************************************
    * @文件：chapter 2_2.c
    * @Function：点亮第一个发光二极管
**********************************************************************/
#include <reg51.h>                //51 系列单片机头文件
void main()                       //主函数
{
P1=0xfe;                          //第一个发光二极管送有效信号，其他无效
while(1);                         //程序暂停
}
```

关于程序的几点说明：

（1）“#include <reg51.h>”的作用及内容。

在上述程序中，由于用到了特殊功能寄存器 P1 口的第一位（P1.0）和 P1，使用它们时必须事先加以定义。Keil 编译器对单片机特殊功能寄存器的定义都是放在一个名为 reg51.h 的头文件中的，所以程序中需要先用预处理命令“#include <reg51.h>”将 51 单片机的特殊功能寄存器定义包含进来，只有这样使用 51 单片机的特殊功能寄存器才是合法的，否则编译器就会报错。

打开 reg51.h 头文件可以看到下面的一些内容。

```
/*--------------------------------------------------------------------------
REG51.H

Header file for generic 80MCS-51 and 80C31 microcontroller.
Copyright (c) 1988-2002 Keil Electronic Gmbh and Keil Software, Inc.
All rights reserved.
--------------------------------------------------------------------------*/

#ifndef __REG51_H__
#define __REG51_H__

/*   BYTE Register   */
sfr P0 = 0x80;
sfr P1 = 0x90;
sfr P2 = 0xA0;
sfr P3 = 0xB0;
sfr PSW = 0xD0;
sfr ACC = 0xE0;
sfr B = 0xF0;
sfr SP = 0x81;
sfr DPL = 0x82;
sfr DPH = 0x83;
sfr PCON = 0x87;
sfr TCON = 0x88;
sfr TMOD = 0x89;
sfr TL0 = 0x8A;
sfr TL1 = 0x8B;
sfr TH0 = 0x8C;
sfr TH1 = 0x8D;
sfr IE = 0xA8;
sfr IP = 0xB8;
sfr SCON = 0x98;
```

```
sfr SBUF = 0x99;


/*  BIT Register  */
/*  PSW   */
sbit CY = 0xD7;
sbit AC = 0xD6;
sbit F0 = 0xD5;
sbit RS1 = 0xD4;
sbit RS0 = 0xD3;
sbit OV = 0xD2;
sbit P = 0xD0;

/*  TCON  */
sbit TF1 = 0x8F;
sbit TR1 = 0x8E;
sbit TF0 = 0x8D;
sbit TR0 = 0x8C;
sbit IE1 = 0x8B;
sbit IT1 = 0x8A;
sbit IE0 = 0x89;
sbit IT0 = 0x88;

/*  IE   */
sbit EA = 0xAF;
sbit ES = 0xAC;
sbit ET1 = 0xAB;
sbit EX1 = 0xAA;
sbit ET0 = 0xA9;
sbit EX0 = 0xA8;

/*  IP   */
sbit PS = 0xBC;
sbit PT1 = 0xBB;
sbit PX1 = 0xBA;
sbit PT0 = 0xB9;
sbit PX0 = 0xB8;

/*  P3  */
sbit RD = 0xB7;
```

```
sbit WR = 0xB6;
sbit T1 = 0xB5;
sbit T0 = 0xB4;
sbit INT1 = 0xB3;
sbit INT0 = 0xB2;
sbit TXD = 0xB1;
sbit RXD = 0xB0;

/*   SCON   */
sbit SM0 = 0x9F;
sbit SM1 = 0x9E;
sbit SM2 = 0x9D;
sbit REN = 0x9C;
sbit TB8 = 0x9B;
sbit RB8 = 0x9A;
sbit TI = 0x99;
sbit RI = 0x98;
#endif
```

上述内容都是 MCS-51 单片机中一些符号（包括特殊功能寄存器和特殊位）的定义，即定义符号名与地址的对应关系。

① 特殊功能寄存器定义。

例如：

```
sfr P1 = 0x90;     //定义 P1 与地址 0x90 对应
```

上述程序定义 P1 口的地址为 0x90（0x90 是 C 语言中十六进制数的写法，相当于汇编语言中的 90H）。

从上面的头文件中可以看到一个频繁出现的词：sfr，sfr 并不是标准 C 语言的关键字，而是 Keil 软件为能直接访问 MCS-51 单片机中的特殊功能寄存器（SFR）提供的一个新的关键词，其用法为：

```
sfr 变量名=地址值;
```

② 特殊位定义。

例如：

```
sbit LED1=P1^0;     //符号 LED1 用来表示 P1.0 引脚
```

在 C 语言里，如果直接写 P1.0，C 编译器并不能识别，而且 P1.0 也不是一个合法的 C 语言变量名，所以需要给它另取一个名字，这里取名为 LED1，可是 LED1 是不是就是 P1.0 呢？C 编译器并不这么认为，所以必须给它们建立联系，这里使用了 Keil C 的关键字 sbit 来定义，sbit 的用法有以下三种。

第一种方法：

```
sbit 位变量名=地址值;
```

第二种方法：

```
sbit 位变量名=sfr 名称^变量位地址值;
```

第三种方法：

```
sbit 位变量名=sfr 地址值^变量位地址值;
```

如定义 PSW 中的 OV 可以使用以下三种方法：

```
sbit OV=0xd2;          //0xd2 是 OV 的位地址值
sbit OV=PSW^2;         //其中 PSW 必须先用 sfr 定义好
sbit OV=0xD0^2;        //0xD0 就是 PSW 的地址值
```

（2）“while(1);”语句的作用。

while()是 C 语言中的循环控制语句，当程序执行完 LED1=0 后，它还将向下执行，但后面的空间并没有存放程序代码，这时程序会乱运行，也就是说发生了“跑飞”现象。加上“while(1);”语句，是让程序一直停止在这里不再往下运行，即防止程序“跑飞”。这条语句后面经常用到，读者要学会用它。

3）程序编译、调试、运行与仿真

打开 Keil 软件，建立工程，输入上述源程序并编译。编译界面如图 2-13 所示。

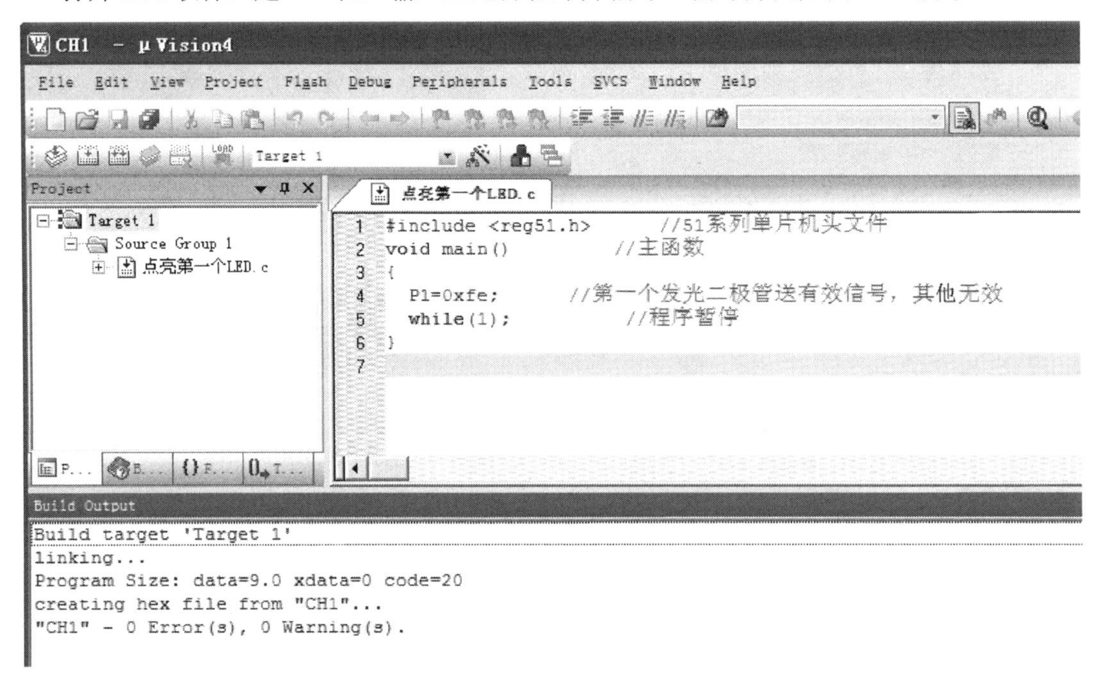

图 2-13　点亮 LED1 编译界面

编译后可进行程序调试与运行。

调试、运行程序的同时，可调出键盘、LED 显示实验仿真板，其仿真结果如图 2-14 所示。

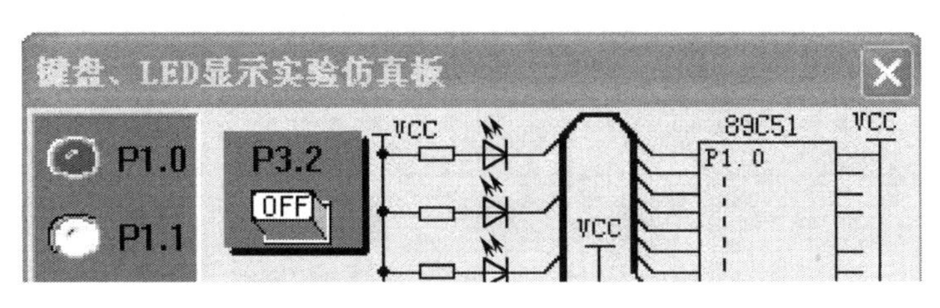

图 2-14　点亮 LED1 仿真结果

2.7.2　单灯闪烁

1．目的

（1）进一步学会使用 Keil 软件调试程序。

（2）熟悉并掌握延时子函数的编写方法及用途。

（3）掌握信号灯实现闪烁的方法。

2．任务

本项目要完成的任务是使 LED1 发光二极管以 1Hz 的频率不间断闪烁。

3．任务引导

由于 CPU 执行的速度非常快，要让人的眼睛感觉到 LED 有亮—灭—亮—灭……的变化，必须降低显示的速度，所以在程序中要加入一段延时子函数。频率需要 1Hz，则周期为 1s，需要编写一段延时 500ms 的子函数。

延时子函数的编写方法：用软件实现延时的基本方法是让程序绕圈子做无用功，即让 CPU 去执行一些与输出无关的命令，以达到拖延时间的目的，如以下子函数均可以实现延时。

```
/*****************xms 级延时子函数 1*********************/
    void delayms(unsigned int xms)
    {
        unsigned int i,j;
        for(i=xms;i>0;i--)
            for(j=110;j>0;j--);                //执行时间约为 1ms
    }

/*********************xms 级延时子函数 2*****************/
void delayms(unsigned int ms)
{
    unsigned char data x;
    unsigned int data y;
    for(y = ms;y > 0;y--)
    {
        for(x = 125;x>0;x--)
        {
            _nop_();                           //延时 1μs 函数
        }
    }
}

/*********************xμs 级延时子函数********************/
```

```
void Delayxμs(unsigned int n)
{
    while (n--)
    {
        _nop_();                        //延时 1μs 函数
        _nop_()
    }
}
```

其中，延时子函数中出现的“_nop_()”为空函数，能延时 1 个机器周期的时间。一个机器周期为 12 个振荡周期，如果单片机晶振为 12MHz，则一个机器周期的时间为 1μs。延时还有很多方法，如使用定时器/计数器与中断等，关于这些方法将在后续项目中介绍。

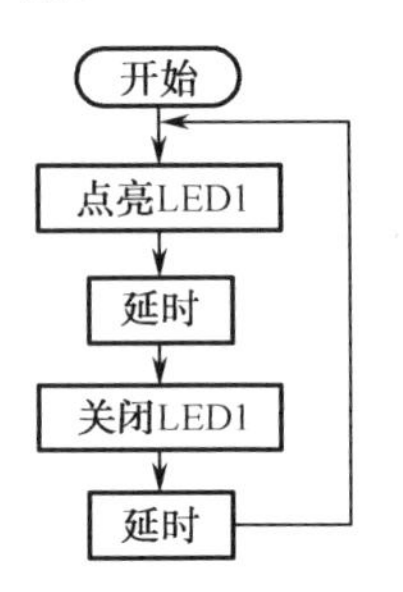

图 2-15 LED 灯闪烁流程图

4. 任务实施

1）硬件电路设计

单片机控制电路与图 2-10 所示电路相同。

2）软件设计

根据 LED 灯闪烁工作原理，画出其程序流程图如图 2-15 所示。

由 LED 灯闪烁流程图，可以很方便地编写出 C51 控制源程序，其源程序如下所示（采用两种方式实现）。

（1）按位方式实现。

```
/************************************************************************
        * @File：chapter 2_3.c
        * @ Function：单灯闪烁
************************************************************************/
    #include<reg51.h>                    //51 系列单片机头文件
    #include <stdio.h>                   //标准 I/O 库函数头文件
    #define uint unsigned int            //宏定义
    sbit LED1=P1^0;                      //定义 LED1
    void delayms(uint xms)               //延时 xms 子函数
    {
        uint i,j;
        for(i=xms;i>0;i--)
            for(j=125;j>0;j--);
    }
    void main()                          //主函数
    {
        while(1)                         //大循环
        {
```

```
            LED1=0;                         //点亮第一个发光二极管
            delayms(500);                   //调延时子函数，延时 500ms
            LED1=1;                         //关闭第一个发光二极管
            delayms(500);                   //调延时子函数，延时 500ms
        }
    }
```

（2）按字节方式实现，同时增加串口窗口显示。

```
/******************************************************************
        * @File：chapter 2_4.c
        * @ Function：单灯闪烁
******************************************************************/
    #include<reg51.h>                       //51 系列单片机头文件
    #include <stdio.h>                      //标准 I/O 库函数头文件
    #define uint unsigned int               //宏定义
    void delayms(uint xms)                  //延时 xms 子函数
    {
        uint i,j;
        for(i=xms;i>0;i--)
            for(j=125;j>0;j--);
    }
    void main()                             //主函数
    {
        SCON=0x52;                          //串口初始化
        TMOD=0x20;
        TH1=0xf3;
        TR1=1;
        printf("Program   Running ! \n ");  //输出两行信息
        printf("   LED1 灯闪烁  \n ");
        printf("\n ");                      //显示换行
        while(1)                            //大循环
        {
            P1=0xfe;                        //第一个发光二极管送有效信号，其他无效
            delayms(500);                   //延时 500ms
            P1=0xff;                        //关闭第一个发光二极管
            delayms(500);                   //延时 500ms
        }
    }
```

读者可能已经发现，在上述程序段中多了以下几条 C 语句：

```
SCON=0x52;                                  //串口初始化
TMOD=0x20;
```

```
TH1=0xf3;
TR1=1;
printf("Program   Running ! \n ");              //输出三行信息
printf("   LED1 灯闪烁  \n ");
printf("\n ");
```

其中前 4 条是串口初始化，后 3 条是 printf() 函数。Keil 软件里专门提供了一个串口显示窗口（UART #1），用于显示一些与程序相关的信息。

MCS-51 单片机的一般 I/O 函数库中定义的 I/O 函数都是通过串行接口实现的，串行口的波特率由定时器/计数器 1 溢出率决定。在使用 I/O 函数之前，应先对 MCS-51 单片机的串行接口和定时器/计数器 1 进行初始化。串口工作于方式 1，定时器/计数器 1 工作于方式 2（8 位自动重载方式），设系统时钟为 12MHz，波特率为 2400bps，则初始化程序即为上面的 4 条语句。有关串口知识将在后面串行通信接口技术项目中再进行介绍。

3）程序编译、调试、运行与仿真

打开 Keil 软件，建立工程，输入上述源程序并编译。

调试、运行程序，调出键盘、LED 显示实验仿真板与串口窗口，其仿真结果如图 2-16 所示。

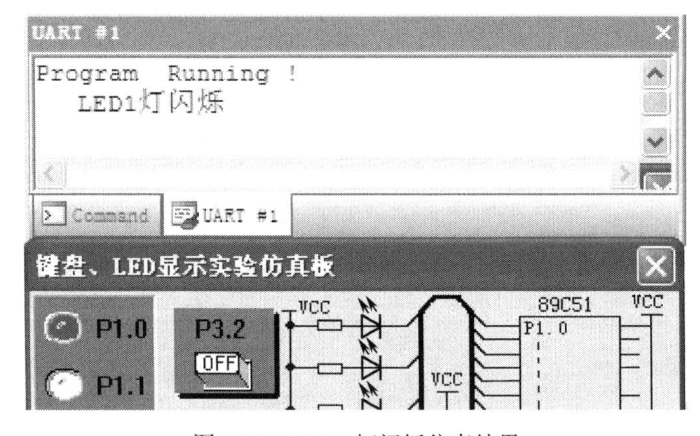

图 2-16　LED1 灯闪烁仿真结果

2.7.3　流水灯控制

1．目的

（1）进一步学会使用 Keil 软件调试程序。

（2）进一步掌握 MCS-51 单片机通用 I/O 口的使用方法。

（3）掌握单片机控制八彩灯显示多种花样的编程方法。

（4）学会硬件电路板焊接与电路板测试方法。

2．任务

本项目要完成的任务是设计并制作一个彩灯控制器，让八个彩灯以一定速度按多种显示花样动作。

3. 任务引导

控制八个彩灯以不同速度显示是通过单片机的 I/O 接口输出不同的脉冲序列来实现的，通过改变延时函数参数来控制。而控制彩灯花样的方法很多，可采用一维数组、二维数组或循环移位等方式实现。

4. 任务实施

1）硬件电路设计

单片机控制八彩灯最小系统电路如图 2-17 所示。

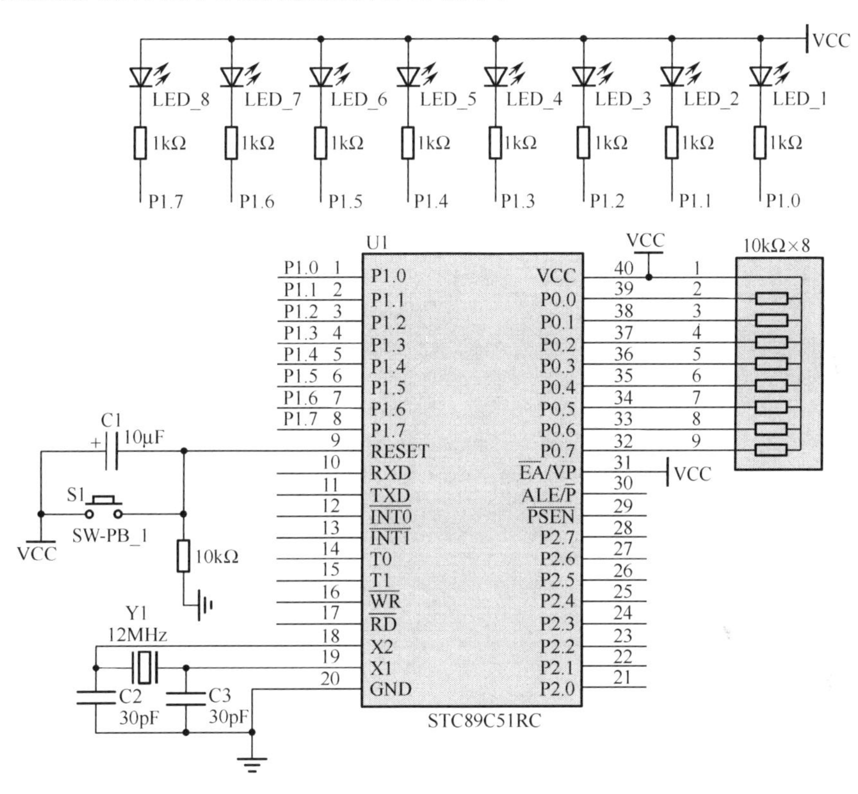

图 2-17 单片机控制八彩灯最小系统电路

2）软件设计

编写 C51 控制源程序如下所示（采用三种方式实现）。

（1）用一维数组实现。

```
/************************************************************************
        * @ File：chapter 2_5.c
        * @Function：一维数组流水灯控制
************************************************************************/
    #include<reg51.h>                                        //51 系列单片机头文件
    #include <stdio.h>                                       //标准 I/O 库函数头文件
    #define uint unsigned int                                //宏定义
```

```
#define uchar unsigned char
uchar num;
uchar code table[]={ 0x81,0xc3,0xe7,0xff,0x18,0x3c,0x7e,0xff};  //显示花样
void delayms(uint xms)                                         //延时 xms 子函数
{
    uint i,j;
    for(i=xms;i>0;i--)
        for(j=125;j>0;j--);
}
void main()
{
    SCON=0x52;                                                 //串口初始化
    TMOD=0x20;
    TH1=0xf3;
    TR1=1;
    printf(" Program   Running ! \n ");                        //输出两行信息
    printf("      一维数组流水灯控制    ");
    printf("\n ");
    while(1)                                                   //大循环取花样代码
    {
        for(num=0;num<8;num++)
        {
            delayms(500);                                      //延时 500ms
            P1=table[num];
        }
    }
}
```

（2）用二维数组实现。

```
/**********************************************************************
        * @ File：chapter 2_6.c
        * @Function：二维数组流水灯控制
**********************************************************************/
#include<reg51.h>                                              //51 系列单片机头文件
#include <stdio.h>                                             //标准 I/O 库函数头文件
#define uint unsigned int                                      //宏定义
#define uchar unsigned char
uchar num;
uchar code table[6][9]={{0xfe,0xfd,0xfb,0xf7,0xef,0xdf,0xbf,0x7f,0xff},
                        {0x7f,0xbf,0xdf,0xef,0xf7,0xfb,0xfd,0xfe,0xff},
                        {0x7e,0x3c,0x18,0x00,0x7e,0x3c,0x18,0x00,0xff},
```

```
                    {0x0f,0xf0,0x0f,0xf0,0x0f,0xf0,0x0f,0xf0,0xff},
                    {0xaa,0x55,0xaa,0x55,0xaa,0x55,0xaa,0x55,0xff},
                    {0xff,0x00,0xff,0x00,0xff,0x00,0xff,0x00,0xff}};     //显示花样
void delayms(uint xms)
{
    uint i,j;
    for(i=xms;i>0;i--)
        for(j=125;j>0;j--);
}
void main()
{
    uchar x,y;                                          //定义变量
    SCON=0x52;                                          //串口初始化
    TMOD=0x20;
    TH1=0xf3;
    TR1=1;
    printf(" Program   Running ! \n ");                  //输出两行信息
    printf("   二维数组流水灯控制   ");
    while(1)                                            //大循环取花样代码
    {
        for(x=0;x<6;x++)
        {
            for(y=0;y<9;y++)
            {
                P1=table[x][y];
                delayms(1000);                          //延时 1000ms
            }
        }
    }
}
```

（3）采用循环移位方式实现。

```
/**********************************************************************
    * @ File：chapter 2_7.c
    * @Function：循环移位流水灯控制
**********************************************************************/
#include <reg52.h>                                      //52 系列单片机头文件
#include <inTR1ns.h>
#include <stdio.h>                                      //标准 I/O 库函数头文件
#define uint unsigned int                               //宏定义
#define uchar unsigned char
```

```
void delayms(uint xms)
{
    uint i,j;
    for(i=xms;i>0;i--)                          //i=xms，即延时 xms
        for(j=125;j>0;j--);
}
void main()
{
    uchar a;                                    //定义变量
    SCON=0x52;                                  //串口初始化
    TMOD=0x20;
    TH1=0xf3;
    TR1=1;
    printf(" Program   Running ! \n ");         //输出两行信息
    printf("      流水灯控制    ");
    a=0xfe;                                     //赋初值 11111110B
    while(1)                                    //大循环
    {
        P1=a;
        delayms(500);                           //延时 500ms
        a =_crol_(a,1);                         //调循环左移函数
    }
}
```

3）程序编译、调试、运行与仿真

打开 Keil 软件，建立工程，输入上述源程序，编译后生成 HEX 文件。

调试、运行程序，调出键盘、LED 显示实验仿真板与串口窗口，其仿真结果如图 2-18 所示。

5．电路板制作与测试

1）元器件清单

根据设计好的电路原理图 2-17，列出元器件清单如表 2-4 所示。

表 2-4 流水灯控制电路元器件清单

元件名称	参数	数量	元件名称	参数	数量
IC 插座	DIP-40	1	瓷片电容	30pF	2
单片机	STC89C51RC	1	发光二极管		9
电解电容	10μF	1	弹性按键		1
电阻	10kΩ	3	排阻	102	1
晶振	12MHz	1	万能板		1

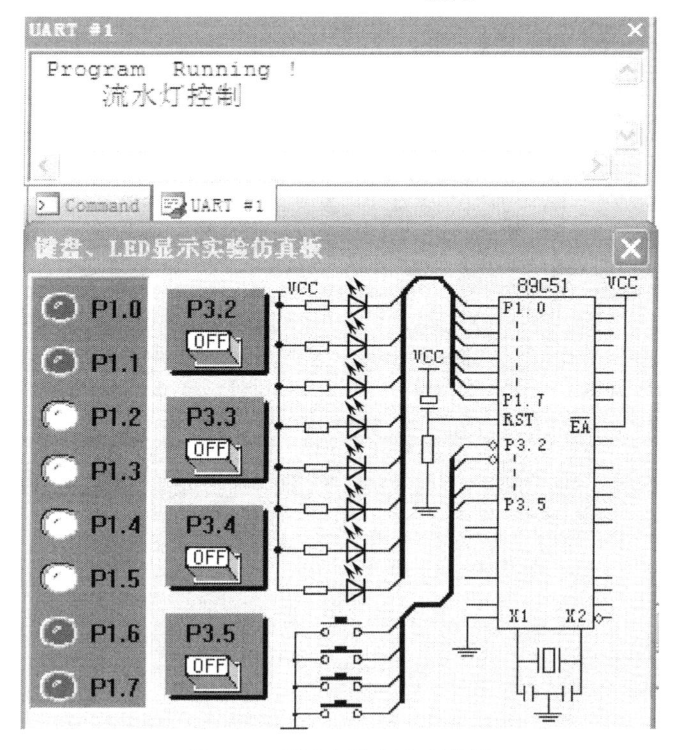

图 2-18 流水灯控制仿真结果

2）焊接电路板、下载 HEX 文件并排查故障

故障检查要领如下。

首先焊接电路板，待电路板焊接好后，打开 STC-ISP 下载软件将 HEX 文件下载至单片机，然后给电路板上电。

若上电后发现 51 单片机的电路板无法正常动作时，请按照下述步骤进行检查。

（1）先确定电路已确实按电路图焊接好，尤其是 LED 的方向是否连接正确。

（2）用万用表的 DCV 挡测量 STC89C51RC 单片机的第 40 脚与第 20 脚间的电压，应指示 4.5～5.5V；否则请检查电源。

（3）以逻辑笔测量 STC89C51RC 单片机的第 18 脚或 30 脚，测试笔的黄灯（PULSE）应发亮，否则振荡电路有故障。其原因有三：一为晶振故障；二为 30pF 电容器短路；三为单片机已经损坏。

（4）用万用表的 DCV 挡测量 STC89C51RC 单片机的第 9 脚与第 20 脚间的电压，应指示 0V。以逻辑笔测量 STC89C51RC 单片机的第 9 脚，应亮绿灯，否则为 10μF 电容器有故障，请检查。

（5）用万用表的 DCV 挡测量 STC89C51RC 单片机的第 31 脚与第 20 脚间的电压，应指示 4.5～5.5V，否则为接线错误或接触不良，请检查。

注意：若第 31 脚悬空，当受噪声干扰时，电路板会出现动作有时正常有时不正常的现象，故第 31 脚不能悬空，应接到电源的正极。

3）电路板上电显示

软硬件都检查无误，电路板上电即可观察到八彩灯按不同的花样显示。

利用单片机控制 LED 彩灯能做出各种各样的霓虹灯花样来，如图 2-19 所示是单片机控制霓虹灯实物的实际显示效果图。

图 2-19 单片机控制霓虹灯实物的实际显示效果图

2.7.4 蜂鸣器控制

1. 目的

（1）掌握蜂鸣器发声原理。
（2）进一步掌握 MCS-51 单片机通用 I/O 口的使用方法。
（3）掌握单片机控制蜂鸣器发声的编程方法。

2. 任务

本项目要完成的任务如下。

任务 1：用单片机作为主控制器控制信号灯和蜂鸣器，信号灯闪烁 5 次后，蜂鸣器响 5 声。

任务 2：用单片机某一位输出 1kHz 和 500Hz 的音频信号，驱动蜂鸣器作为报警信号，要求 1kHz 信号响 100ms，500Hz 信号响 200ms，两者交替进行。

3. 任务引导

图 2-20 蜂鸣器实物图

蜂鸣器（SPEAKER）是一种电声转换器件，其实物图如图 2-20 所示。使用时只要让蜂鸣器通过大小变化的电流（脉动电流），就能使蜂鸣器发出声音。因此，若程序不断地输出 1—0—1—0…就可令蜂鸣器发出声响。

由于 MCS-51 系列的单片机端口输出电流不够大，蜂鸣器必须外加驱动电路才能使用，一般使用三极管或反相器驱动，常用的驱动电路如图 2-21 所示。

本项目电路板利用 MCS-51 单片机端口输出脉冲方波，经 74LS06 反相驱动（注意：74LS06 使用时要外接上拉电阻）后使蜂鸣器发声，声音的频率高低由延时函数时间长短控制。

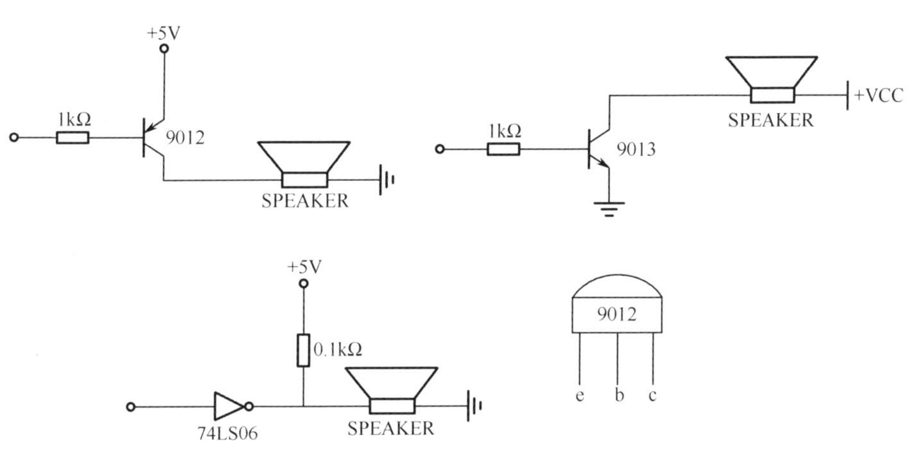

图 2-21　蜂鸣器驱动电路

4. 任务实施

1）硬件电路设计

单片机控制蜂鸣器报警电路如图 2-22 所示。

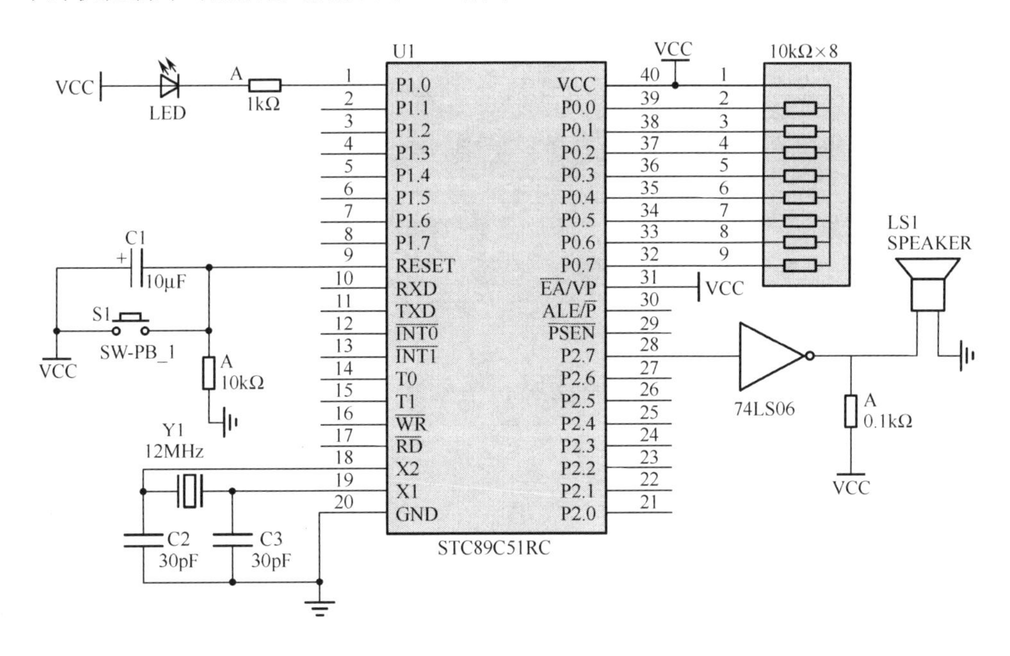

图 2-22　单片机蜂鸣器报警控制电路

2）软件设计

程序流程图如图 2-23 所示。

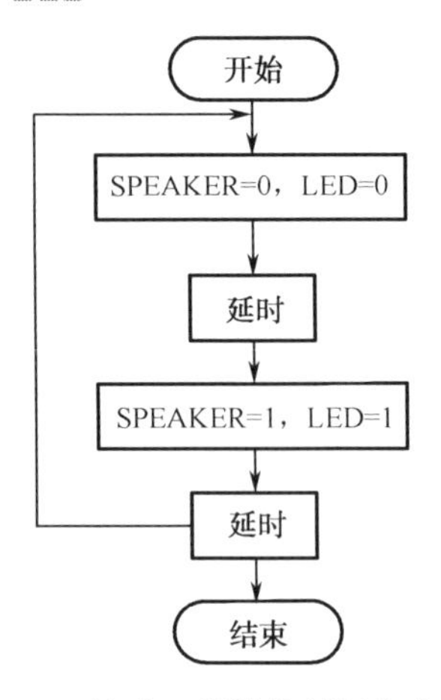

图 2-23　蜂鸣器报警控制程序流程图

编写 C51 控制源程序如下所示。

（1）以下是蜂鸣器报警控制实现任务 1 的 C51 源程序。

```
/*****************************************************************************
        * @ File：chapter 2_8.c
        * @Function：蜂鸣器报警
*****************************************************************************/
    #include<reg52.h>
    #include <stdio.h>                              //标准 I/O 库函数头文件
    #define uchar unsigned char                     //宏定义
    #define uint unsigned int
    uchar num1,num2;
    sbit speaker=P2^7;                              //蜂鸣器定义
    sbit LED1=P1^0;                                 //指示灯定义
    void delayms(uint xms)                          //延时子函数
    {
        uint i,j;
        for(i=xms;i>0;i--)
            for(j=125;j>0;j--);
    }
    void main()                                     //主函数
    {
        SCON=0x52;                                  //串口初始化
        TMOD=0x20;
        TH1=0xf3;
        TR1=1;
        printf("    Program    Running ! \n ");     //输出四行信息
        printf("        蜂鸣器报警    \n    ");
        printf("      指示灯闪烁 5 次    \n    ");
```

```
        printf("      蜂鸣器响 5 声    \n    ");
        while(1)                                    //大循环
        {
            num1=1,num2=1;
            while(num1<=5)                          //指示灯闪烁 5 次
            {
                LED1=0;
                delayms (500);
                LED1=1;
                delayms(500);
                num1++;
            }
            while(num2<=5)                          //蜂鸣器响 5 声
            {
                speaker=0;
                delayms(300);
                speaker=1;
                delayms(200);
                num2++;
            }
        }
    }
```

（2）以下是蜂鸣器报警控制实现任务 2 的 C51 源程序。

```
/**********************************************************************
        * @ File：chapter 2_9.c
        * @Function：声光报警
**********************************************************************/
    #include <reg52.h>
    #include <inTR1ns.h>
    #define uchar unsigned char
    sbit speaker =P2^7;                             //蜂鸣器定义
    uchar count;
    void delay500(void)                             //延时 500μs 子函数
    {
        uchar i;
        for(i=500;i>0;i--)
        {
            _nop_();
        }
    }
```

```
void main(void)                              //主函数
{
    while(1)
    {
        for(count=200;count>0;count--)       //1kHz 信号响 100ms
        {
            speaker=~speaker;
            delay500();
        }
        for(count=200;count>0;count--)       //500Hz 信号响 200ms
        {
            speaker=~speaker;
            delay500();
            delay500();
        }
    }
}
```

3）程序编译、调试、运行与仿真

打开 Keil 软件，建立工程，输入上述两段源程序并编译。

调试、运行程序，调出键盘、LED 显示实验仿真板与串口窗口，观察程序运行情况，如图 2-24 所示。

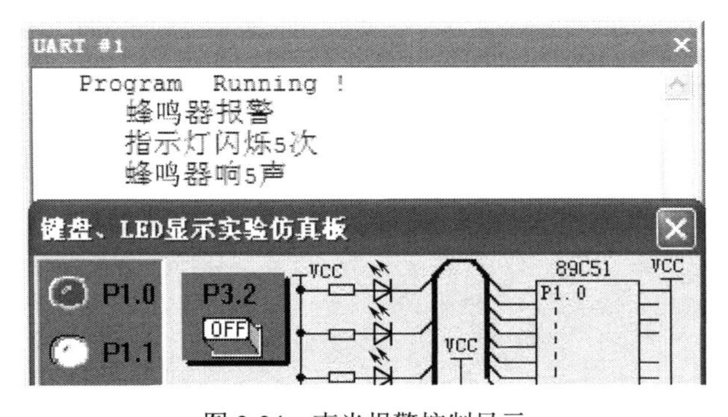

图 2-24 声光报警控制显示

5. 项目制作步骤

（1）运用一种绘图工具绘制单片机控制声光报警电路图，并列出元件清单。

（2）采用 C 语言编写控制源程序。

（3）采用 Keil 软件上机调试源程序，并生成 HEX 文件。

（4）焊接电路板。

（5）下载 HEX 文件至焊接好的电路板，进行软硬件联调。

调用 STC-ISP 下载软件，将生成的 HEX 文件烧录到已做好的电路板上，如果电路板正确无误，上电后就能听到蜂鸣器不间断地发出声音。

2.7.5　继电器控制

1．目的

（1）掌握继电器通断工作原理。
（2）进一步掌握 MCS-51 单片机通用 I/O 口的使用方法。
（3）掌握单片机控制继电器动作的编程方法。

2．任务

本项目要完成的任务是利用单片机某一个端口作为控制输出口，接继电器电路，使继电器重复吸合与断开。

3．任务引导

在现代自动控制设备中，都存在一个电子电路的互相连接问题，一方面要使电子电路的控制信号能控制电气电路的执行元件（电动机、电磁铁、LED 信号灯等），另一方面又要为电子线路和电气电路提供良好的电气隔离，以保护电子电路和人身的安全。继电器便能完成这一任务。

由继电器工作原理可知，要使执行元件动作，应先将继电器线圈两端通电，常开触点闭合，常闭触点打开，这样与之相连的执行元件将跟着动作。

4．任务实施

1）硬件电路设计

单片机控制继电器电路如图 2-25 所示。

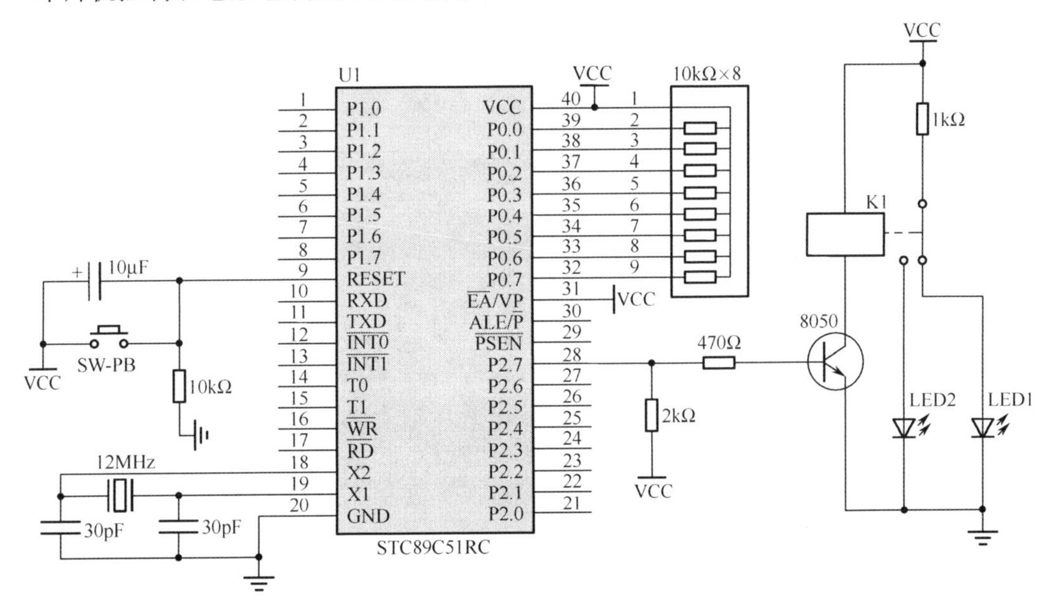

图 2-25　单片机控制继电器电路图

原理图说明：单片机 P2 口的 P2.7 作为控制端与 8050 三极管的基极相连，三极管集电极与继电器线圈一端相连。当控制端为高电平时，继电器线圈通电，常开触点吸合，LED2 灯被点亮，常闭触点打开，LED1 灯灭；当控制端为低电平时，继电器线圈断电，LED2 灯灭，常闭触点恢复常态，LED1 灯亮。如果给控制端不断送 1—0—1—0—1…信号，则两盏 LED 灯将交替循环闪烁。

2）软件设计

继电器控制程序流程图如图 2-26 所示。

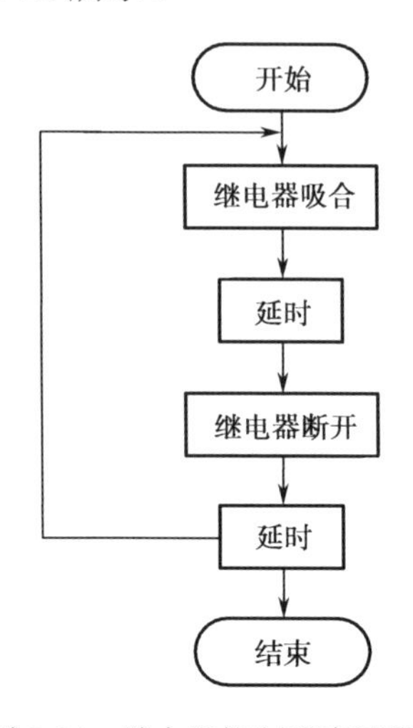

图 2-26　继电器控制程序流程图

编写 C51 控制源程序如下所示。

```
/*********************************************************************
        * @ File：chapter 2_10.c
        * @Function：继电器控制
*********************************************************************/
    #include<reg52.h>
    #define uchar unsigned char                    //宏定义
    #define uint unsigned int
    sbit output=P2^7;                              //继电器线圈定义
    void delayms(uint xms)                         //延时 xms 子函数
    {
        uint i,j;
        for(i=xms;i>0;i--)
            for(j=125;j>0;j--);
    }
    void main()
    {
        while(1)
        {
```

```
            output=1;                        //继电器线圈通电
            delayms (500);
            output =0;                       //继电器线圈断电
            delayms (500);
        }
    }
```

3）程序编译、调试、运行与仿真

打开 Keil 软件，建立工程，输入上述源程序并编译生成 HEX 文件。

调用 Proteus 仿真软件，观察仿真电路运行情况，其仿真结果如图 2-27 所示。

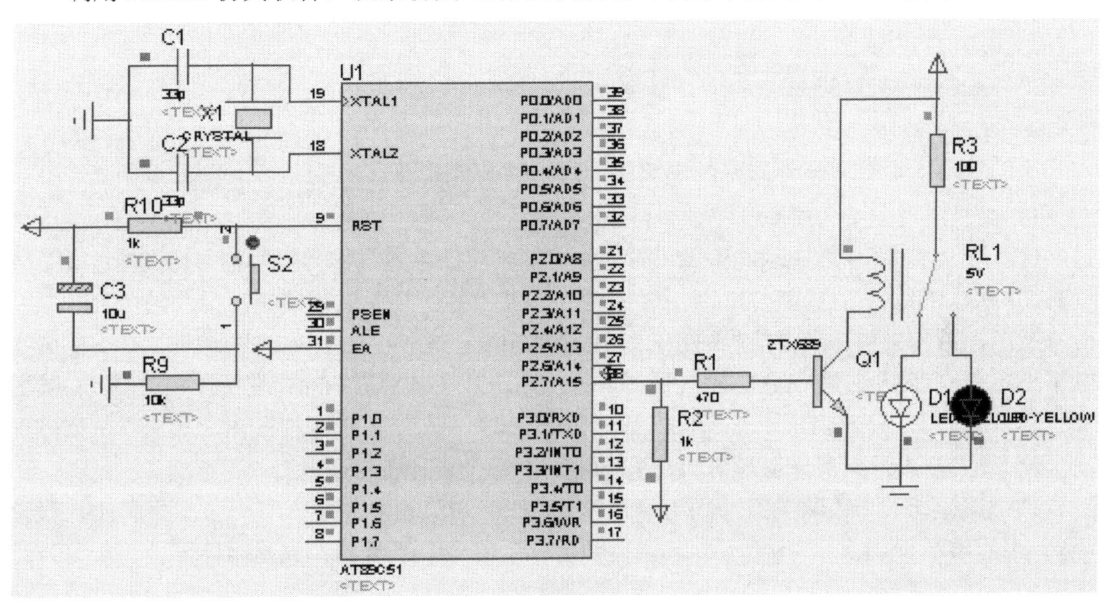

图 2-27　继电器控制电路仿真结果

2.8　小结

本项目重点讲述了单片机入门的基础知识，需要读者熟练掌握以下内容：

单片机定义及内部结构；单片机引脚图；单片机时钟电路和复位电路；单片机最小系统画法；单片机 4 个并行 I/O 端口的作用；延时子函数的写法及用途；LED 灯花样控制 C 程序的编写方法；蜂鸣器、继电器控制 C 程序的编写方法。

2.9　练习题

1．什么是单片机？它由哪几部分组成？

2．P3 口的第二功能是什么？

3．画出 MCS-51 系列单片机时钟电路，并指出石英晶体和电容的取值范围。

4．什么是机器周期？机器周期和晶振频率有何关系？当晶振频率为 12MHz 时，机器周期是多少？

5．MCS-51 系列单片机常用的复位方法有几种？画电路图并说明其工作原理。

6．MCS-51 系列单片机片内 RAM 的组成是如何划分的？各有什么功能？

7．MCS-51 系列单片机有多少个特殊功能寄存器？它们分布在什么地址范围？

8．延时子函数的写法有几种？试用不同的形式写出延时子函数。

9．如何修改程序，改变单灯闪烁和 LED 八彩灯显示的速度？

10．自己动手设计并制作一个跑马灯控制器，要求独立完成以下步骤：

① 在电脑上运用一种绘图工具软件，绘制单片机控制八彩灯流水闪烁电路图，并列出元件清单。

② 采用 C 语言编写跑马灯控制源程序。

③ 采用 Keil 软件调试源程序，并生成 HEX 文件。

④ 焊接电路板。

⑤ 下载 HEX 文件至焊接好的电路板，进行软硬件联调。

⑥ 如何修改程序，使 LED 八彩灯显示更多花样？

11．用 P1.0 输出 1kHz 和 500Hz 的音频信号驱动扬声器，作为报警信号，要求 1kHz 信号响 100ms，500Hz 信号响 200ms，交替进行。P1.7 接一开关进行控制，当开关合上时报警信号发声，当开关断开报警信号停止，编出程序（编程提示：500Hz 信号周期为 2ms，信号电平为每 1ms 变反 1 次；1kHz 的信号周期为 1ms，信号电平每 500μs 变反 1 次）。

12．试设计一个控制电路，当按下开关 S1 时，扬声器能连续发出“叮咚”门铃声。“叮”和“咚”声音频率分别为 700Hz 和 500Hz，每个声音各占用 0.5s。

13．试设计一个控制电路，利用单片机从 P1.0 端口输出“嘀、嘀……”报警声。假设“嘀”声的频率为 1kHz，持续 0.2s，然后输出电平信号中断 0.2s，如此循环下去。报警声时序图如图 2-28 所示。

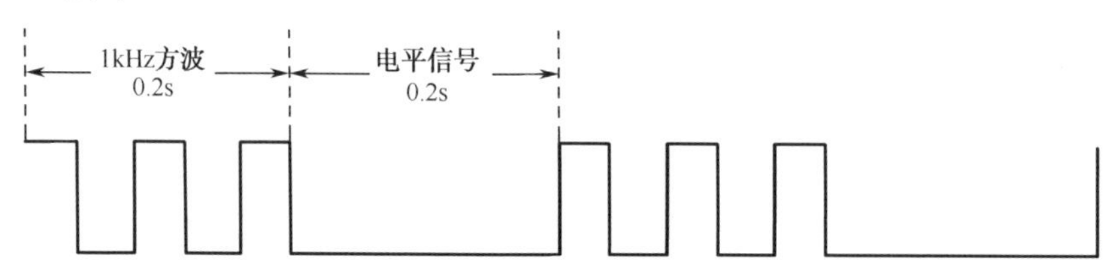

图 2-28 “嘀、嘀……”报警声时序图

项目 3　单片机中断系统与定时器/计数器应用

3.1　学习情境

显示器作为输出部件，可以将系统的运行结果、状态等信息直观地显示出来，便于操作者了解系统的运行情况和程序的执行结果。单片机控制系统中常用的显示器是 LED 七段或八段发光二极管（Light Emitting Diode，LED）。

本项目教你如何用 MCS-51 单片机来控制 LED 显示器。为此，读者需要了解 LED 显示器的结构与工作原理，需要掌握利用单片机 I/O 接口实现 LED 数码管静态显示和动态显示的方法；同时为了获得比延时函数更准确的显示时间，需要学习单片机非常重要的 2 个内部资源部件——中断系统和定时器/计数器，以及如何用 C 语言编写中断服务程序和定时器/计数器应用程序。

3.2　MCS-51 单片机中断系统

单片机需要处理的任务按系统对实时性要求的不同可以分为两类。

一类任务对于实时性要求不严格，如彩灯的闪烁、显示器的内容更新、蜂鸣器的发声等。由于人的反应能力有限，因此对于这类任务的处理即使稍延迟一段时间（如 20ms），系统的整体性能并未受到影响。

另一类任务对实时性的要求非常严格，如统计单位时间内的脉冲个数。如果单片机不能在相邻两个脉冲的时间间隔内做出反应，就会导致最终计数的错误。

对于实时性要求严格的系统，通常采用 MCS-51 单片机提供的中断功能。

中断的定义：中断是指单片机暂时停止执行当前的程序并跳转到相应的中断服务函数进行特殊、短暂的处理，待处理完中断服务函数后再返回到原程序的断点处。中断处理过程如图 3-1 所示。

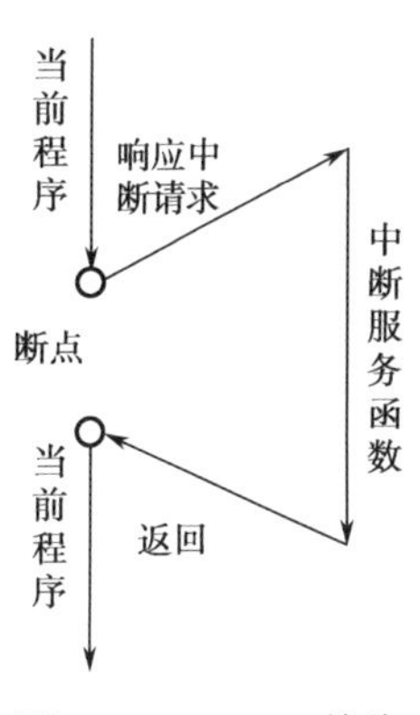

图 3-1　MCS-51 单片机中断处理过程

3.2.1　中断源

中断源是指能够发出中断申请的来源。中断申请信号既可以自外部的器件发出，也可以由单片机内部的功能单元发出。

MCS-51 单片机提供了 5 个中断源，如表 3-1 所示。5 个中断源的中断标志位、标志位撤除方式（即将相应的中断标志位清零）各不相同。

表 3-1 MCS-51 单片机中断源

中 断 源	中断标志位	清 零 方 式
外部中断 0	IE0	硬件清零
外部中断 1	IE1	硬件清零
片内定时器/计时器 0（T0）溢出中断	TF0	硬件清零
片内定时器/计时器 1（T1）溢出中断	TF1	硬件清零
片内串行口发送/接收中断	TI/RI	软件清零

（1）外部中断 0 中断请求：外部中断请求信号由外部器件产生，从引脚 $\overline{\text{INT0}}$（P3.2）引入，中断标志位为 IE0（TCON.1）。当 CPU 检测到 P3.2 引脚出现有效的中断信号时（低电平或下降沿，可由软件设置）将 IE0 置 1，向 CPU 申请中断。CPU 响应中断后，由单片机内部硬件电路自动将 IE0 清零。

（2）外部中断 1 中断请求：外部中断请求信号由外部器件产生，从引脚 $\overline{\text{INT1}}$（P3.3）引入，中断标志位为 IE1（TCON.3）。当 CPU 检测到 P3.3 引脚出现有效的中断信号时（低电平或下降沿，可由软件设置）将 IE1 置 1，向 CPU 申请中断。CPU 响应中断后，由单片机内部硬件电路自动将 IE1 清零。

（3）片内定时器/计数器 0（T0）溢出中断请求：由单片机内部的定时器/计数器产生，中断标志位为 TF0（TCON.5）。当定时器/计数器 T0 发生定时时间到溢出或计数计满溢出时，将 TF0 置 1 并向 CPU 申请中断。TF0 由硬件自动清零。

（4）片内定时器/计数器 1（T1）溢出中断请求：由单片机内部的定时器/计数器产生，中断标志位为 TF1（TCON.7）。当定时器/计数器 T1 发生定时时间到溢出或计数计满溢出时，将 TF1 置 1 并向 CPU 申请中断。TF1 由硬件自动清零。

（5）片内串行口发送/接收中断请求：中断标志位分别为 TI（SCON.1）和 RI（SCON.0）。此中断请求分为两种情况：当串行口接收完一帧串行数据时，将 RI 置 1，并向 CPU 请求中断；当串行口发送完一帧串行数据时，将 TI 置 1 并向 CPU 请求中断。单片机内部硬件电路不能自动将 TI 或 RI 清零，为防止 CPU 再次响应这类中断，应通过赋值语句将其撤除，即用下面两条命令：

```
RI=0;          //撤除接收中断请求
TI=0;          //撤除发送中断请求
```

3.2.2 与中断有关的特殊功能寄存器

MCS-51 单片机中断系统结构图如图 3-2 所示。由图可知，MCS-51 单片机中有 TCON、SCON、IE 和 IP 4 个专用寄存器用于中断控制，用户可以通过设置其状态来管理中断系统。

1．定时器/计数器控制寄存器 TCON

该寄存器的低 4 位用于外部中断的控制，高 4 位用于定时器/计数器中断 T0、T1 的控制，各位所代表的含义如表 3-2 所示。

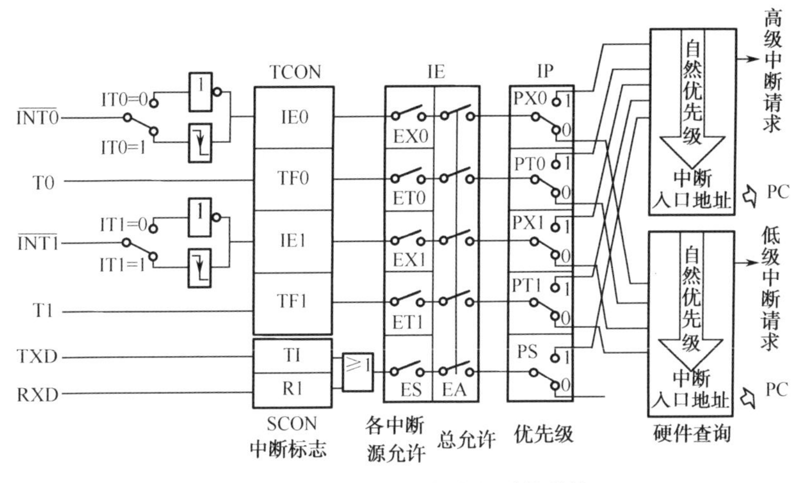

图 3-2　MCS-51 单片机中断系统结构

表 3-2　TCON 各位含义

TCON.7	TCON.6	TCON.5	TCON.4	TCON.3	TCON.2	TCON.1	TCON.0
TF1	TR1	TF0	TR0	IE1	IT1	IE0	IT0

（1）IT0（TCON.0）：外部中断 0 触发方式控制位。当 IT0=0 时设置外部中断 0 为低电平触发方式；当 IT0=1 时设置外部中断 0 为边沿触发方式（下降沿有效）。可以用赋值语句对外部中断 0 的触发方式进行设置，例如：

```
IT0=1;          //设定外部中断 0 为下降沿触发模式
IT0=0;    //设定外部中断 0 为低电平触发模式
```

（2）IE0（TCON.1）：外部中断 0 中断请求标志位。当有外部的中断请求时该位就会置 1（由硬件完成），在 CPU 响应中断后，由硬件自动将 IE0 清零。

（3）IT1（TCON.2）：外部中断 1 触发方式控制位，用途与 IT0 相同。

（4）IE1（TCON.3）：外部中断 1 中断请求标志位，用途和 IE0 相同。

（5）TR0（TCON.4）：定时器/计数器 T0 启停控制位，可由软件设置。

```
TR0=1;    //启动定时器/计数器 T0
TR0=0;    //停止定时器/计数器 T0
```

（6）TF0（TCON.5）：定时器/计数器 T0 溢出中断请求标志位。当 T0 计数产生溢出时，由硬件置 1，在 CPU 响应中断后，由硬件自动将其清零。

（7）TR1（TCON.6）：定时器/计数器 T1 启停控制位，用途与 TR0 相同。

（8）TF1（TCON.7）：定时器/计数器 T1 溢出中断请求标志位，用途与 TF0 相同。

2. 串行口控制寄存器 SCON

片内串行口完成接收或发送的中断请求信号 RI 和 TI 在串行口控制寄存器 SCON 中，SCON 的高 6 位用于串行口工作方式设置和串行口发送/接收控制，RI 和 TI 是其中的低两位。SCON 各位的含义如表 3-3 所示。

表 3-3　SCON 各位含义

SCON.7	SCON.6	SCON.5	SCON.4	SCON.3	SCON.2	SCON.1	SCON.0
SM0	SM1	SM2	REN	TB8	RB8	TI	RI

（1）RI：串行口接收中断请求标志位。RI=0 表示没有串行口接收中断申请，RI=1 表示有串行口接收中断申请（即完成一帧数据的接收）。中断系统不会自动撤除 RI 中断，必须由用户在中断服务程序中通过将 RI 清零来撤除，即 RI=0。

（2）TI：串行口发送中断请求标志位。TI=0 表示没有串行口发送中断申请，TI=1 表示有串行口发送中断申请（即完成一帧数据的发送）。中断系统不会自动撤除 TI 中断，必须由用户在中断服务程序中通过将 TI 清零来撤除，即 TI=0。

3．中断允许控制寄存器 IE

在 MCS-51 中断系统中，中断的允许或禁止是由片内可进行位寻址的 8 位中断允许控制寄存器 IE 来控制的，其各位的含义如表 3-4 所示。

表 3-4　IE 各位含义

IE.7	IE.6	IE.5	IE.4	IE.3	IE.2	IE.1	IE.0
EA	—	—	ES	ET1	EX1	ET0	EX0

（1）EA：CPU 总中断允许位。EA=0：关中断；EA=1：开中断。

（2）EX0：外部中断 0 中断允许位。EX0=1：允许外部中断 0 中断；EX0=0：禁止外部中断 0 中断。

（3）ET0：定时器/计数器 T0 中断允许位。ET0=1：允许 T0 中断；ET0=0：禁止 T0 中断。

（4）EX1：外部中断 1 中断允许位。EX1=1：允许外部中断 1 中断；EX1=0：禁止外部中断 1 中断。

（5）ET1：定时器/计数器 T1 中断允许位。ET1=1：允许 T1 中断；ET1=0：禁止 T1 中断。

（6）ES：串行口中断允许位。ES=1：允许串行口中断；ES=0：禁止串行口中断。

MCS-51 单片机复位时，IE 被清零，此时 CPU 关中断，各中断源的中断也都被屏蔽。若系统需要用中断方式进行事件处理，则在系统初始化程序中需要对 IE 编程。对 IE 编程时，不仅要开需要的中断，还要开 CPU 的中断。例如：

```
EA=1;      //CPU 开中断
EX1=1;     //CPU 中断已开，对 EX1 的操作有效，允许外部中断 1 中断
```

4．中断优先级寄存器 IP

MCS-51 单片机有两个中断优先级，可实现两级中断服务嵌套，每个中断源都可设定为高或低中断优先级。MCS-51 中断系统对各中断源的中断优先级有一个统一的规定，称为自然优先级（也称为系统默认优先级），如表 3-5 所示。

表 3-5　MCS-51 单片机的自然中断优先级

中断源	优先级
外部中断 0	最高级 ↓ 最低级
定时器 T0 中断	
外部中断 1	
定时器 T1 中断	
串行口中断	

MCS-51 单片机的中断优先级采用了自然优先级和人工设置高、低优先级相结合的策略，中断处于同一级别时，由自然优先级确定。开机时每个中断都处于低优先级，中断优先级可以通过中断优先级寄存器 IP 中的相应位的状态来设定。IP 中各位的含义如表 3-6 所示。

表 3-6 IP 各位含义

IP.7	IP.6	IP.5	IP.4	IP.3	IP.2	IP.1	IP.0
—	—	—	PS	PT1	PX1	PT0	PX0

（1）PX0：外部中断 0 优先级设定位。

（2）PT0：定时器/计数器 T0 优先级设定位。

（3）PX1：外部中断 1 优先级设定位。

（4）PT1：定时器/计数器 T1 优先级设定位。

（5）PS：串行口优先级设定位。

若 IP 中某位设为 1，相应的中断级别就设置成高优先级，否则就是低优先级。

3.2.3 中断服务函数的写法

MCS-51 单片机各中断源的中断服务程序入口地址如表 3-7 所示。

表 3-7 中断源入口地址

中 断 源	入口地址（汇编语言用）	中断号（C 语言用）
外部中断 0	0003H	0
定时器/计数器 T0 溢出中断	000BH	1
外部中断 1	0013H	2
定时器/计数器 T1 溢出中断	001BH	3
串行口发送/接收中断	0023H	4

由表 3-7 可见，MCS-51 单片机的每两个中断源的中断服务入口地址之间相差 8 字节的存储单元。一般来说，这 8 字节用来存储中断服务程序是不够的，因此，在使用汇编语言编程时，通常是在中断服务程序地址入口处放一条 3 字节的长转移指令（LJMP），但使用 C 语言编程时不必考虑此问题。

MCS-51 编译器支持在 C 语言源程序中直接编写中断服务函数，使开发人员不必关心上述内容，对于简化单片机的中断服务程序编程有很大的帮助。

MCS-51 的中断服务函数格式如下所示。

```
void  函数名()  interrupt  m  (using n)
{
      中断服务程序内容
}
```

几点说明：

（1）中断函数不能返回任何值，所以最前面用 void，后面紧跟函数名，函数名应反映其代表的功能。函数名要符合标识符的规则要求，即可由字母、数字和下划线组成，且必须以字母或下划线开头，但不能与 C 语言中的关键字相同；中断函数不带任何参数，所以函数名后面的小括号内为空。

（2）关键字 interrupt 后面的 m 代表中断号，是一个常量，取值范围是 0～4。每个中断号都对应一个中断源，见表 3-7，这个序号是编译器识别不同中断的唯一符号，因此在写中断服务程序时务必要写正确。

（3）关键字 using 后面的 n 代表中断函数将要选择使用的单片机内存中的哪一组工作寄存器，也是一个常量，取值范围是 0～3。MCS-51 编译器在编译程序时会自动分配工作寄存器组，因此最后这句通常省略不写，但读者以后若遇到这样的程序代码时要知道是什么意思。

一个简单的中断服务 C 程序写法如下。

```
void T1_time() interrupt 3
{
    TH1=(65536-10000)/256;
    TL1=(65536-10000)%256;
}
```

上面这段代码是定时器 T1 的一个简单的中断服务函数，定时器 T1 的中断序号是 3，因此要写成 interrupt 3，中断服务程序的内容是给两个存放初值的寄存器 TH1、TL1 装入新值。

3.3 MCS-51 单片机定时器/计数器

3.3.1 定时器/计数器内部结构

定时器/计数器是 MCS-51 单片机非常重要的内部资源，在以后的程序设计中经常要用到，用于实现定时和计数功能。MCS-51 单片机有两个 16 位的定时器/计数器 T0 和 T1，四种工作方式，两种工作模式。定时器和计数器使用内部同一个电路，对内部脉冲计数实现定时功能和对外部脉冲计数实现计数功能。现在来看下 MCS-51 单片机定时器/计数器的内部结构框图，如图 3-3 所示。

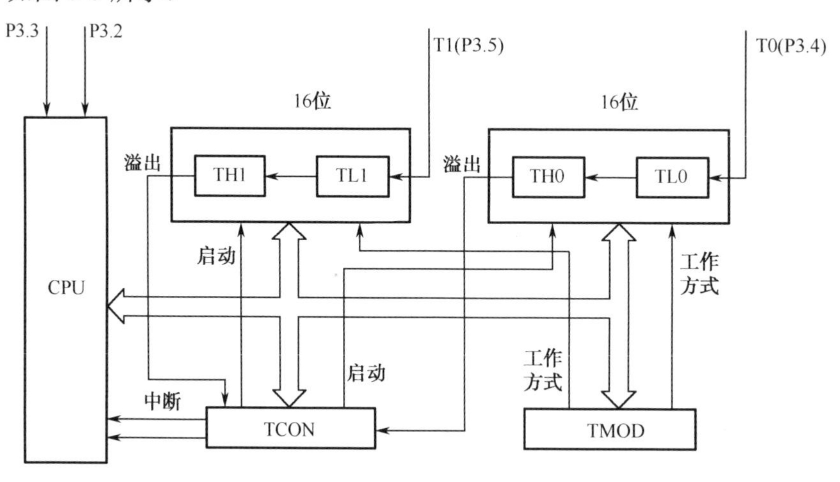

图 3-3 定时器/计数器内部结构框图

其内部主要包括：

（1）两个16位可编程定时器/计数器，简称为定时器0（T0）和定时器1（T1）。

（2）一个8位的定时器/计数器方式寄存器TMOD，主要用于设定定时器/计数器的工作方式，有四种工作方式。

（3）一个8位的定时器/计数器控制寄存器TCON，主要用于控制定时器/计数器的启动与停止，并保存T0、T1的溢出和中断标志。

3.3.2　与定时器/计数器有关的特殊功能寄存器

1．定时器/计数器控制寄存器TCON

TCON的低4位用于控制外部中断，高4位用于控制定时器/计数器的启动和中断请求。其各位含义见表3-2。

2．定时器/计数器工作方式寄存器TMOD

工作方式寄存器TMOD可位寻址，用于设置定时器/计数器的工作模式和工作方式，其低4位用于T0的设置，高4位用于T1的设置，各位的含义如表3-8所示。

表3-8　TMOD各位含义

TMOD.7	TMOD.6	TMOD.5	TMOD.4	TMOD.3	TMOD.2	TMOD.1	TMOD.0
GATE	$C/\overline{T}$	M1	M0	GATE	$C/\overline{T}$	M1	M0
控制T1				控制T0			

1）GATE门控位

（1）GATE=0时，只要用软件使TCON中的TR0或TR1为1，就可以启动定时器/计数器工作方式。

（2）GATA=1时，要用软件使TR0或TR1为1，同时外部中断引脚$\overline{INT0}$（与TR0对应）或$\overline{INT1}$（与TR1对应）也为高电平时才能启动定时器/计数器工作方式，即此时定时器/计数器的启动条件加上了$\overline{INT0}$或$\overline{INT1}$引脚为高电平。

2）$C/\overline{T}$定时/计数模式选择位

（1）$C/\overline{T}=0$时，为定时模式，即定时器/计数器完成定时功能。

（2）$C/\overline{T}=1$时，为计数模式，即定时器/计数器完成计数功能。

其功能分析如下（以图3-4为例）。

当$C/\overline{T}=0$时，逻辑开关向上拨，计数器的计数脉冲信号由振荡器经十二分频后引入，即单片机最小系统的机器周期，此时单片机实现对内部机器周期的计数，最终完成定时功能。

定时时间等于所记录的机器周期数再乘以每个机器周期的时间。如记录的机器周期数是1000，晶振为12MHz时，对应的机器周期是$1/(12\times10^6)\times12=1\mu s$，那么，定时时间为$1000\times1\mu s = 1000\mu s = 1ms$。

当$C/\overline{T}=1$时，逻辑开关向下拨，计数器的计数脉冲信号由外部计数脉冲输入端T0（P3.4）引脚或T1（P3.5）引脚引入，此时单片机实现对外部脉冲的计数功能。

3）M1、M0定时器/计数器工作方式设置位

定时器/计数器有四种工作方式，由 M1、M0 进行设置，M1、M0 与这四种工作方式的对应关系如表 3-9 所示。

表 3-9 定时器/计数器的四种工作方式

M1	M0	工作方式功能描述
0	0	工作方式 0，13 位定时器/计数器，由 TLX（X=0，1）的低 5 位和 THX 的高 8 位组成
0	1	工作方式 1，16 位定时器/计数器，由 TLX 的 8 位和 THX 的 8 位组成
1	0	工作方式 2，8 位自动重装初值的定时器/计数器，TLX 作为计数器，THX 作为预置数寄存器
1	1	工作方式 3，两个独立的 8 位定时器/计数器，不能用于 T1

无论是作为定时器还是计数器，T0 和 T1 都可以工作在不同的工作方式，见表 3-9。下面分别讲述定时器/计数器的四种工作方式。

3.3.3 定时器/计数器工作方式

1. 工作方式 0——13 位定时器/计数器方式（M1M0=00）

由 THX 的全部 8 位和 TLX 的低 5 位（TLX 的高 3 位未用）构成的 13 位加 1 计数器，当 TLX 低 5 位计数计满时直接向 THX 进位；当全部 13 位计数计满溢出时，溢出标志位 TFX 由硬件自动置 1，向 CPU 发出中断申请。

下面以定时器/计数器 T0 为例，分析工作方式 0 的工作过程。工作方式 0 时定时器/计数器 T0 的逻辑结构如图 3-4 所示，其中 S 是一个逻辑开关。

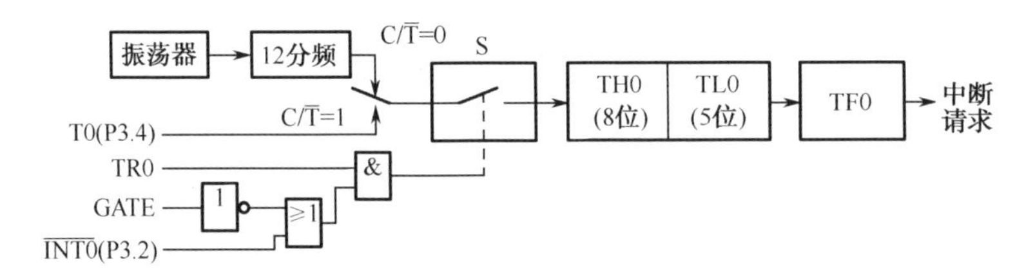

图 3-4 定时器/计数器 T0 工作方式 0 逻辑结构

由图可知：

$S=TR0\times(\overline{GATE}+\overline{INT0})$

结构电路按以下两种情况动作。

（1）GATE=0 时：当 TR0=1 时，S 为 1，开关合上，定时器/计数器启动；当 TR0=0 时，S 为 0，开关断开，定时器/计数器停止动作。

（2）GATE=1 时：当 TR0=1，同时 $\overline{INT0}$=1 时，S 为 1，开关合上，定时器/计数器启动；当 TR0=0 时，S 为 0，开关断开，定时器/计数器停止动作。

注意：在通常情况下，为方便定时器/计数器启动，可令 GATE=0。单片机上电复位后，GATE 值为 0。

在计数工作模式下，计数器的计数值范围是 1～8192（即 1～2^{13}）；在定时工作模式

下，定时时间的计算公式为

$$定时时间=(8192-计数初值)\times晶振周期\times12$$

例如，如果单片机的晶振为12MHz，则最短定时时间为

$$1/(12\times10^6)\times12=1\mu s$$

最长定时时间为

$$(8192-0)\times(1/(12\times10^6)\times12)=8192\mu s$$

2. 工作方式1——16位定时器/计数器方式（M1M0=01）

工作在方式1下，由THX的全部8位和TLX的全部8位构成16位计数器，当TLX计数满时直接向TFX进位，当THX和TLX均计数溢出时，溢出标志位TFX置1，向CPU发出中断申请。

下面以定时器/计数器T0为例，分析工作方式1的工作过程。工作方式1时定时器/计数器T0的逻辑结构如图3-5所示，其中S是一个逻辑开关。

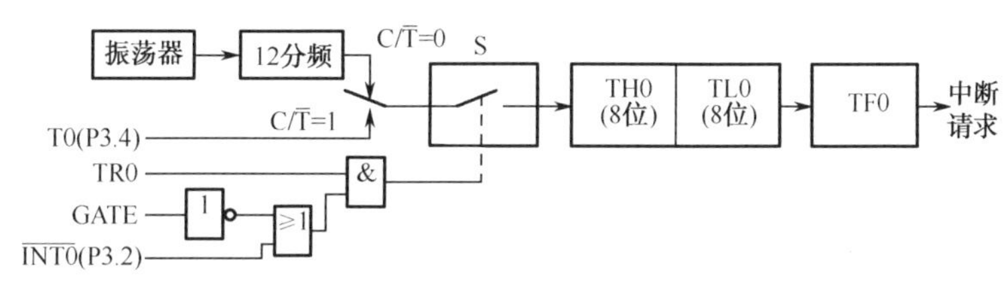

图3-5 定时器/计数器T0工作方式1逻辑结构

从图中可以看到，工作方式1和工作方式0的区别仅在于定时的不同，前者是16位，而后者是13位。

在计数工作模式下，计数器的计数值范围是0～65536（即1～2^{16}）；在定时工作模式下，定时时间的计算公式为

$$定时时间=(65536-计数初值)\times晶振周期\times12$$

例如，如果单片机的晶振为12MHz，则最短定时时间仍为

$$1/(12\times10^6)\times12=1\mu s$$

最长定时时间为

$$(65536-0)\times(1/(12\times10^6)\times12)=65536\mu s$$

3. 工作方式2——8位自动重装初值定时器/计数器方式（M1M0=10）

在工作方式2下，16位定时器/计数器被拆成两个8位寄存器THX和TLX，以TLX作为计数器，而THX作为预置数寄存器用于存放计数的初值。在对定时器/计数器初始化时，这两个8位寄存器必须装入相同的初值。当计数计满溢出时，TFX由硬件置1，向CPU发出中断申请，同时单片机内部硬件电路自动将THX中的计数初值重新装入TLX中。

由于工作方式2的计数初值是由内部硬件电路自动装入的，避免了工作方式0、工作方式1软件重装计数初值导致的执行时间误差，因此工作方式2可以用来产生相对更为准确的频率，很适合于那些对时间要求比较严格的应用场合。例如，串行数据通信的波特率发生器通常用定时器/计数器的工作方式2来实现。

下面以定时器/计数器T0为例，分析工作方式2的工作过程。工作方式2时定时器/计数器T0的逻辑结构如图3-6所示，其中S是一个逻辑开关。

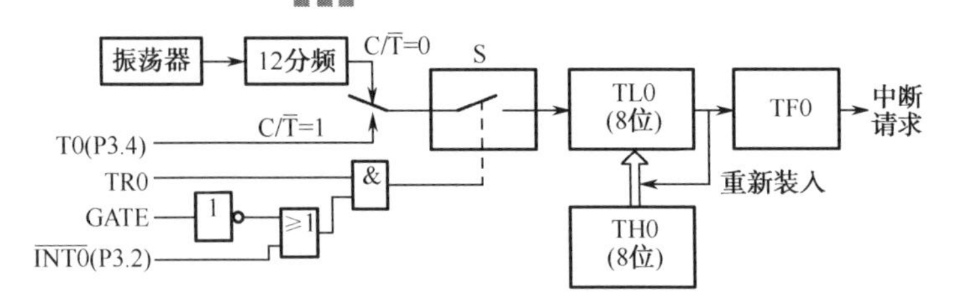

图 3-6 定时器/计数器 T0 工作方式 2 逻辑结构

在计数工作模式下，计数器的计数值范围是 1～256（即 1～2^8）；在定时工作模式下，定时时间的计算公式为

$$定时时间=(256-计数初值)\times 晶振周期\times 12$$

例如，如果单片机的晶振为 12MHz，则最短定时时间为

$$1/(12\times 10^6)\times 12=1\mu s$$

最长定时时间为

$$(256-0)\times 1/((12\times 10^6)\times 12)=256\mu s$$

工作方式 0、工作方式 1、工作方式 2 比较：工作方式 0 和工作方式 1 的最大特点就是计数溢出后计数器全为 0，因而循环定时或循环计数时就存在反复设置初值的问题，这给程序设计带来许多不便，同时也会影响计时精度；工作方式 2 具有自动重装初值功能，在这种工作方式中，当计数溢出时，不再像工作方式 0 和工作方式 1 那样需要人工干预，由软件重新赋值，而是由预置寄存器 THX 以硬件方法自动给计数器 TLX 重新加载初值，因此工作方式 2 特别适用于精确的脉冲发生。

4．工作方式 3——两个 8 位定时器/计数器方式（M1M0=11）

工作方式 3 仅适用于定时器/计数器 T0。

在此方式下，TL0 的工作模式可以是 8 位定时器，也可以是 8 位计数器，使用定时器/计数器 T0 的控制位 TR0 和 TF0，其功能和操作与工作方式 0、工作方式 1 完全相同；TH0 的工作模式只能是 8 位定时器，使用定时器/计数器 T1 的控制位 TR1 和 TF1，且只能对单片机片内机器周期脉冲计数。

定时器/计数器 T0 工作方式 3 的逻辑结构框图如图 3-7 所示。

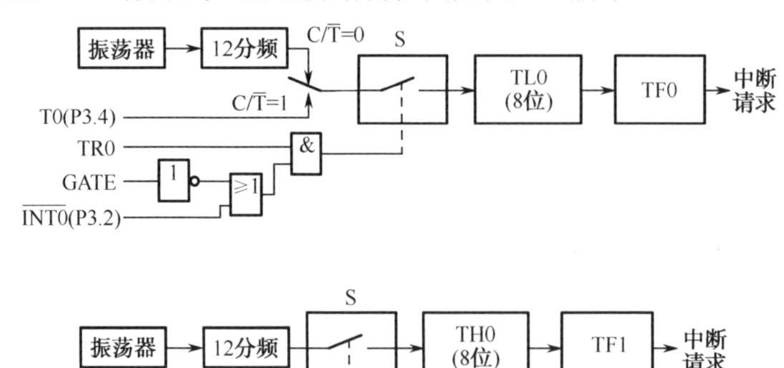

图 3-7 定时器/计数器 T0 工作方式 3 逻辑结构

工作方式 3 下的定时器/计数器 T0 的计数范围和最长定时时间同工作方式 2。工作方式 3 下的定时器/计数器 T1 同工作方式 2，由于其定时初值能自动恢复，因此用做波特率发生器更为合适。

3.3.4　定时器/计数器初始化

在单片机应用系统中，使用定时器/计数器时都要先对其进行初始化，所谓初始化就是在程序开始处需要对定时器/计数器及中断寄存器做必要的设置。通常定时器/计数器初始化过程如下。

（1）对 TMOD 赋值，以确定 T0 和 T1 的工作方式。

（2）计算初值，并将初值写入 TH0、TL0 或 TH1、TL1。

（3）采用中断方式时，则对 IE 赋值，开放中断。

（4）TR0 或 TR1 置位，启动定时器/计数器开始定时或计数。

以下是定时器/计数器 T0 的一段初始化程序。

```
TMOD=0x01;                          //设置定时器 T0 为工作方式 1
TH0=(65536-50000)/256;              //装初值
TL0=(65536-50000)%256;
EA=1;                               //开总中断
ET0=1;                              //开定时器 T0 中断
TR0=1;                              //启动定时器 T0
```

3.3.5　定时器/计数器典型应用

1．用于定时

在前面项目 2 的学习过程中，我们已经介绍了用循环语句组成延时函数实现 1s 的延时时间，相信读者还记忆深刻，如下面所示的一段程序。

```
void delayms()                      //延时 1s 子函数
{
    unsigned int i,j;
    for(i=1000;i>0;i--)
    for(j=110;j>0;j--);             //执行时间约为 1ms
}
```

上述程序采用的是两重 for 语句循环，其总执行时间约为 1s，由于 CPU 执行每一条语句都需要按步骤一步一步进行，所以，上述延时 1s 的时间并不准确，只是一个近似值。在实时智能控制系统中，往往要求获得更为准确的时间，实现精确的时间控制，那么，如何才能获得实时控制所需要的精确时间呢？

设计思路：

MCS-51 单片机定时器/计数器 T0、T1 具有内部定时功能，利用单片机内部的定时器可以得到非常精确的定时时间，采用单片机定时器得到定时 1s 的设计方法如下。

当使用 12MHz 的晶振时，定时器的定时频率为 12MHz÷12=1MHz，即定时单位为 1μs，定时器的最长定时时间为 65536×1μs≈65.6ms；若想定时更长时间（如 1s），可先定义一个计数变量（如“int num;”）用做软件计数器，定时器每定时 50ms 中断一次，计数变量内容加 1（num++;），定时 50ms 达到 20 次后即获得 1s 的定时时间。

应用实例：

（1）用定时器 T0 定时 1s 实现单个发光二极管闪烁。

编写 C51 控制源程序如下所示。

```
/**********************************************************************
        * @ File：chapter 3_1.c
        * @ Function：T0 定时 1s  实现单灯闪烁
***********************************************************************/
    #include<reg52.h>
    #define uchar unsigned char
    #define uint unsigned int
    sbit LED1=P1^0;
    uchar num;
    void main()
    {
        TMOD=0x01;                  //设置定时器 0 为工作方式 1（M1M0 为 01）
        TH0=(65536-50000)/256;      //装初值 12MHz 晶振，定时 50ms 计数 50000 次
        TL0=(65536-50000)%256;
        EA=1;                       //开总中断
        ET0=1;                      //开定时器 0 中断
        TR0=1;                      //启动定时器 0
        while(1);                   //程序暂停在这里等待中断发生
    }
    void T0_time()    interrupt 1   //T0 中断服务函数
    {
        TH0=(65536-50000)/256;      //重装初值
        TL0=(65536-50000)%256;
        num++;                      //num 每加 1 判断一次是否已达 20 次
        if(num= =20)                //如果到 20 次，说明 1s 时间到
        {
            num=0;                  //把 num 清零重新再计 20 次
            LED1=~LED1;             //LED 状态取反
        }
}
```

（2）用定时器 T1 定时 1s 实现八彩灯轮流循环点亮。

编写 C51 控制源程序如下所示。

```
/**********************************************************************
        * @ File：chapter 3_2.c
        * @ Function：T1 定时 1s 实现八彩灯轮流循环点亮
***********************************************************************/
    #include<reg51.h>               //51 系列单片机头文件
```

```
#include <stdio.h>                          //标准 I/O 库函数头文件
#define uint unsigned int                   //宏定义
#define uchar unsigned char
uchar code table[]={ 0xfe,0xfd,0xfb,0xf7,0xef,0xdf,0xbf,0x7f,0xff};//显示花样
void main()                                 //主函数
{
    SCON=0x52;                              //串口初始化
    TMOD=0x20;
    TH1=0xf3;
    TR1=1;
    printf(" Program   Running ! \n ");    //输出两行信息
    printf("   8 个 LED 轮流循环点亮    ");
    printf("\n ");
    TMOD=0x10;                              //设置定时器 T1 为工作方式 1（M1M0 为 01）
    TH1=(65536-50000)/256;                  //装初值
    TL1=(65536-50000)%256;
    EA=1;                                   //开总中断
    ET1=1;                                  //开定时器 1 中断
    TR1=1;                                  //启动定时器 1
    while(1);                               //程序暂停等待中断
}
void T1_time()   interrupt 3                //T1 中断服务函数
{
    uchar num, num1;                        //定义变量
    TH1=(65536-50000)/256;                  //重装初值
    TL1=(65536-50000)%256;
    num++;                                  //中断次数加 1
    if(num= =20)                            //如果到 20 次，说明 1s 时间到
    {
        num=0;                              //num 清零重新再计 20 次
        P1=table[num1];                     //取彩灯花样
        num1++;
        if(num1>=8)
        num1=0;
    }
}
```

（3）用定时器 T0 定时，完成日历时钟秒、分、时的定时，设晶振频率为 12MHz。编写 C51 控制源程序如下所示。

```
/*********************************************************************
        * @ File：chapter 3_3.c
```

```
        * @ Function：T0 定时实现秒、分、时
*************************************************************************/
    #include<reg52.h>
    #define uint unsigned int
    #define uchar unsigned char
    uchar T,S,M,H;                        //定义中断次数和秒、分、时四个变量
    void main()
    {
        TMOD=0x01;                        //设置定时器 T0 为工作方式 1（M1M0 为 01）
        TH0=(65536-50000)/256;            //装初值 12MHz 晶振，定时 50ms 计数 50000 次
        TL0=(65536-50000)%256;
        EA=1;                             //开中断
        ET0=1;
        TR0=1;                            //启动定时器 T0
        T=0;
        S=0;
        M=0;
        H=0;
    }
    void T0_time() interrupt 1            //T0 中断服务函数
    {
        TH0=(65536-50000)/256;
        TL0=(65536-50000)%256;
        T++;
        if(T= =20)                        //如果到 20 次，说明 1s 时间到
        {
            T=0;
            S++;                          //秒加 1
            if(S= =59)
            {
                S=0;
                M++;                      //分加 1
                if(M= =59)
                {
                    M=0;
                    H++;                  //时加 1
                    if(H= =24)
                    {
                        H=0;
                    }
```

```
                }
            }
        }
}
```

（4）用定时器 T0 工作于方式 1 实现第一个发光二极管以 200ms 间隔闪烁，用定时器 T1 工作于方式 1 实现数码管前两位 59s 循环计时，设晶振频率为 12MHz。

编写 C51 控制源程序如下所示。

```
/*************************************************************************
        * @ File：chapter 3_4.c
        * @ Function：定时器 T0 定时 200ms、T1 定时 1s
*************************************************************************/
    #include<reg52.h>
    #define uchar unsigned char
    #define uint unsigned int
    sbit LED1=P1^0;                              //LED 定义
    uchar code table[]={
    0x3f,0x06,0x5b,0x4f,
    0x66,0x6d,0x7d,0x07,
    0x7f,0x6f,0x77,0x7c,
    0x39,0x5e,0x79,0x71};
    void delay(uint );
    void display(uchar,uchar);
    uchar num,num1,num2,shi,ge;                  //数码管定义
    void delayms(uint xms)                       //延时 xms 子函数
    {
        uint i,j;
        for(i=xms;i>0;i--)
            for(j=110;j>0;j--);
    }
    void main()
    {
        TMOD=0x11;                               //设置定时器 T0 和 T1 为工作方式 1（0001 0001B）
        TH0=(65536-50000)/256;                   //装 T0 初值
        TL0=(65536-50000)%256;
        TH1=(65536-50000)/256;                   //装 T1 初值
        TL1=(65536-50000)%256;
        EA=1;                                    //开总中断
        ET0=1;                                   //开定时器 T0 中断
        ET1=1;                                   //开定时器 T1 中断
        TR0=1;                                   //启动定时器 T0
```

```
        TR1=1;                          //启动定时器 T1
        while(1)                        //程序在这里不停地对数码管动态扫描同时等待中断发生
        {
            display(shi,ge);
        }
    }
    void display(uchar shi,uchar ge)    //两位数据显示子函数
    {
        P0 =table[shi];                 //送段选十位数据
        P1=0xfe;                        //十位位选有效
        delayms(5);                     //延时
        P0 =table[ge];                  //送段选个位数据
        P1=0xfd;                        //个位位选有效
        delayms(5);
    }
    void   T0_time()   interrupt 1      //T0 中断服务函数
    {
        TH0=(65536-50000)/256;          //重装初值
        TL0=(65536-50000)%256;
        num1++;
        if(num1= =4)                    //如果到 4 次，说明 200ms 时间到
        {
        num1=0;                         //把 num1 清零重新再计 4 次
        LED1=~LED1;                     //让发光管状态取反
        }
    }
    void   T1_time()   interrupt 3      //T1 中断服务函数
    {
        TH1=(65536-50000)/256;          //重装初值
        TL1=(65536-50000)%256;
        num2++;
        if(num2= =20)                   //如果到 20 次，说明 1s 时间到
        {
            num2=0;                     //把 num2 清零重新再计 20 次
            num++;
            if(num= =60)                //num 送数码管显示，到 60 后归零
                num=0;
            shi=num/10;                 //把两位数分离后分别送数码管
            ge=num%10;                  //十位和个位
        }
}
```

（5）用单片机定时器T0产生2s的定时，每当2s定时到来时，换下一个LED指示灯闪烁，每个指示灯闪烁的时间为0.2s，设晶振频率为12MHz。

编写C51控制源程序如下所示。

```
/*********************************************************************
        * @ File:    chapter 3_5.c
        * @ Function:    T0 定时 2s 实现四个 LED 间隔 0.2s 闪烁
*********************************************************************/
    #include <reg51.h>
    sbit LED1=P1^0;                        //定义四个 LED 指示灯
    sbit LED2=P1^1;
    sbit LED3=P1^2;
    sbit LED4=P1^3;
    unsigned char num1;                    //定时 0.2s 的中断次数
    unsigned char num2;                    //定时 2s 的中断次数
    unsigned char ID;                      //记录 LED
    void main(void)
    {
        TMOD=0x01;                         //定时器 T0 工作方式 1
        TH0=(65536-50000)/256;             //计数 50000 次实现 50ms 定时
        TL0=(65536-50000)%256;
        TR0=1;                             //启动定时器 T0
        EA=1;
        ET0=1;                             //开中断
        while(1);                          //等待中断
    }
    void   T0_time()   interrupt   1       //T0 中断服务函数
    {
        num2++;
        if(num2= =40)                      //num2 为 40 说明 2s（2000ms）时间到
        {
            num2=0;
            ID++;                          //下一个 LED 闪烁
            if(ID= =4)
            {
                ID=0;
            }
        }
        num1++;
        if(num1= =4)                       //num1 为 4 说明 0.2s（200ms）时间到
        {
```

```
            num1=0;
            switch(ID)
            {
                case 0:    LED1=~ LED1; break;
                case 1:    LED2=~ LED2; break;
                case 2:    LED3=~ LED3; break;
                case 3:    LED4=~ LED4; break;
            }
        }
}
```

2. 用于计数

MCS-51 单片机定时器/计数器 T0、T1 除具有内部定时功能外，还具有外部计数功能，该功能在单片机实际控制系统中得到了广泛的应用。

设计思路：

定时器/计数器 T0 、T1 用于对外部脉冲计数时，其计数脉冲由单片机的 P3.4（T0）和 P3.5（T1）引脚引入。对于下面的各段程序，要实现单片机定时器/计数器 T0 、T1 计数功能，其计数脉冲可以通过一个弹性按键引入，即 P3.4（T0）和 P3.5（T1）引脚分别接弹性按键的一端，弹性按键的另一端接地（请参考图 5-1 独立式按键接法）。每按动一次弹性按键，即输入一个计数脉冲，定时器/计数器 T0、T1 进行加 1 计数，当计数计满溢出时，由硬件自动置位 TF0、TF1，定时器/计数器 T0、T1 向 CPU 申请中断。因此，可以采用查询方式（查询 TF0、TF1 是否为 1）和中断方式编程。定时器/计数器 T0、T1 初始化时，其工作方式可以设置成工作方式 2，工作方式 2 具有初值自动重装功能，初始化后不必再置初值。

应用实例：

（1）用定时器/计数器 T0 工作方式 2 记录外部脉冲数，每计满 5 次后，发光二极管状态取反一次，设晶振频率为 12MHz。

编写 C51 控制源程序如下所示（采用两种方式实现）。

① 采用中断方式实现。

```
/*************************************************************************
            * @ File：chapter 3_6.c
            * @ Function：T0 中断方式计数
*************************************************************************/
    #include <reg51.h>
    sbit LED1=P1^0;                    //LED 定义
    void main ()
    {
        TMOD=0x06;                     //T0 初始化工作方式 2
        TH0=256-5;                     //装初值
        TL0=256-5;
        EA=1;
```

```
        ET0=1;
        TR0=1;
        while(1);                               //等待中断
    }
    void  T0_time()   interrupt   1             //T0 中断服务函数
    {
        LED1=!LED1;                             //LED 状态取反
    }
```

② 采用查询方式实现。

```
/*********************************************************************
        * @ File：chapter 3_7.c
        * @ Function：T0 查询方式计数
*********************************************************************/
    #include<reg52.h>
    sbit LED1=P1^0;                             //LED 定义
    void main()
    {
        char i;
        TMOD=0x06;                              //T0 初始化工作方式 2
        TH0=256-5;                              //装初值
        TL0=256-5;
        TR0=1;
        //while(1)
        for(; ;)                                //进入大循环不断查询
        {
            if(TF0)                             //查询 TF0 标志位是否为 1
            {
                TF0=0;                          //清标志位
                LED1=!LED1;                     //LED 状态取反
            }
        }
}
```

（2）定时器 T0 以工作方式 2 计数 5 次后循环点亮彩灯，时间为 0.5s，设晶振频率为 12MHz。编写 C51 控制源程序如下所示。

```
/*********************************************************************
        * @ File：chapter 3_8.c
        * @ Function：T0 计数 5 次后彩灯循环点亮
*********************************************************************/
    # include <reg52.h>
    #define uint unsigned int
```

```
#define uchar unsigned char
uchar num;
uchar code table []={ 0x80,0xc0,0xe0,0xf0,0xf8,0xfc,0xfe,0xff,    //彩灯花样
            0xff,0xfe,0xfc,0xf8,0xf0,0xe0,0xc0,0x80,
            0x81,0xc3,0xe7,0xff,0x18,0x3c,0x7e,0xff};
void delayms (uint xms)                      //延时 xms 子函数
{
    uint i ,j ;
    for(i=xms;i>0;i--)
        for(j=110;j>0;j--);
}
void main ()
{
    TMOD=0x06;                               //T0 初始化工作方式 2
    TH0=256-5;                               //装初值
    TL0=256-5;
    EA=1;
    ET0=1;
    TR0=1;
    while(1);                                //等待中断
}
void  T0_time()  interrupt  1               //T0 中断服务函数
{
    for(num=0;num<24;num++)
    {
    delayms (500);                           //延时 0.5s
    P1=table[num];
    }
}
```

3．用于脉冲信号发生器

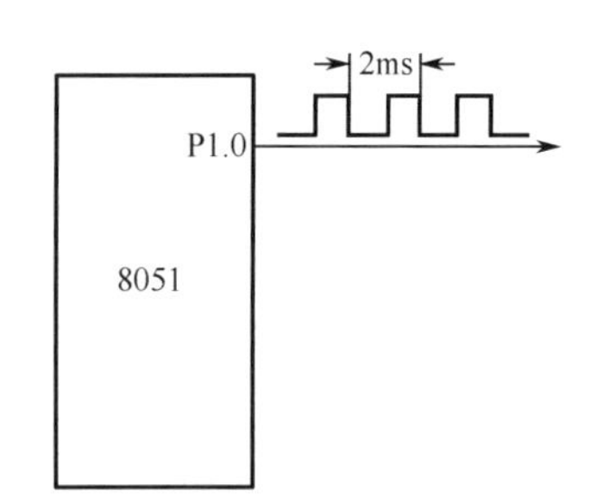

图 3-8　用定时器产生方波信号

如前所述，通过对定时器/计数器 T0、T1 的操作，可以产生脉冲波信号。

应用实例：

在 P1.0 端口上产生 500Hz CMOS 电平方波，如图 3-8 所示，设晶振频率为 12MHz。

设计思路：

采用 T0 的定时功能，对 P1.0 端口定时进行求反操作，形成 500Hz CMOS 电平方波，其周期为：1/500s=0.002s=2ms，

P1.0 端口求反定时时间为 1ms。已知晶振频率为 12MHz，对应一个机器周期 1μs，故定时器 T0 定时计数次数为 1000。

编写 C51 控制源程序如下所示（采用两种方式实现）。

① 采用中断方式实现。

```
/*************************************************************************
        * @ File：chapter 3_9.c
        * @ Function：T0 中断方式定时实现 500Hz CMOS 电平方波
*************************************************************************/
    #include<reg52.h>
    sbit P1_0=P1^0;
    void main()
    {
        TMOD=0x01;                          //T0 工作方式 1
        TH0=(65536-1000)/256;               //定时计数初值，定时 1ms
        TL0=(65536-1000)%256;
        EA=1;                               //开中断
        ET0=1;
        TR0=1;
        while(1);                           //等待中断
    }
    void T0_time() interrupt 1              //T0 中断服务函数
    {
        TH0=(65536-1000)/256;               //重装初值
        TL0=(65536-1000)%256;
        P1_0= !P1_0;                        //P1.0 取反
    }
```

② 采用查询方式实现。

```
/*************************************************************************
        * @ File：    chapter 3_10.c
        * @ Function：T0 查询方式定时实现 500Hz CMOS 电平方波
*************************************************************************/
    #include<reg52.h>
    sbit P1_0=P1^0;
    void main()
    {
        TMOD=0x01;
        TH0=(65536-1000)/256;
        TL0=(65536-1000)%256;
        TR0=1;
```

```
        while(1)
        {
            if (TF0)                        //查询计数溢出
            {
                TF0=0;                      //清除溢出标志
                P1_0= !P1_0;                //P1.0 取反
            }
        }
}
```

4．用于测量脉冲宽度

定时器/计数器 T0、T1 可由外部引脚 $\overline{\text{INT0}}$、$\overline{\text{INT1}}$ 控制启动与停止，利用这一特性，可对外部脉冲信号宽度进行测量。

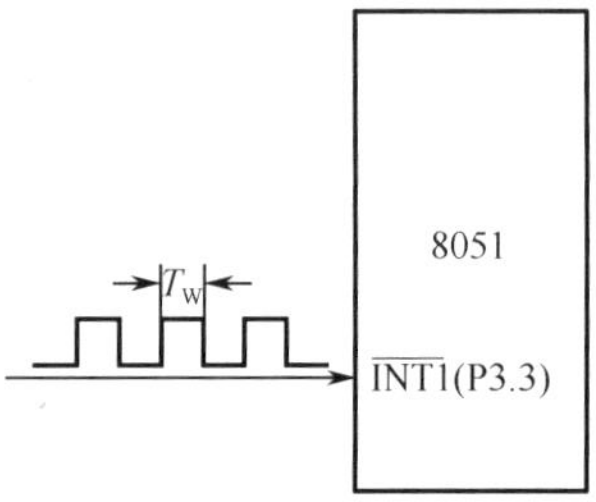

应用实例：

通过 T1 对外部脉冲信号正脉冲宽度进行测量。外部脉冲频率信号从 $\overline{\text{INT1}}$ 引脚输入，如图 3-9 所示。其中正脉冲信号宽度为 T_W，设晶振频率为 12MHz。

图 3-9　用定时器测量脉冲宽度

设计思路：

由外部引脚 $\overline{\text{INT1}}$ 控制 T1 定时器定时/计数的启动、停止，高电平时启动计数，低电平时停止计数，即 GATE=1，$\overline{\text{INT1}}$=1，TR1=1，启动 T1 开始计数；GATE=1，$\overline{\text{INT1}}$=0，停止 T1 计数。当 $\overline{\text{INT1}}$ 为高电平时，计数器中的计数值 *count* 为 12 分频的时钟频率 f_{osc} 的周期数，则正脉冲宽度 T_W 为：$T_W = 12/f_{osc} \times count$。已知晶振频率为 12MHz，则有 $T_W = count \times 1\mu s$。

测量时，应在 $\overline{\text{INT1}}$ 为低电平时，设置 TR1 为 1，这样，当 $\overline{\text{INT1}}$ 变为高电平时，即启动定时器开始工作；当 $\overline{\text{INT1}}$ 再次变低电平时，定时器自动停止计数。此时读出的计数值对应被测信号高电平宽度，这个值乘以 2 就是方波信号的周期 *T*。

编写 C51 控制源程序如下所示（采用查询方式）。

```
/*****************************************************************
        * @ File:     chapter 3_11.c
        * @ Function：T1 测量外部脉冲宽度
*****************************************************************/
    #include<reg52.h>
    sbit P3_3=P3^3;
    unsigned int count,Tw,T;
    void main()
    {
        TMOD=0x90;                          //GATE=1，T1 工作方式 1
        TH1=0x00;                           //计数器清零
        TL1=0x00;
```

```
        P3_3=1;                       //置 P3.3 输入方式
        while(1)
        {
            if(!P3_3)                 //判断有脉冲输入否
                break;
        }                             //P3.3 变为低电平，有脉冲，中止查询
        TR1=1;                        //启动 T1
        for(;;)                       //判断上升沿
        {
            if(P3_3)
                break;
        }                             //上升沿到来，INT1=1，自动启动 T1 内部定时，开始测脉宽
    for(;;)                           //判断下降沿
    {
        if(!P3_3)
            break;
    }
    TR1=0;                            //测量结束，关闭 T1
    count=TH1*256+TL1;                //正脉冲计数值
    Tw=12/ fosc *count                //正脉冲时间
    T= Tw*2;                          //方波信号周期
    }
}
```

3.4 LED 数码管显示

3.4.1 LED 数码管内部结构

八段发光二极管又称为 LED 数码管，由于这种数码管价格低廉、体积小、功耗低、可靠性高，因此在单片机系统中得到了广泛应用。

将 8 个发光二极管封装在一起，每个发光二极管做成字符的一个段，就构成了八段发光二极管，其引脚排列如图 3-10（a）所示，根据内部发光二极管的接线形式可分为共阴极和共阳极两种，如图 3-10（b）、（c）所示。8 个字段分别称为 a、b、c、d、e、f、g、dp。单个数码管、二联体数码管和四联体数码管引脚图如图 3-11 所示。

使用时，共阴极数码管公共端接地，共阳极数码管公共端接电源。每段发光二极管需 5～10mA 的驱动电流才能正常发光，一般需加限流电阻控制电流的大小。

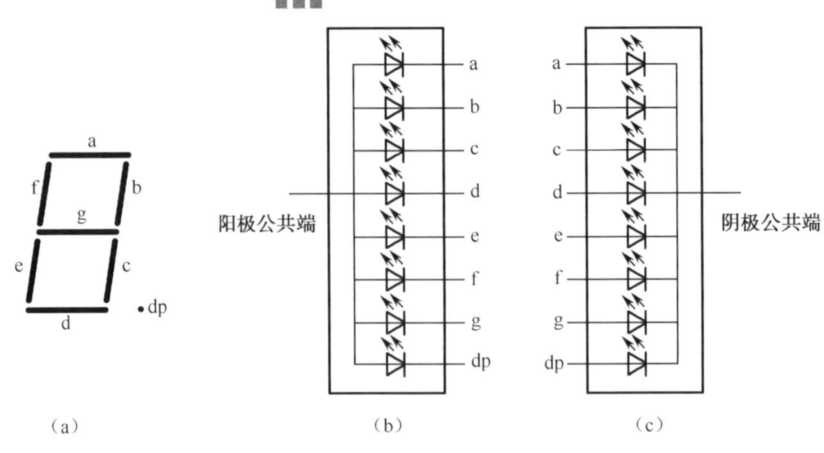

图 3-10 LED 数码管外观及接法

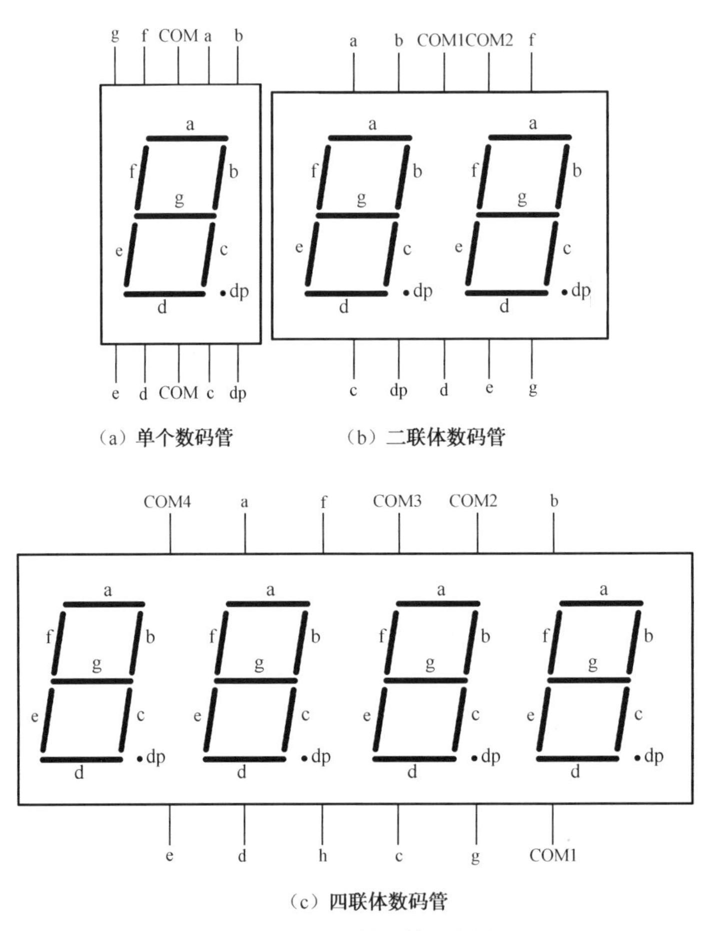

（a）单个数码管　（b）二联体数码管

（c）四联体数码管

图 3-11 LED 数码管引脚图

3.4.2 LED 数码管工作原理

LED 数码管的 a～dp 段对应 8 个发光二极管，加正向电压时发光，加零电压时不能发光，不同亮暗的组合就能形成不同的字形，这种组合称为字段码。共阳极和共阴极的字段码是不同的，0～F 的字段代码表如表 3-10 所示。

表3-10　八段发光二极管字形显示代码表

	共阴极数码管									共阳极数码管								
	dp	g	f	e	d	c	b	a	十六进制数代码	dp	g	f	e	d	c	b	a	十六进制数代码
0	0	0	1	1	1	1	1	1	3FH	1	1	0	0	0	0	0	0	C0H
1	0	0	0	0	0	1	1	0	06H	1	1	1	1	1	0	0	1	F9H
2	0	1	0	1	1	0	1	1	5BH	1	0	1	0	0	1	0	0	A4H
3	0	1	0	1	1	1	1	1	4FH	1	0	1	1	0	0	0	0	B0H
4	0	1	1	0	0	1	1	0	66H	1	0	0	1	1	0	0	1	99H
5	0	1	1	0	1	1	0	1	6DH	1	0	0	1	0	0	1	0	92H
6	0	1	1	1	1	1	0	1	7DH	1	0	0	0	0	0	1	0	82H
7	0	0	0	0	0	1	1	1	07H	1	1	1	1	1	0	0	0	F8H
8	0	1	1	1	1	1	1	1	7FH	1	0	0	0	0	0	0	0	80H
9	0	1	1	0	1	1	1	1	6FH	1	0	0	1	0	0	0	0	90H
A	0	1	1	1	0	1	1	1	77H	1	0	0	0	1	0	0	0	88H
B	0	1	1	1	1	1	0	0	7CH	1	0	0	0	0	0	1	1	83H
C	0	0	1	1	1	0	0	1	39H	1	1	0	0	0	1	1	0	C6H
D	0	1	0	1	1	1	1	0	5EH	1	0	1	0	0	0	0	1	A1H
E	0	1	1	1	1	0	0	1	79H	1	0	0	0	0	1	1	0	86H
F	0	1	1	1	0	0	0	1	71H	1	0	0	0	1	1	1	0	8EH

在用C语言对字符0～F编程时，一般采用数组形式，其编码定义方法如下所示。

```
unsigned char code table[] = {0x3f,0x06,0x5b,0x4f,0x66,0x6d,0x7d,0x07,
                              0x7f,0x6f,0x77,0x7c,0x39,0x5e,0x79,0x71
                             };      //共阴极数码管 0～F 字段码
```

其中，code 表示将各个段码定义在单片机的程序存储器（ROM）空间，不加 code 则表示定义在数据存储器（RAM）空间。

在多个 LED 显示电路中，通常把阴（阳）极控制端接到一个输出端口，称其为位控端口，而把数据显示端接至一个输出端口，称为段控端口。段控端口处应输出十六进制数的字段码，请参考本项目中有关LED数码管显示电路图。

3.4.3　LED数码管显示方式

用单片机驱动LED数码管显示的方法有很多，按显示方式分为静态显示和动态显示两种。

1．静态显示

静态显示就是显示驱动电路具有输出锁存功能，单片机将要显示的数据送出去后，数码管始终显示该数据（不变），CPU 不再控制 LED。到下一次显示时，再传送一次新的显示数据。

静态显示的接口电路采用一个并行口接一个数码管，数码管的公共端按共阴极或共阳极分别接地或接 VCC。这种接法每个数码管都要单独占用一个并行 I/O 口，以便单片机传送字形码到数码管，控制数码管的显示。缺点就是当其显示位数多时，占用 I/O 口过多。

静态显示方式的优点：显示的数据稳定、无闪烁，占用 CPU 时间少。缺点是由于数码管始终发光，其功耗比较大。

2．动态显示

动态显示方法是用接口电路把所有数码管的 8 个字段 a～g 和 dp 同名端连在一起，而每一个数码管的公共极 COM 各自独立地受 I/O 口线控制。CPU 向字段输出口送出字形码时，所有数码管接收到相同的字形码。但究竟是哪个数码管亮，则取决于 COM 端，COM 端与单片机的 I/O 口相连接，由单片机输出位码到 I/O 口，控制何时哪一位数码管亮。

动态显示用分时的方法轮流控制各个数码管的 COM 端，使各个数码管轮流点亮。在轮流点亮数码管的扫描过程中，每位数码管的点亮时间都极为短暂，但由于人的视觉暂留现象及发光二极管的余辉，人获得的印象就是一组稳定的显示数据。

动态显示的优点：当显示位数较多时，采用动态显示方式比较节省 I/O 口，硬件电路也较静态显示简单。缺点是其稳定性不如静态显示方式，而且在显示位数较多时 CPU 要轮番扫描，占用 CPU 时间较多。

3.4.4 LED 数码管显示编程

如前所述，市场上的 LED 数码管有单个、二联体、四联体等多种形式，可以用单片机控制这些数码管显示一位、两位或四位十进制数。而数码管在显示的时候只能是一位一位地显示，CPU 也只能一位一位地送数，不可能在一个数码管上同时显示两位或四位数，如果要显示两位及两位以上的多位十进制数，就必须将数据分离。采用汇编语言来编写多位数码管显示的程序比较麻烦，但用 C 语言来编写就很方便。一个十进制数分离成多位数码的方法如下所示。

1）两位十进制数 num 分离成十位和个位数码

```
shi=num/10;                    //求模运算，也就是求 num 中有多少个 10 的整数倍
ge=num%10;                     //求余运算，也就是求 num 除 10 后的余数
```

2）三位十进制数 num 分离成百位、十位和个位数码

```
bai=num/l00;                   //求模运算，也就是求出 num 中有多少个 100 的整数倍
shi=num%100/10;
ge=num%10;
```

3）四位十进制数 num 分离成千位、百位、十位和个位数码

```
qian=num/l000;                 //求模运算，也就是求出 num 中有多少个 1000 的整数倍
bai=num%1000/l00;
shi=num%100/10;
ge=num%10;
```

要实现 LED 数码管的显示，可以编写一段带参数的显示函数，以后在不同的应用系统中都可以直接调用。要显示两位十进制数，则函数带 shi 和 ge 两个参数；要显示三位十进制数，则函数带 bai、shi 和 ge 三个参数；要显示四位十进制数，则函数带 qian、bai、shi 和 ge 四个参数。具体用法请读者参考后面的应用程序。

3.5　训练项目

3.5.1　单个数码管显示——静态显示应用

1. 目的

（1）掌握 LED 数码管单个显示方法。

（2）进一步掌握 MCS-51 单片机通用 I/O 口的使用方法。

（3）掌握单片机控制数码管的编程方法。

2. 任务

本项目要完成的任务是使用单片机某个端口（如 P0 口）控制单个 LED（共阴极）数码管使其点亮显示某个字符。

3. 任务引导

由 LED 数码管工作原理可知，要使共阴极 LED 数码管点亮显示，只需要在其 a～dp 各段加相应的高低电平，公共端接地即可。

4. 任务实施

1）硬件电路设计

单片机控制单个共阴极 LED 数码管显示电路如图 3-12 所示。

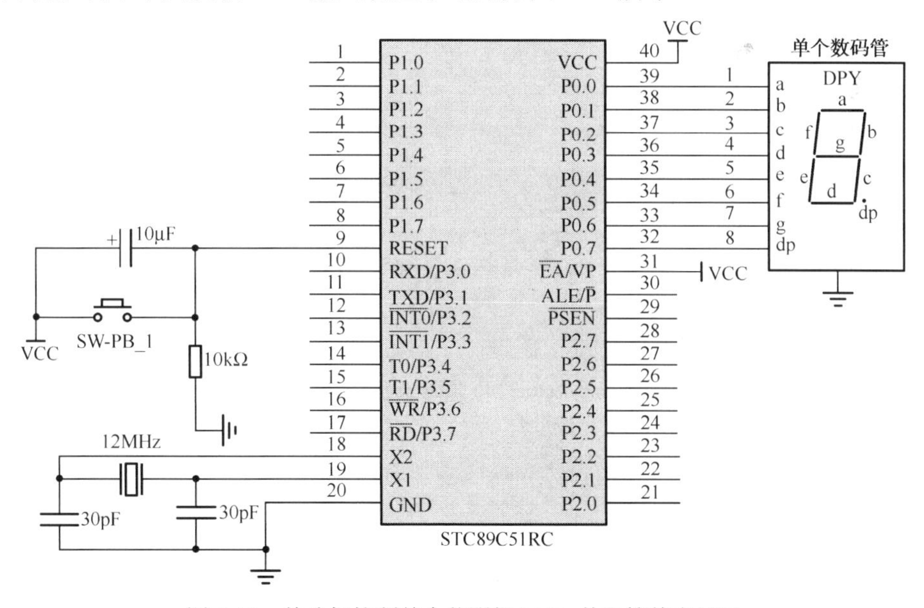

图 3-12　单片机控制单个共阴极 LED 数码管静态显示

2）软件设计

编写 C51 控制源程序如下所示。

```
/***********************************************************************
        * @ File:    chapter 3_12.c
        * @ Function: 单个 LED 数码管显示
***********************************************************************/
    #include <reg52.h>                      //52 系列单片机头文件
    #include <stdio.h>                      //标准 I/O 库函数头文件
    #define uint unsigned int               //宏定义
    #define uchar unsigned char
    void main()
    {
        SCON=0x52;                          //串口初始化
        TMOD=0x20;
        TH1=0xf3;
        TR1=1;
        printf(" Program   Running ! \n ");  //输出两行信息
        printf("   单个 LED 显示 0   ");
        printf("\n ");
        P0 =0x3F;                           //送字符“0”的段选信号（共阴极数码管）
        while(1);                           //程序暂停
}
```

3）程序编译、调试与仿真

打开 Keil 软件，建立工程，输入上述源程序并编译。调试、运行程序，调出 LED 显示实验仿真板，其仿真结果如图 3-13 所示。

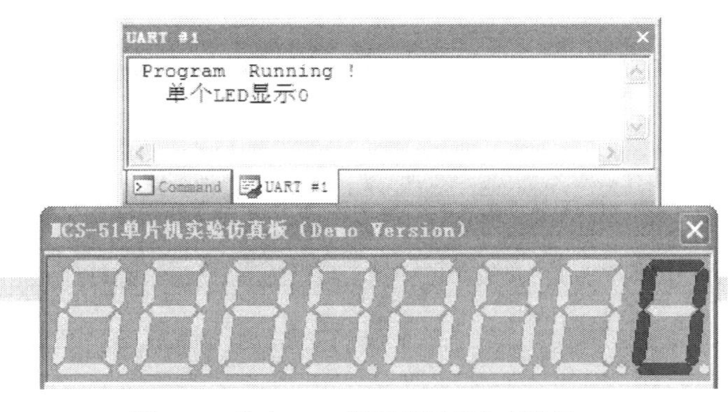

图 3-13　单个 LED 数码管显示仿真结果

3.5.2　简易秒表

1．目的

（1）掌握二联体 LED 数码管动态显示方法。

（2）进一步掌握 MCS-51 单片机通用 I/O 口的使用方法。

（3）掌握单片机实现简易秒表的编程与调试方法。

2. 任务

本项目要完成的任务是设计一个简易电子秒表，使用单片机 P0 口和 P2 口来控制两个 LED 数码管，实现 60s 计时显示。

3. 任务引导

要使两个 LED 数码管点亮显示 0～59s，需要每经过 1s 在 LED 数码管段送不同的字符代码，同时为得到较为准确的时间，秒脉冲采用单片机定时器完成。

4. 任务实施

1）硬件电路设计

单片机控制简易秒表电路如图 3-14 所示。

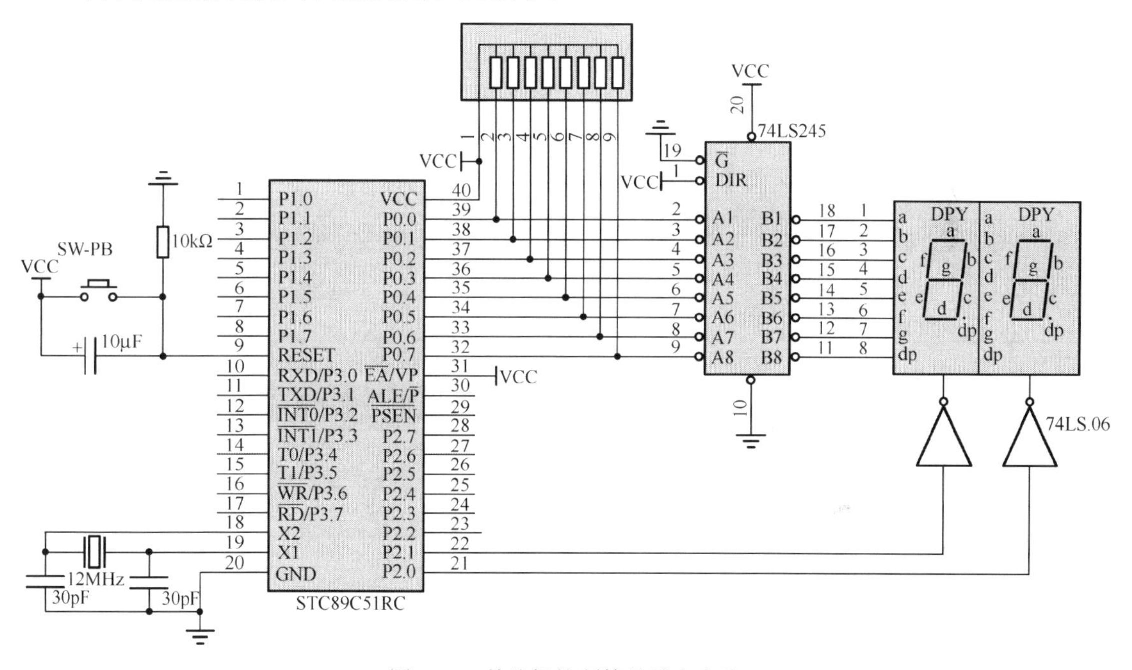

图 3-14 单片机控制简易秒表电路

原理图说明：图中数码管采用共阳极 LED 管，由单片机 P0 口经 74LS245 芯片驱动后送出字段码，由单片机 P2.0 和 P2.1 口经 74LS06 芯片反相驱动后送出位选码。

2）软件设计

编写 C51 控制源程序如下所示。

```
/*********************************************************************
        * @ File:    chapter 3_13.c
        * @ Function：简易秒表
*********************************************************************/
    #include<reg52.h>                    //52 系列单片机头文件
    #include <stdio.h>                   //标准 I/O 库函数头文件
    #define uchar unsigned char
```

```
#define uint unsigned int
uchar T,S;                                  //定义中断次数 T、秒 S
//uchar code BitTab[] ={0x7F,0xBF,0xDF,0xEF,0xF7,0xFB,0xFD,0xFE};//8 字节位选码
uchar code DispTab[]={0xC0,0xF9,0xA4,0xB0,0x99,0x92,0x82,0xF8,0x80,0x90};
                                            //共阳极数码管 0～9 字段码
//uchar code table[]={0x3f,0x06,0x5b,0x4f,0x66,0x6d,0x7d,0x07,0x7f,0x6f};
                                            //共阴极数码管 0～9 字段码
uart_Init()                                 //串口初始化函数
{
    SCON=0x52;
    TMOD=0x21;
    TH1=0xf3;
    TR1=1;
    return 0;
}
void delayms(uint xms)                      // xms 延时函数
{
    uint i,j;
    for(i=xms;i>0;i--)
        for(j=125;j>0;j--);
}
void Init_8051()                            // T0 定时 50ms 初始化函数
{
    TMOD=0x21;                              //设置定时器 0 工作于方式 1
    TH0=(65536-50000)/256;
    TL0=(65536-50000)%256;
    EA=1;
    ET0=1;
    TR0=1;
    T=0;
    S=0;
}
void   T0_time()   interrupt 1              //T0 中断服务函数
{
    TH0=(65536-50000)/256;                  //重置初值
    TL0=(65536-50000)%256;
    T++;
    if(T= =20)                              //T0 中断 20 次，1s 时间到
    {
        T=0;
```

```
            S++;
            if(S= =60)
            S=0;
        }
    }
    void display()                              //显示子函数
    {
        /***********秒***********/
        P0 =DispTab[(S/10)];
        P2=0xfd;
        delayms(2);
        P0 =DispTab[(S%10)];
        P2=0xfe;
        delayms(2);
    }
    void main()
    {
        uart_Init();
        Init_8051();
        printf(" Program    Running ! \n ");    //输出两行信息
        printf("  简易秒表  !");
        printf("\n ");
        while(1)
        {
            display();
        }
}
```

3）程序编译、调试与仿真

打开 Keil 软件，建立工程，输入上述源程序并编译。调试运行程序，调出 LED 显示实验仿真板，其仿真结果如图 3-15 所示。

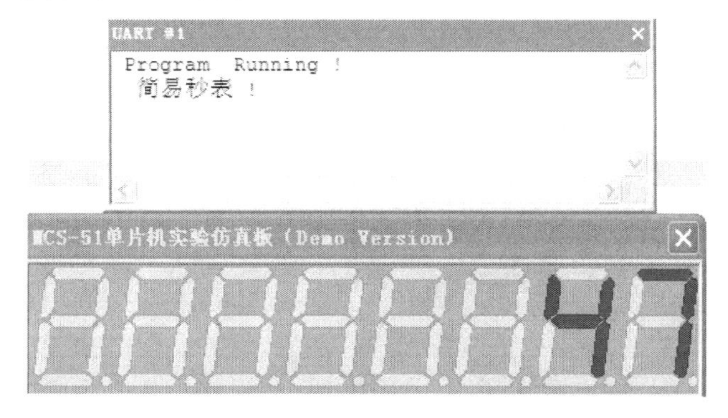

图 3-15　简易秒表显示仿真结果

3.5.3 多个数码管显示——动态显示应用

1. 目的

（1）掌握多个 LED 数码管动态显示原理及编程方法。
（2）进一步掌握 MCS-51 单片机通用 I/O 口的使用方法。

2. 任务

本项目要完成的任务是实现多个数码管的动态扫描显示，使用单片机 P0 口和 P2 口来控制多个 LED 数码管，使数码管动态扫描点亮显示多个字符：“HELLO！”。

3. 任务引导

由 LED 数码管工作原理可知，要使 LED 数码管点亮显示，只需要在其各段加相应的电平，公共端也加相应的电平即可。

4. 任务实施

1）硬件电路设计

单片机控制多个数码管动态扫描显示电路如图 3-16 所示。

原理图说明：图中 6 个数码管采用共阳极 LED 管，由单片机 P0 口经 74LS245 芯片驱动后送出字段码，由单片机 P2.0～P2.5 口经 74LS06 芯片反相驱动后送出位选码。

2）软件设计

编写 C51 控制源程序如下所示。

```
/**********************************************************************
        * @ File:    chapter 3_14.c
        * @ Function：多个数码管的动态扫描显示，显示“HELLO！”
**********************************************************************/
    #include<reg52.h>                      //52 系列单片机头文件
    #include <stdio.h>                     //标准 I/O 库函数头文件
    #define uchar unsigned char
    #define uint unsigned int
    uchar num;
    uchar code BitTab[]={0x7F,0xBF,0xDF,0xEF,0xF7,0xFB,0xFD,0xFE};//8 字节位选码
    uchar code DispTab[]={0xFF,0x89,0x86,0xc7,0xc7,0xc0,0x79,0xFF};// “HELLO!” 字段码
    uart_Init()                            //串口初始化函数
    {
        SCON=0x52;
        TMOD=0x20;
        TH1=0xf3;
        TR1=1;
        return 0;
```

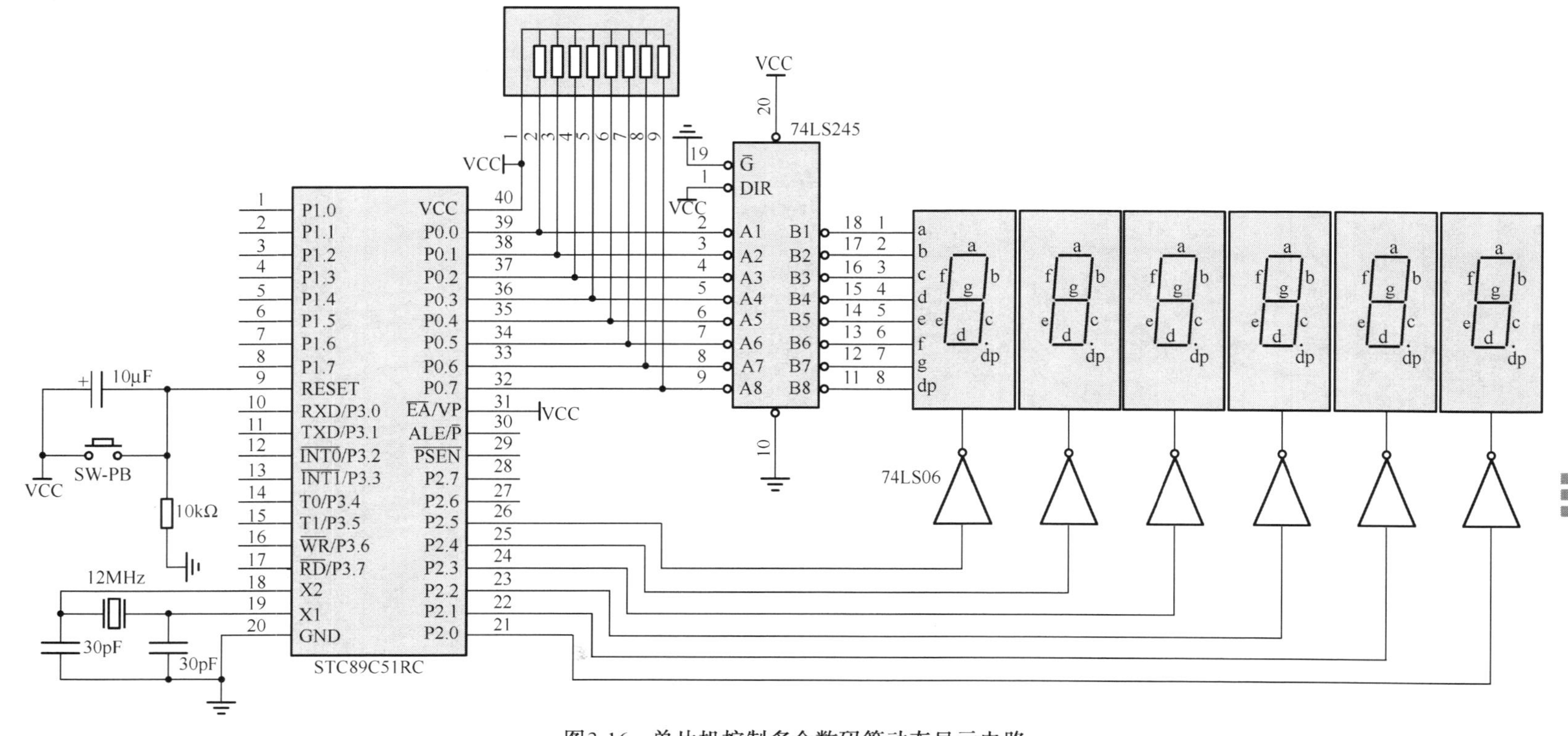

图3-16 单片机控制多个数码管动态显示电路

```
    }
    void delayms(uint xms)                          // xms 延时函数
    {
        uint i,j;
        for(i=xms;i>0;i--)
            for(j=125;j>0;j--);
    }
    void main()
    {
        uart_Init();
        printf(" Program    Running ! \n ");      //输出两行信息
        printf(" HELLO! ");
        printf("\n ");
        while(1)
        {
            for(num=0; num<8; num++)
            {
                P0 =DispTab[num];               //送字段码
                P2=BitTab[num];                 //送位选码
                delayms(10);
            }
        }
}
```

3）程序编译、调试与仿真

打开 Keil 软件，建立工程，输入上述源程序并编译。调试、运行程序，调出 LED 显示实验仿真板，其仿真结果如图 3-17 所示。

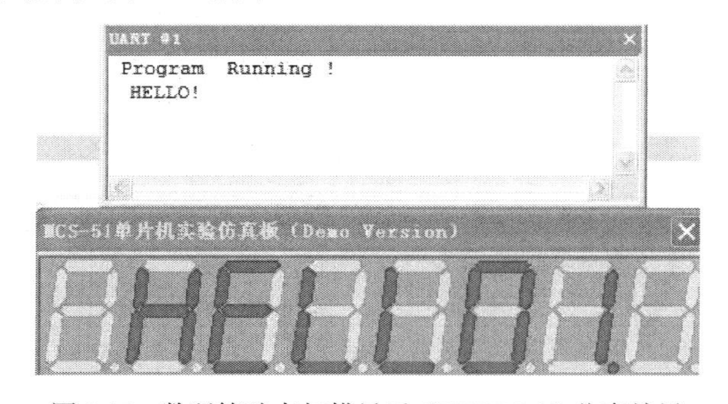

图 3-17　数码管动态扫描显示“HELLO!”仿真结果

3.5.4　简易电子时钟

1. 目的

（1）掌握电子时钟编程与调试方法。

（2）进一步掌握MCS-51单片机通用I/O口的使用方法。
（3）进一步熟练掌握单片机定时器/计数器功能应用。

2．任务

本项目要完成的任务是利用单片机内部定时器/计数器设计一个简易电子时钟，能显示秒、分、时。

3．任务引导

有了前面定时器/计数器典型应用基础，利用单片机定时器/计数器设计一个简易电子时钟就不困难了，关键是如何用单片机实现时、分、秒的功能。在定时器/计数器典型应用部分读者已学习了利用单片机内部的定时器/计数器实现秒、分、时的功能，其处理方法是：设定单片机内部的一个定时器/计数器工作于定时方式，对机器周期计数形成基准时间（如50ms），用另一个定时器/计数器或软件计数的方法对基准时间计数形成秒（对50ms计数20次），秒计60次形成分，分计60次形成小时，小时计24次则满一天。时间问题解决了，接下来通过数码管将它们的内容在相应位置显示出来即可。

4．任务实施

1）硬件电路设计
简易电子时钟控制电路参见图3-16。
2）软件设计
电子时钟的软件系统由主程序和子程序组成，主程序包含串口初始化函数、定时器/计数器初始化函数、数码管显示函数等，在设计时各个模块都采用子程序结构设计，通过主程序调用。由于定时器/计数器采用中断方式处理，因此还要编写定时器/计数器中断服务函数，在定时器/计数器中断服务函数中对时钟进行调整。
编写C51控制源程序如下所示。

```
/***********************************************************************
        * @ File:    chapter 3_15.c
        * @ Function：简易电子时钟
***********************************************************************/
    #include<reg52.h>                           //52系列单片机头文件
    #include <stdio.h>                          //标准I/O库函数头文件
    #define uchar unsigned char
    #define uint unsigned int
    uchar T,S,M,H;                              //定义变量
    //uchar code BitTab[] ={0x7F,0xBF,0xDF,0xEF,0xF7,0xFB,0xFD,0xFE};//8字节位选码
    uchar code DispTab[]={0xC0,0xF9,0xA4,0xB0,0x99,0x92,0x82,0xF8,0x80,0x90};
                                                //共阳极数码管0～9字段码
    uart_Init()                                 //串口初始化函数
    {
        SCON=0x52;
        TMOD=0x21;
```

```
        TH1=0xf3;
        TR1=1;
        return 0;
    }
    void delayms(uint xms)                    // xms 级延时函数
    {
        uint i,j;
        for(i=xms;i>0;i--)
            for(j=110;j>0;j--);
    }
    void Init_8051()                          // T0 定时 50ms 初始化函数
    {
        TMOD=0x21;                            //设置定时器 0 工作于方式 1
        TH0=(65536-50000)/256;
        TL0=(65536-50000)%256;
        EA=1;
        ET0=1;
        TR0=1;
        T=0;
        S=0;
        M=0;
        H=0;
    }
    void   T0_time()   interrupt 1            // T0 中断服务函数（时、分、秒）
    {
        TH0=(65536-50000)/256;                //重置初值
        TL0=(65536-50000)%256;
        T++;
        if(T= =20)                            //T0 中断 20 次，1s 时间到
        {
            T=0;
            S++;
            if(S= =60)
            {
                S=0;
                M++;
                if(M= =60)
                {
                    M=0;
                    H++;
                    if(H= =24)
                    {
                        H=0;
                    }
```

```
                }
            }
        }
}
void display()                                  //显示子函数
{
/***********时***********/
    P0 =DispTab[(H/10)];
    P2=0xdf;
    delayms(2);
    P0 =DispTab[(H%10)];
    P2=0xef;
    delayms(2);
    /***********分***********/
    P0 =DispTab[(M/10)];
    P2=0xf7;
    delayms(2);
    P0 =DispTab[(M%10)];
    P2=0xfb;
    delayms(2);
    /***********秒***********/
    P0 =DispTab[(S/10)];
    P2=0xfd;
    delayms(2);
    P0 =DispTab[(S%10)];
    P2=0xfe;
    delayms(2);
}
void main()
{
    uart_Init();
    Init_8051();
    printf(" Program    Running ! \n ");        //输出两行信息
    printf(" 简易电子时钟 !");
    printf("\n ");
    while(1)
    {
    display();                                  //调显示子函数
    }
}
```

3）程序编译、调试与仿真

打开 Keil 软件，建立工程，输入上述源程序并编译。调试、运行程序，调出 LED 显示实验仿真板，其仿真结果如图 3-18 所示。

图 3-18 简易电子时钟显示仿真结果

3.5.5 模拟交通灯控制

1. 目的

（1）掌握实现模拟交通灯编程方法。
（2）进一步掌握 MCS-51 单片机通用 I/O 口的使用方法。
（3）学会硬件电路板焊接与调试方法。

2. 任务

本项目要完成的任务是设计并制作一个模拟交通灯控制器，交通灯控制要求如下。

在道路的十字路口，南北向为主干道，东西向为支道。每个路口安装一组信号灯，每组信号灯有红、黄、绿 3 种信号，各信号灯按如表 3-11 所示规则循环显示交通信号指挥交通（交通信号共有 4 种状态）。

表 3-11 交通信号灯显示规则

时间	30s	5s	20s	5s
东西向	绿灯亮	黄灯闪	红灯亮	红灯亮
南北向	红灯亮	红灯亮	绿灯亮	黄灯闪

要求：使用单片机控制发光二极管完成表 3-11 中的显示功能。

3. 任务引导

由控制要求可知，交通灯有两种状态的切换，即红灯和绿灯，黄灯只是一个过渡。要实现两种状态的转换，可以在软件中设置一个位变量（如 flag），位变量为 1 代表一种显示状态（flag=1 代表绿灯亮），位变量为 0 代表另一种显示状态（flag=0 代表红灯亮）。交通灯秒脉冲可以采用单片机定时器/计数器完成。显示状态共有红、黄、绿 3 种颜色，可以使用红、黄、绿发光二极管，同时用 LED 数码管显示信号灯时间，在黄灯闪烁时还可以加入蜂鸣器发声提醒。

4. 任务实施

1）硬件电路设计

单片机控制模拟交通灯电路如图 3-19 所示。

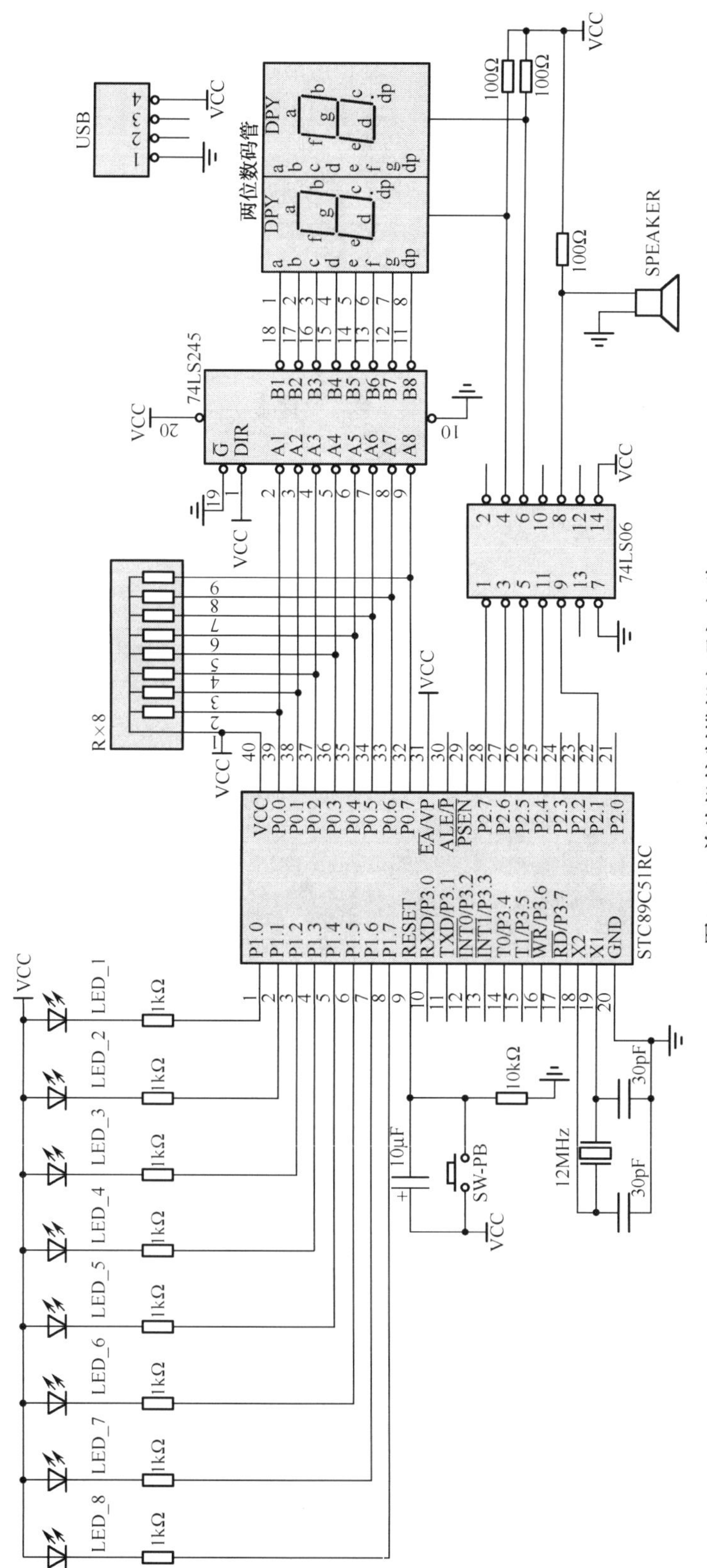

图3-19 单片机控制模拟交通灯电路

原理图说明：图中数码管采用共阳极 LED 管，由单片机 P0 口经 74LS245 芯片驱动后送出字段码，由单片机 P2 口的两个端口经 74LS06 芯片反相驱动后送出位选码，P1 口控制红黄绿信号灯。

2）软件设计

编写 C51 控制源程序如下所示。

```
/********************************************************************************
        * @ File:    chapter 3_15.c
        * @ Function：模拟交通灯控制
********************************************************************************/
    /**P0 口接 LED 数码管段选、P2 口接 LED 数码管位选、P1.0～P1.2 接红黄绿交通信号灯*******
红灯亮 20s，转绿灯亮 30s，绿灯亮到 5s 时黄灯闪烁******************/
    #include<reg52.h>
    #define uchar unsigned char                       //宏定义
    #define uint unsigned int
    bit flag=0;                                       //位定义
    sbit LED_red=P1^0;                                //红黄绿灯定义
    sbit LED_yellow=P1^1;
    sbit LED_green=P1^2;
    void display();                                   //显示函数声明
    //uchar code table[]={0x3f,0x06,0x5b,0x4f,0x66,0x6d,0x7d,0x07,0x7f,0x6f,0x00};
                                                      //共阴极数码管 0～9 及空格字段码
    uchar code table[]={0xC0,0xF9,0xA4,0xB0,0x99,0x92,0x82,0xF8,0x80,0x90,0xFF};
                                                      //共阳极数码管 0～9 及空格字段码
    uchar T,S;                                        //T 为定时器 T0 中断次数
    void delay(uint z)                                //动态扫描延时子函数
    {
        uint x,y;
        for(x=z;x>0;x--)
            for(y=125;y>0;y--);
    }
    void init_8051()                                  //定时器 T0 初始化
    {
        TMOD=0x01;
        TH0=(65536-50000)/256;
        TL0=(65536-50000)%256;
        EA=1;
        ET0=1 ;
        TR0=1;
        T=0;
        S=20;
```

```
}
void    T0_time()    interrupt 1                        //T0 中断服务函数
{
    TH0=(65536-50000)/256;
    TL0=(65536-50000)%256;
    TR0=1;
    T++;
    if(T= =20)                                          //1s 时间到
    {
        T=0;
        S--;
        if(S= =0)
        {
            flag=～flag;
            if(flag= =0)                                //flag 为 0，红灯亮
                S=20;                                   //红灯初值
            else
                S=30;                                   //flag 为 1，绿灯亮
        }                                               //绿灯初值
    }
}
void display()                                          //显示函数
{
    if(flag= =0)                                        //红灯亮 20s
    {
        LED_red=0;
        LED_green=1;
        LED_yellow=1;
    }
    else if(S<=5)                                       //绿灯亮到 5s 黄灯闪烁
    {
        LED_red=1;
        LED_green=1;
        LED_yellow=0;
        delay(500);
        LED_yellow=1;
            delay(500);
    }
    else                                                //绿灯亮 30s
    {
```

```
            LED_yellow=1;
            LED_red=1;
            LED_green=0;
        }
        if(S/10= =0)                              //十位若为 0 则显示空格
            P0 =table[10];
        else
            P0 =table[(S/10)];                    //数码管显示
        P2=0xfd;
        delay(5);
        P0 =table[(S%10)];
        P2=0xfe;
        delay(5);
    }
    void main()                                   //主函数
    {
        init_8051();
        while(1)
        {
            display();
        }
}
```

程序说明：此程序只针对东西向控制，南北向控制程序读者可自己编写。

3）程序编译调试

打开 Keil 软件，建立工程，输入上述源程序并编译生成 HEX 文件。

调用 Proteus 仿真软件，观察仿真电路运行情况。

5. 电路板制作与测试

1）元器件清单

根据设计好的电路原理图 3-19，列出元器件清单如表 3-12 所示。

表 3-12 模拟交通灯控制电路元器件清单

元件名称	参数	数量	元件名称	参数	数量
IC 插座	DIP-40	1	电解电容	10μF	1
IC 插座	DIP-20	1	IC 插座	DIP-14	1
74LS245		1	74LS06		1
单片机	STC89C51RC	1	电阻	10kΩ	3
晶振	12MHz	1	电阻	100Ω	2
瓷片电容	30pF	2	弹性按键		1
发光二极管		12	排阻	102	1
二联体数码管		1	万能板		1

2）焊接电路板、下载 HEX 文件并排查故障

方法：采用与 2.7.3 小节流水灯控制项目相同的方法与步骤进行操作。

3）电路板上电显示

软硬件都检查无误，电路板上电即可观察到显示情况。

如图 3-20 是单片机控制模拟交通灯实物显示效果图。

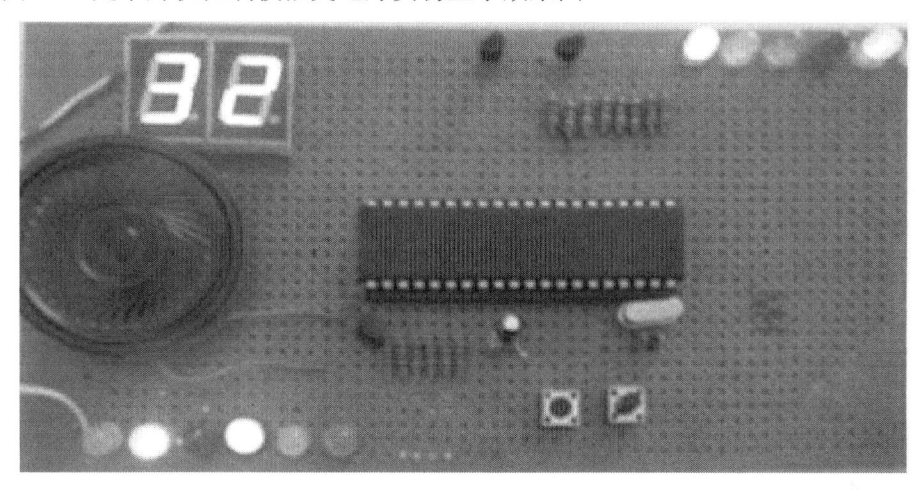

图 3-20 单片机控制模拟交通灯实物显示效果

3.6 小结

本项目主要讲述了 MCS-51 单片机非常重要的内部资源：中断系统和定时器/计数器，现总结如下。

MCS-51 单片机内有 5 个中断源，包括两个外部中断、两个内部定时器/计数器中断和一个串行口中断。中断系统主要由定时器控制寄存器 TCON、串行口控制寄存器 SCON、中断允许寄存器 IE、中断优先级寄存器 IP 和硬件查询电路等组成。

定时器控制寄存器 TCON 用于控制定时器的启动与停止，并保存 T0、T1 的溢出中断标志和外部中断 $\overline{\text{INT0}}$、$\overline{\text{INT1}}$ 的中断标志；串行口控制寄存器 SCON 的低 2 位 TI 和 RI 用于保存串行口的接收中断和发送中断标志；中断允许寄存器 IE 用于控制 CPU 对中断的开放或屏蔽及每个中断源是否允许中断；中断优先级寄存器 IP 用于设定各中断源的优先级别。

定时器/计数器有定时和计数两种功能，由定时器方式寄存器 TMOD 中的 $C/\overline{T}$ 位确定。定时器通过对单片机内部的时钟脉冲计数来实现定时功能；计数器通过对单片机外部的脉冲计数来实现计数功能。

定时器/计数器有 4 种不同的工作方式，可以通过 TMOD、TCON 等特殊功能寄存器设置定时器/计数器的工作方式和计数初始值。

3.7 练习题

1．MCS-51 单片机内有几个中断源？自然优先级是如何排列的？

2. 外部中断触发方式有几种？它们的特点是什么？

3. 中断系统的初始化一般包括哪些内容？

4. 中断处理过程包括几个阶段？

5. MCS-51 单片机的定时器/计数器的定时和计数两种功能各有什么特点？

6. 硬件定时与软件定时的最大区别是什么？

7. 当定时器/计数器工作于方式 0 时，晶振频率为 12MHz，请计算最小定时时间、最大定时时间、最小计数值和最大计数值。

8. 用定时器/计数器 T0 产生 2s 的定时，每当 2s 定时到来时，换一个指示灯闪烁，每个指示灯闪烁的时间为 0.2s，也就是说，开始 LED1 指示灯闪烁 2s，当 2s 定时到来之后，LED2 闪烁 2s，如此循环下去（0.2s 的闪烁时间也由定时器/计数器 T0 来完成）。

9. 在用共阳极数码管显示的电路中，如果直接将共阳极数码管换成共阴极数码管，能否正常显示？为什么？应采取什么措施？

10. 试设计一个控制电路，单片机的 P0 口的 P0.0～P0.7 连接到一个共阴极数码管的 a～dp 的字段上，数码管的公共端接地，在数码管上循环显示数字 0～9，时间间隔为 0.2s。

11. 试编程在 8 个 LED 数码管上实现拉幕式数码显示效果，即在 8 位数码管上从右向左循环显示“12345678”，能够比较平滑地看到拉幕的效果。

12. 试设计一个控制电路，利用单片机 T0、T1 的定时与计数功能，完成对输入信号频率的计数，并通过 8 位动态数码管将计数结果显示出来，要求能够对 0～250kHz 的信号频率进行准确计数，计数误差不超过 ±1Hz。

13. 试设计一个控制电路，单片机 P0 口接动态数码管的字形码，P2 口接动态数码管的位选端，P1.7 接一个开关，当开关接高电平时，显示“12345”字样；当开关接低电平时，显示“HELLO”字样。

14. 自己动手设计并制作一个模拟交通信号灯控制系统，能够完成正常情况下的轮流放行及特殊情况和紧急情况下的红绿灯控制，具体要求如下。

（1）正常情况下 A、B 道（A、B 道交叉组成十字路口，A 是主道，B 是支道）轮流放行，A 道放行 1min（其中 5s 用于警告），B 道放行 30s（其中 5s 用于警告）。

（2）一道有车而另一道无车时，使有车车道放行 5s，然后无车车道放行。

（3）有紧急车辆通过时，A、B 道均为红灯。

（4）要求独立完成以下步骤：

① 在计算机上运用一种绘图工具软件，绘制模拟交通信号灯控制系统电路图，并列出元件清单。

② 采用 C 语言编写控制源程序。

③ 采用 Keil 软件调试源程序，并生成 HEX 文件。

④ 焊接电路板。

⑤ 下载 HEX 文件至焊接好的电路板，进行软硬件联调。

项目 4　LED 点阵与 LCD 液晶显示接口技术

4.1　学习情境

飞机场、火车站、银行、大型商场、公交车站等人多聚集的地方，五花八门的广告牌、显示屏让人眼花缭乱，给人们的生活带来了许多便利和色彩。

本项目主要介绍单片机控制系统中使用较为广泛的 LED 16×16 点阵屏和 LCD1602 点阵字符液晶显示器，教你如何实现 MCS-51 单片机与这两种显示器接口。为此，读者需要了解它们的结构与工作原理，需要掌握如何利用单片机输出接口实现 LED 点阵和 LCD 液晶显示器显示，同时进一步学习如何用 C 语言编程实现外部设备模块化设计。

4.2　LED 点阵显示

LED 点阵电子显示屏是集电子技术、计算机技术、信息处理技术于一体的大型显示屏系统。它以亮度高、寿命长、工作稳定可靠等优点而成为众多显示媒体及户外作业显示的理想选择，同时也可广泛应用到车站、宾馆、体育、新闻、金融、证券、广告及交通运输等许多场所和行业。

一般的 LED 显示屏是用许多发光二极管排成行与列的形式，再构成点阵显示屏，点亮不同位置的发光二极管，就可以显示不同的图形或文字符号。在电子市场上，有专门的 LED 点阵模块显示产品，其显示也有多种形式，如固定显示、闪烁显示、滚动移屏显示、交替显示等，我们先从最简单的固定显示一个字符做起。

4.2.1　LED 点阵显示结构

下面讲述 LED 点阵的显示原理。

1）8×8 LED 点阵

8×8 LED 点阵模块和结构原理如图 4-1 所示，包括 8 行（H1～H8）和 8 列（L1～L8）。

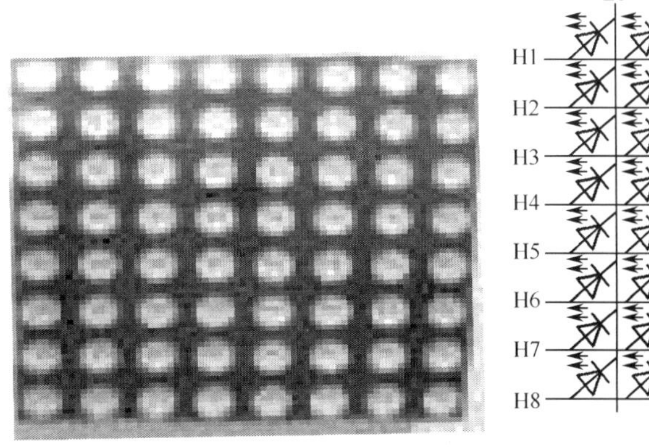

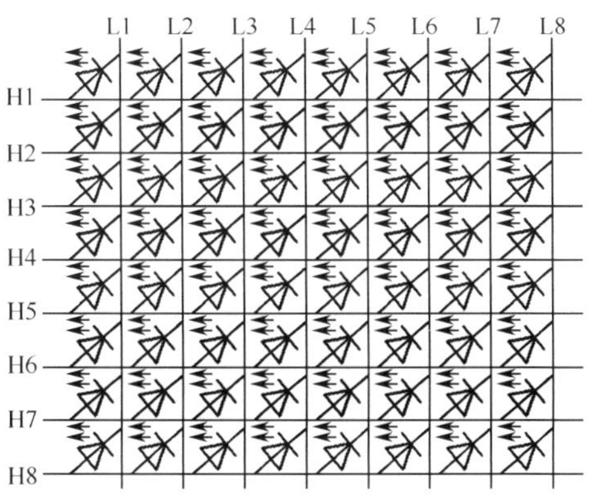

图 4-1　8×8 LED 点阵模块和结构原理图

一片 8×8 LED 点阵模块能显示数字符号、简单的图形和简单汉字，如图 4-2 所示。如要显示一个汉字，就必须用四片 8×8 LED 点阵模块组成一个 16×16 的点阵屏。

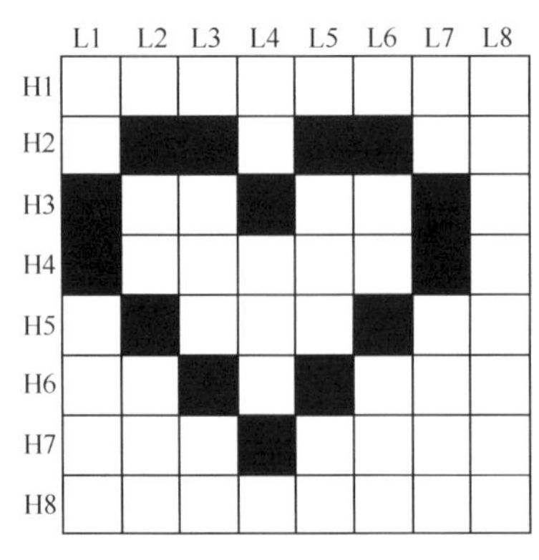

图 4-2 “心”的点阵组成

2）16×16 LED 点阵

16×16 LED 点阵模块和结构原理如图 4-3 所示，包括 16 行（H1～H16）和 16 列（L1～L16）。

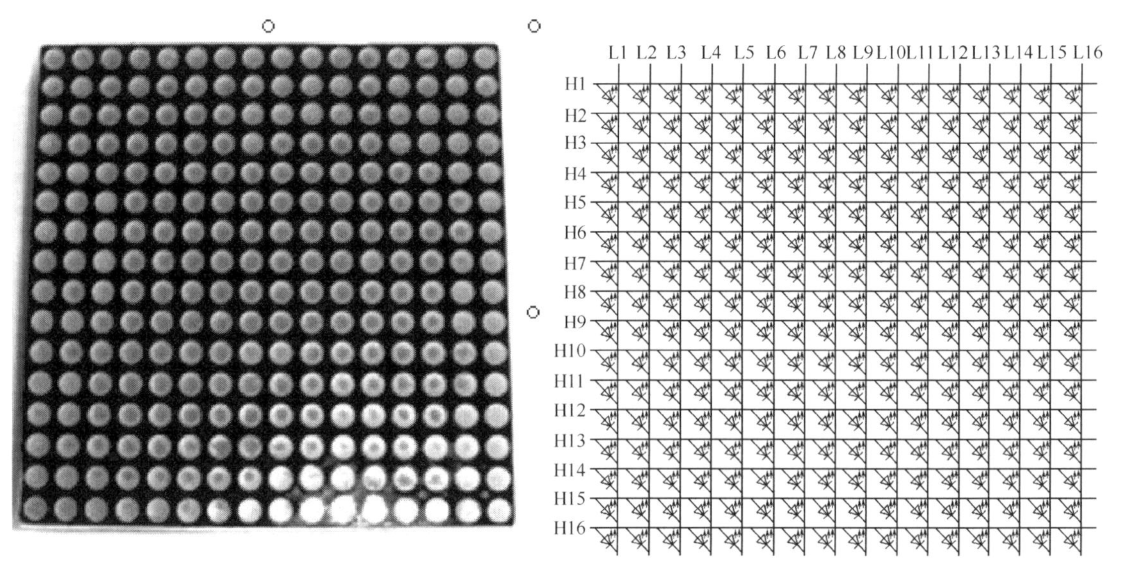

图 4-3 16×16 LED 点阵模块和结构原理图

4.2.2 LED 点阵工作原理

如图 4-4 所示为汉字“大”的点阵组成，如果用 8 位的单片机控制扫描显示，一个字需要拆分为两部分，一般分为上半部和下半部，即上 8×16 点阵和下 8×16 点阵。

汉字“大”的扫描示意图如图 4-5 所示，上半部分第 1 列完成后，继续扫描下半部分第 1 列；然后转向上半部分第 2 列，这一列完成后继续进行下半部分的扫描……，依此循环继续下面的扫描，一共扫描 32 个 8 位，可以得到汉字“大”的扫描代码如下所示。

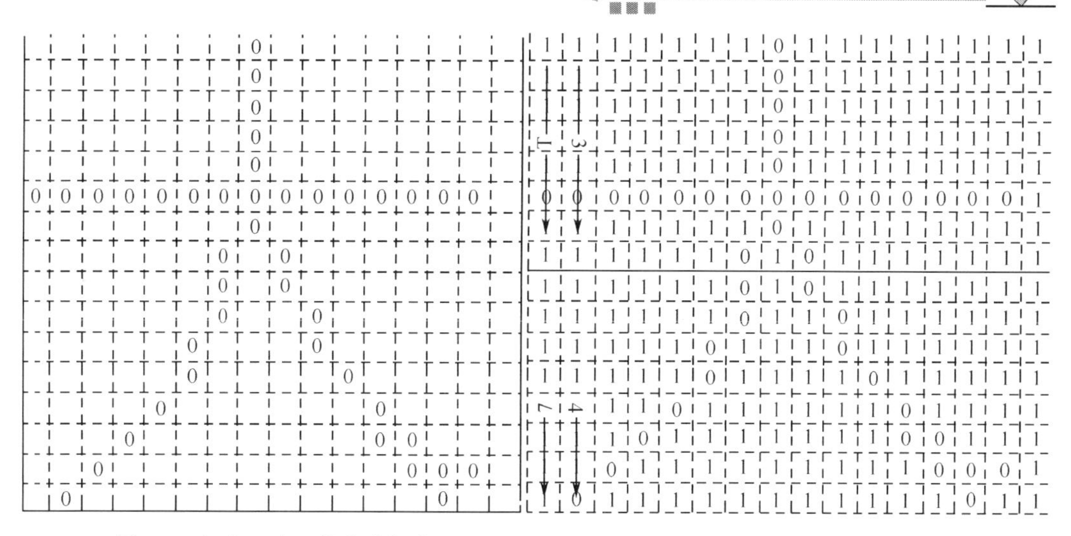

图 4-4　汉字“大”的点阵组成　　　图 4-5　汉字“大”的扫描示意图

```
{0xFB,0xFF,0xFB,0xFE,0xFB,0xFD,0xFB,0xFB,0xFB,0xF7,0xFB,0xCF,0xFA,0x3F,0x01,0xFF},
                                                        //前 16 个字节代码
{0xFA,0x7F,0xFB,0x9F,0xFB,0xEF,0xFB,0xF3,0xFB,0xF9,0xFB,0xFC,0xFB,0xFD,0xFF,0xFF},
                                                        //后 16 个字节代码
```

根据图 4-5，扫描流程可总结为：0xFB→1，0xFF→2，0xFB→3，0xFE→4，…，0xFF→32。根据这个原理，无论何种字体和图像，都可以通过单片机并行 I/O 口进行扫描并显示在屏幕上。

4.3　LCD 1602 液晶显示

LCD 液晶显示器（Liquid Crystal Display，LCD）是一种将液晶显示器件、连接件、PCB、背光源、结构件等装配在一起的组件，具有显示质量高、接口方便、耗电少、体积小等特点，被广泛应用于电子表、数字仪表、手机、电子记事本、游戏机、笔记本电脑和彩色电视等系统中。

根据显示方式和显示内容的不同，液晶显示模块可以分为数显液晶模块、液晶点阵字符模块和点阵图形液晶模块共三种。这里介绍目前用得较多的字符型液晶显示模块——LCD 1602。

4.3.1　LCD 1602 液晶显示结构

LCD 1602 液晶显示模块外观如图 4-6 所示。

LCD 1602 由 5V 电压驱动，带背光，可显示两行信息，每行 16 个字符，不能显示汉字，内含 128 个字符的 ASCII 字符集字库，只有并行接口，无串行接口。

LCD 1602 液晶的内部结构可以分成三部分：LCD 控制器、LCD 驱动器、LCD 显示装置，如图 4-7 所示。

图 4-6　LCD 1602 液晶显示模块外观

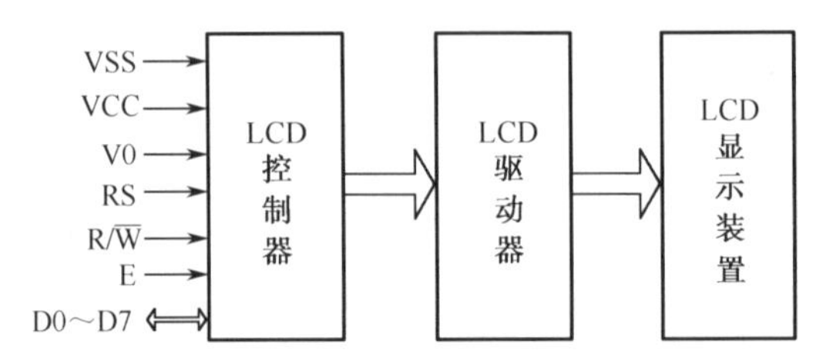

图 4-7　LCD 1602 液晶内部结构

LCD 1602 控制器采用 HD44780，驱动器采用 HD44100。

LCD 1602 液晶显示采用标准的 16 引脚接口，其封装如图 4-8 所示。

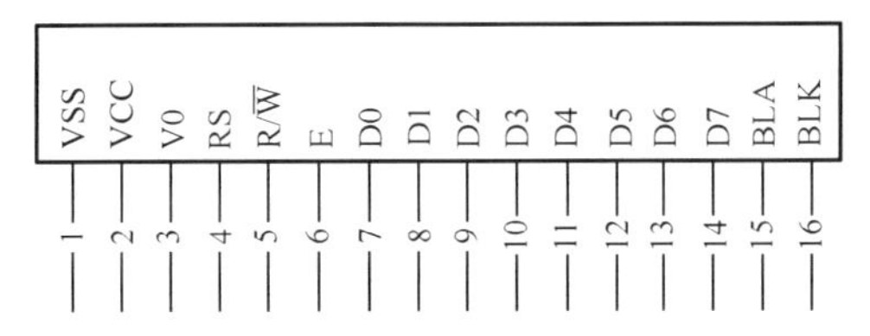

图 4-8　LCD 1602 液晶封装图

各引脚功能说明如表 4-1 所示。

表 4-1　LCD 1602 液晶接口信号说明

引脚编号	引脚符号	有效电压/电平	功 能 说 明
1	VSS	0V	电源地
2	VCC	+5V	电源正极
3	V0	+5V	液晶显示对比度调节
4	RS	H/L	数据/指令寄存器选择端，H：数据寄存器；L：指令寄存器
5	R/$\overline{W}$	H/L	数据读/写操作选择端，H：读操作；L：写操作
6	E	H，H/L	使能端，当 E 端由高电平跳为低电平时，液晶模块执行指令
7～14	D0～D7	H/L	8 位双向数据线 I/O
15	BLA	+5V	背光源正极
16	BLK	0V	背光源负极

4.3.2　LCD 1602 液晶显示工作原理

1．主要技术参数

LCD 1602 液晶主要技术参数如表 4-2 所示。

表 4-2 LCD 1602 液晶主要技术参数

显示容量	16×2 个字符
芯片工作电压	4.5～5.5V
工作电流	2.0mA（5.0V）
模块最佳工作电压	5.0V
字符尺寸	2.95×4.35（W×H）mm

2. 基本操作时序

LCD 1602 液晶基本操作时序如表 4-3 所示。

表 4-3 LCD 1602 液晶基本操作时序

RS	R/$\overline{W}$	E	基本操作
0	1	1	*读状态，D0～D7=状态字
1	1	1	*读数据，D0～D7=数据
0	0	高脉冲	写指令，D0～D7=指令码
1	0	高脉冲	写数据，D0～D7=数据

注：写操作是经常要用到的操作，读者一定要掌握，表格中带“*”号部分为不常用操作。

3. RAM 地址映射图

LCD 1602 液晶模块自带控制器，控制器内部带有 80 字节（B）的 RAM 缓冲区，每字节都分配有一个单元地址，其对应关系如图 4-9 所示。其中 00H～0FH、40H～4FH 地址区域为可见区域，10H～27H、50H～67H 地址区域为不可见区域。

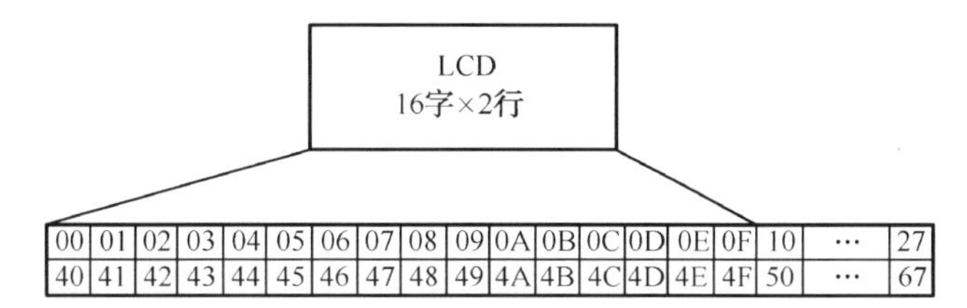

图 4-9 LCD 1602 内部 RAM 地址映射图

当向图 4-9 中的 00H～0FH、40H～4FH 地址中的任一处写入要显示的信息时，液晶显示器都可立即显示出来；当写到 10H～27H 或 50H～67H 地址处时，必须通过移屏指令将它们移入到可显示区域方可正常显示。

读状态操作时各状态字的说明如表 4-4 所示。

表 4-4 状态字说明

STA7 D7	STA6 D6	STA5 D5	STA4 D4	STA3 D3	STA2 D2	STA1 D1	STA0 D0
STA0～STA6		当前地址指针值					
STA7		读/写操作使能			1：禁止，0：允许		

注意：原则上每次对控制器进行读/写操作之前，都必须进行读/写检测，确保 STA7（D7 位状态）为 0。实际上，由于单片机的操作速度慢于液晶控制器的反应速度，因此可以不进行读/写检测，或只进行简短延时。

LCD 1602 液晶共有 11 条指令，其常用的指令格式与功能如下所示。

1）数据地址指针设置

控制器内部设有一个数据地址指针，用户可以通过它们访问内部的全部 80B 的 RAM，其数据指针设置如表 4-5 所示。

表 4-5 数据指针设置

指 令 码	功 能
80H+地址码（0～27H，40H～67H）	设置数据地址指针

2）清屏与回车指令

清屏与回车指令如表 4-6 所示。

表 4-6 清屏与回车指令

指 令 码	功 能
01H（0x01）	显示清屏，1：数据指针清零 2：所有显示清零
02H（0x02）	显示回车，1：数据指针清零

3）显示模式设置

显示模式设置如表 4-7 所示。

表 4-7 显示模式设置

指 令 码								功 能
0	0	1	1	1	0	0	0	设置 16×2 显示，5×7 点阵，8 位数据接口
0x38								

4）显示开/关及光标设置

显示开/关及光标设置如表 4-8 所示。

表 4-8 显示开/关及光标设置

指 令 码								功 能
0	0	0	0	1	D	C	B	B=1：光标闪烁；B=0：光标不闪烁 C=1：显示光标；C=0：不显示光标 D=1：开显示；D=0：关显示
0	0	0	0	0	1	N	S	N=1：当读或写一个字符后地址指针加 1 且光标加 1 N=0：当读或写一个字符后地址指针减 1 且光标减 1 S=1：当写一个字符后，整屏显示左移（N=1）或者右移（N=0），以得到光标不移动而屏幕移动的效果 S=0：当写一个字符后，整屏显示不移动
0	0	0	1	0	0	0	0	光标左移
0	0	0	1	0	1	0	0	光标右移
0	0	0	1	1	0	0	0	整屏左移，同时光标跟随移动
0	0	0	1	1	1	0	0	整屏右移，同时光标跟随移动

4．写操作流程

LCD 1602 液晶写操作时序图如图 4-10 所示。

分析时序图可知，对 LCD 1602 液晶写操作的流程如下所示。

（1）通过 RS 确定是写数据还是写命令。

写命令包括使液晶的光标显示或不显示、闪烁或不闪烁、需要或不需要移屏、在液晶的什么位置显示等；写数据是指要显示什么内容。

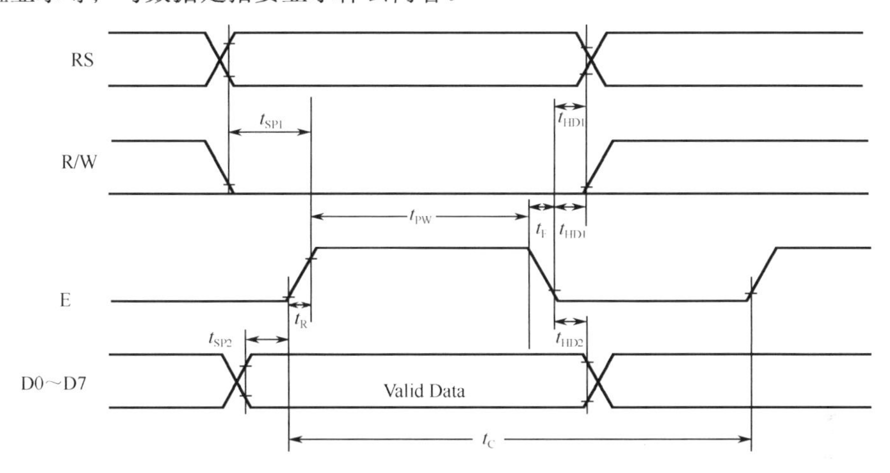

图 4-10　LCD 1602 液晶写操作时序

（2）R/$\overline{W}$（读/写）控制端设置为写模式，即 R/$\overline{W}$=0。

（3）将数据或命令送到数据线上。

（4）给使能端 E 一个高脉冲将数据送入液晶控制器，完成写操作。

注意： 在对 LCD 1602 液晶操作时，为了使液晶运行稳定，最好做简短延时。

4.3.3　LCD 1602 液晶显示接口电路

LCD 1602 液晶显示接口电路如图 4-11 所示。

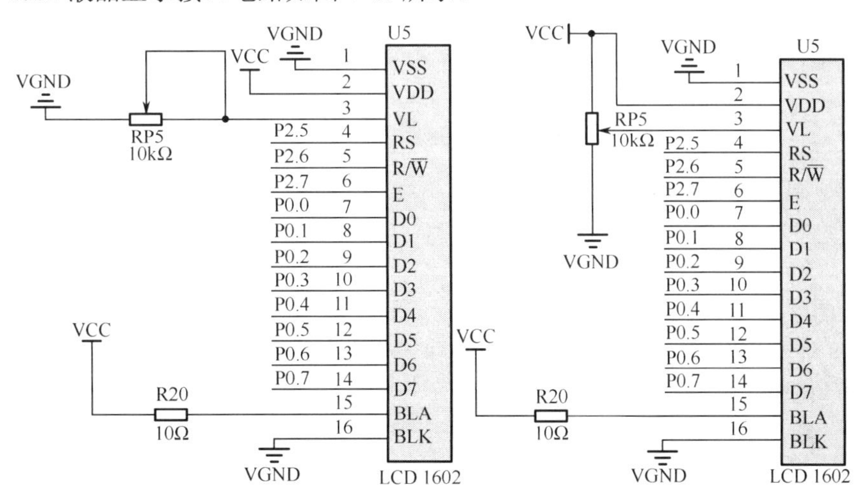

图 4-11　LCD 1602 液晶与单片机接口两种接法电路

接口各引脚说明如下：

（1）液晶 1、2 引脚为电源正负端，直接接到电源上去。

（2）液晶 3 引脚为液晶对比度调节端，通过一个 10kΩ 的电位器接地来调节液晶显示对比度，也就是说可以通过对电位器的调节来调整 LCD 1602 的亮度和清晰度。首次使用时，在液晶上电状态下，调节至液晶上面一行显示出黑色小格为止。

（3）液晶 4 引脚为向液晶控制器写数据/写命令选择端，可以接单片机一个口，图中接单片机的 P2.5 口。

（4）液晶 5 引脚为读/写选择端。因为不需要从液晶读取任何数据，只向其写入命令和显示数据，因此此端始终为写状态，即低电平接地，也可以接单片机一个口，图中接单片机的 P2.6 口。

（5）液晶 6 引脚为使能信号，是操作时必需的信号，图中接单片机的 P2.7 口。

（6）液晶 7～14 引脚为其 8 位并行数据端，接单片机的 P0 口。

（7）液晶 15、16 引脚为背光电源，为防止直接加 5V 电压烧坏背光灯，可在 15 引脚串接一个 10Ω 电阻用于限流。

4.4 训练项目

4.4.1 8×8 LED 点阵屏显示

1．目的

（1）掌握 8×8 点阵屏显示原理与方法。

（2）进一步掌握 MCS-51 单片机通用 I/O 口的使用方法。

（3）掌握 LED 点阵动态扫描显示的编程与调试方法。

2．任务

本项目要完成的任务是使用单片机控制一个 8×8 LED 点阵屏，使其显示一个字符或一个简单的汉字。

3．任务引导

由点阵显示工作原理可知，要想在 8×8 点阵屏上显示一个字符或一个简单的汉字，可以采用逐列扫描方式显示，其方法是：由左到右或由右至左首先选中 8×8 LED 的某一列，然后通过赋值语句送所对应的字形编码到行控制端口，延时约 1ms 后，选中下一列，再传送该列所对应的字形编码，延时后再重复上述过程直至 8 列均被扫描显示一遍，时间约为 8ms；然后再从第一列开始逐列循环扫描显示，利用眼睛的视觉驻留效果，人眼看到的就会是一个稳定的图形。

4．任务实施

1）硬件电路设计

单片机控制 8×8 LED 点阵显示电路如图 4-12 所示。

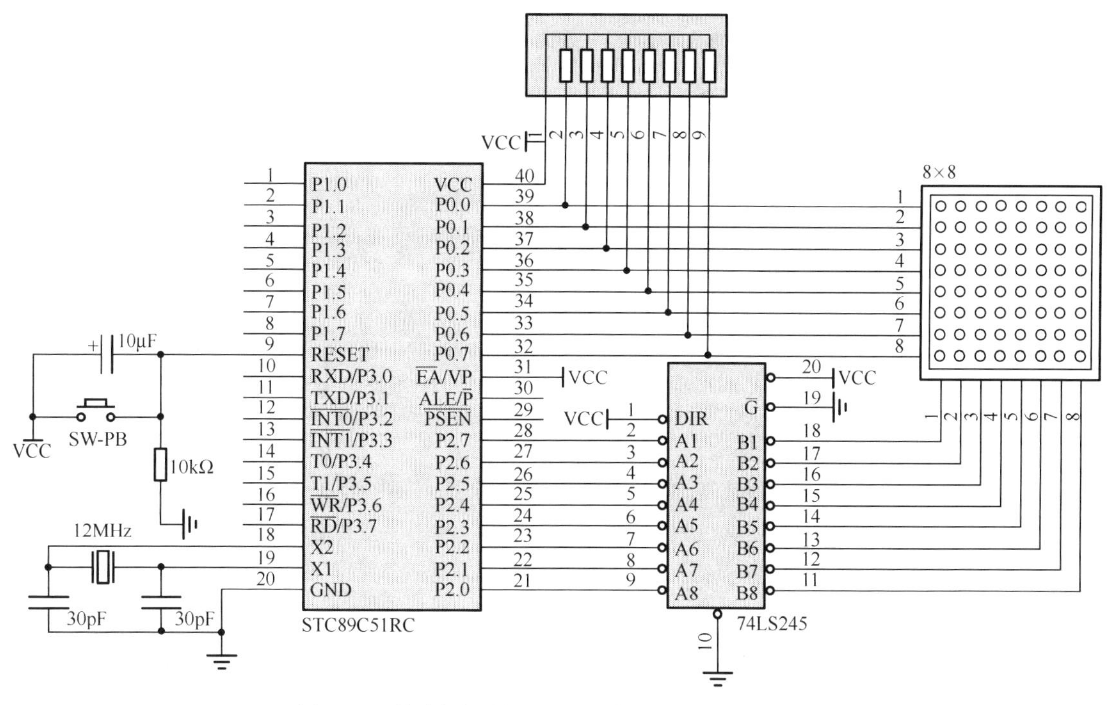

图 4-12 单片机控制 8×8 LED 点阵显示电路原理图

原理图说明：图中点阵屏行线信号由单片机 P0 口送出，列线信号由 P2 口送出，采用一片 74LS245 芯片驱动列线，使点阵屏有足够的亮度。

2）软件设计

编写 C51 控制源程序如下所示。

```
/**********************************************************************
        * @ File:    chapter 4_1.c
        * @ Function：8×8 LED 点阵显示
**********************************************************************/
    #include<reg52.h>
    #define uchar unsigned char
    #define uint unsigned int
    uchar num;
    uchar code Liedata[]={0x7f,0xbf,0xdf,0xef,0xf7,0xfb,0xfd,0xfe   };          //列选信号
    uchar code Hangdata[]={0x44,0x24,0x14,0x0f,0x14,0x24,0x44,0x00   };     //“大”字的行字形码
    void delayms(uint xms)                    //延时 xms 子函数
    {
        uint i,j;
        for(i=xms;i>0;i--)
            for(j=110;j>0;j--);
    }
    void main()
    {
```

```
        while(1)                                //大循环
        {
            for(num=0;num<8;num++)
            {
                P2=Liedata[num];                //选中一列
                P0=Hangdata[num];               //送行信号
                delayms(1);                     //延时约 1ms
            }
        }
}
```

3）程序编译、调试与仿真

打开 Keil 软件，建立工程，输入上述源程序并编译，同时生成 HEX 文件。

调用 Proteus 仿真软件，将生成的 HEX 文件装入单片机，调试、运行程序，观察仿真电路运行情况，其电路仿真结果如图 4-13 所示。

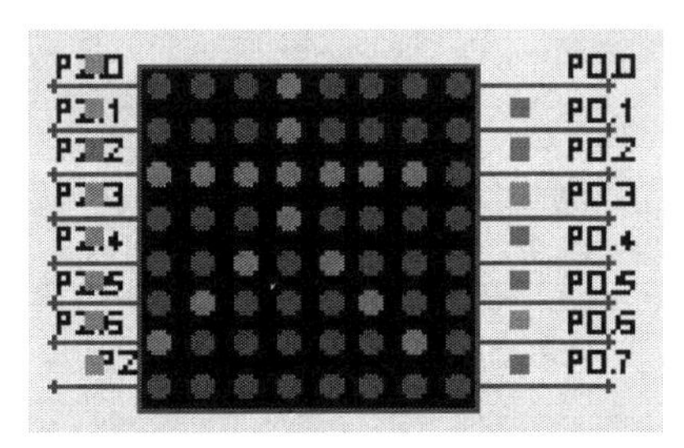

图 4-13 8×8 点阵显示“大”字仿真结果

4.4.2 16×16 LED 点阵屏显示

1．目的

（1）掌握 16×16 点阵显示原理与方法。

（2）进一步掌握 MCS-51 单片机通用 I/O 口的使用方法。

（3）掌握 LED 点阵屏静态和滚动显示字符或汉字的编程方法。

（4）进一步掌握硬件电路板焊接与调试方法。

2．任务

本项目要完成的任务是设计并制作一个 16×16 LED 点阵屏，使其静态或滚动显示字符或汉字。

3．任务引导

1）固定静态显示控制

由 16×16 点阵屏显示工作原理可知，要想在显示屏上显示一个固定的汉字，其控制方法与 8×8 点阵屏显示类似，只是由原来的 8 行×8 列改成 16 行×16 列的显示，可以采用先扫描上 8 行，再扫描下 8 行的逐列扫描方式显示，这里就不再赘述。

2）滚动显示控制

滚动显示要求需要显示的内容每隔一定时间向指定方向（以从右向左为例）移动一列，为此，需要在下次移动显示之前对显示缓冲区的内容进行更改，从而完成相应点阵数据的移位操作，具体操作方法如下。

（1）设置一个显示缓冲区。

该区应包括两部分：一部分用来保存当前 LED 显示屏上显示的汉字点阵数据；另一部分为点阵数据预装载区，用来保存即将进入 LED 显示屏的一个汉字的点阵数据。

（2）让滚动指针始终指向显示屏的最右边原点。

当滚动指针移动到需要显示的点阵数据存储区的第一个汉字的首地址时，显示缓冲区为空白，而预装载区已保存了第一个待显示汉字的点阵数据。

（3）移位控制。

当需要滚动显示时，可在接下来的扫描周期的每个行扫描中断处理程序中，将显示缓冲区的相应行点阵数据左移一位，同时更改显示缓冲区的内容。

注意：要确保该操作能在 1.25ms 的时间内完成，不然显示屏会闪烁。这样，在一个扫描周期后，整个汉字将左移一列，而显示缓冲区的内容也同时更改。由于预装载区保存了一个汉字点阵数据，即 16×16 点阵，所以当前显示缓冲区的内容只能移动 16 列。当下一个滚动到来时，滚动指针将移动到点阵数据存储区的下一个汉字的首地址，并在预装载区存入该汉字的点阵数据，然后重复执行上述操作便可实现滚动显示。

4．任务实施

1）硬件电路设计

单片机控制 16×16 LED 点阵显示电路如图 4-14 所示。

原理图说明：图中采用两片 74LS595 数据移位锁存器作为列驱动电路，采用两片 74LS373 锁存器作为行驱动电路，该显示屏可显示一个汉字。

2）软件设计

设计思路：

显示方式采用逐列扫描方式，设计三重循环控制。

最内层：用于控制每一屏显示图形字形码从列头到列尾逐列扫描一遍；

第二层：用于控制每一屏显示图形的显示时间——即滚动速度控制，该时间一定要大于人眼视觉的驻留时间，否则眼睛将无法辨识；

最外层：用于控制滚动显示屏数。

工作时，由单片机从缓冲区取出待显示的数据，先选通第一列要显示的点阵数据，保持一段时间后，再选通第二列要显示的点阵数据，保持一段时间后，接着选通第三列要显示的点阵数据，以此类推，直到 16 列都显示完。经刷新重复扫描延时一段时间后再进行下一个点阵数据的显示。需要注意的是，每次只能选通一列数据，即要通过不断地逐列扫描来实现汉字的显示，且每次显示一列，保持该列显示的时间为 1.25ms，这样整屏的刷新频率为 50Hz，显示屏才不会有闪烁感。

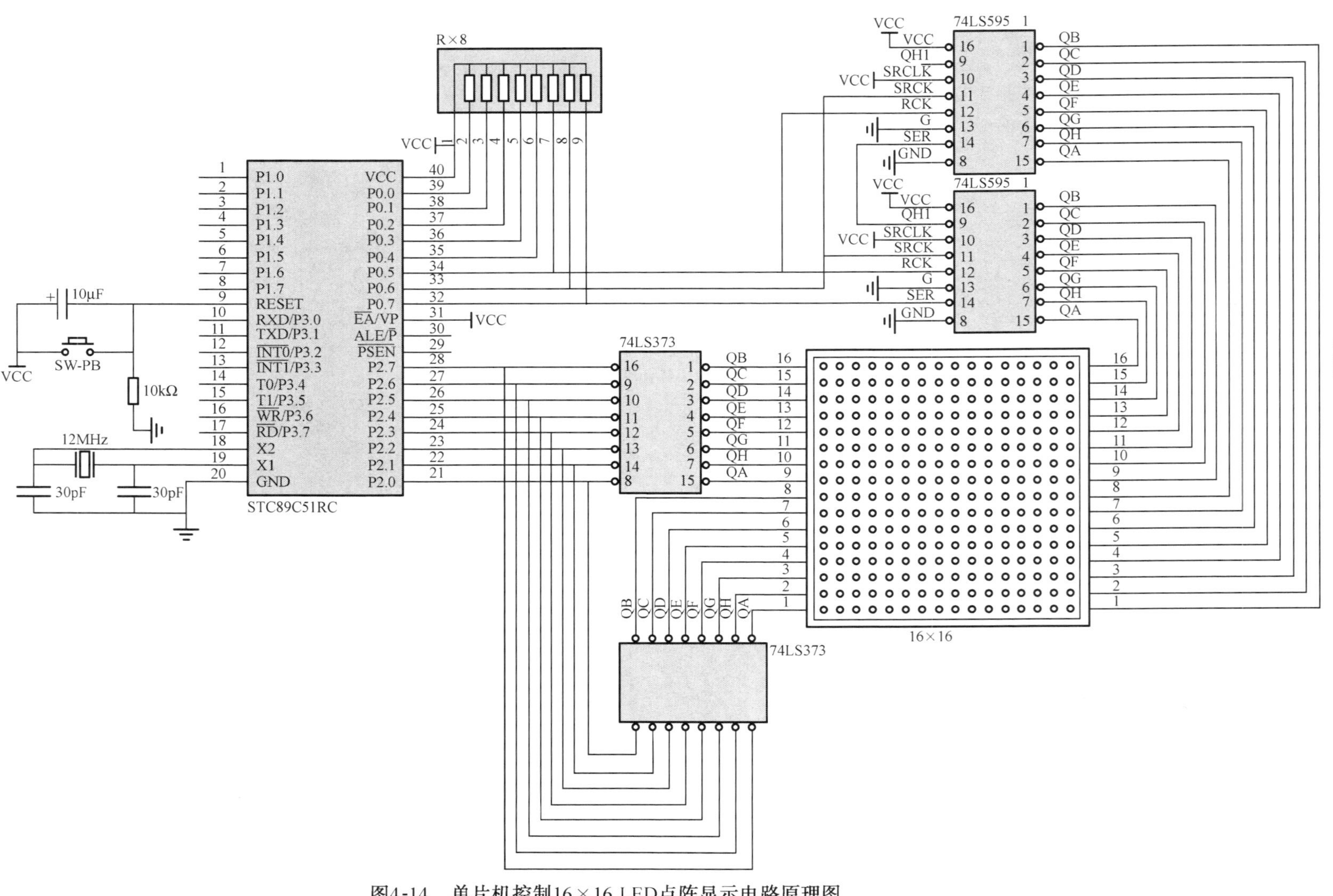

图4-14 单片机控制16×16 LED点阵显示电路原理图

编写 C51 控制源程序如下所示。

```
/***********************************************************************
        * @ File:     chapter 4_2.c
        * @ Function：16×16 LED 点阵显示
***********************************************************************/
    #include<reg52.h>                           //52 系列单片机头文件
    #include <stdio.h>                          //标准 I/O 库函数头文件
    #include <intrins.h>                        //单片机内部函数头文件
    void SwitchLieInform(void);                 //函数声明
    #define uchar unsigned char                 //宏定义
    #define uint unsigned int
    uint iix,Times;                             //定义字节数、序号变量
    uchar MoveSpeed,LieNums;                    //定义速度、列位变量
    //sbit LS595A=P2^4;                         //上片锁存器使能
    //sbit LS595B=P2^5;                         //下片锁存器使能
    #define HangDatas P2                        //行信号输出
    sbit LS373A = P0^3;                         //上 8 行数据选通端
    sbit LS373B = P0^4;                         //下 8 行数据选通端
    sbit LS595DS = P0^2;                        //数据输入端
    sbit LS595DatasLock = P0^1;                 //数据锁存端
    sbit LS595DatasShift = P0^0;                //数据移位端
    //sbit LS595SRCLR = P2^5;                   //移位寄存器清零端（低电平清零）
    static uchar code *pointer_Hangdata;        //静态变量
    uchar code Hangdata[][16]={
    {0x02,0x00,0x02,0x04,0x42,0x0E,0x42,0x14,0x42,0x24,0x42,0xC4,0x43,0x04,0x42,0x04},
    {0x42,0x04,0x42,0x24,0x42,0x14,0x42,0x0C,0x42,0x07,0x02,0x00,0x02,0x00,0x00,0x00},/*"云",0*/
    };
    void delayms(uint xms)                      //xms 级延时函数
    {
        uint i,j;
        for(i=xms;i>0;i--)
            for(j=110;j>0;j--);
    }
    void Left_Disp(void)                        //左移显示函数
    {
        for(iix = 0;iix < sizeof(Hangdata) - 16;iix++)//屏数控制
        {
            for(MoveSpeed = 0;MoveSpeed < 100;MoveSpeed++ ) //移动速度控制
            {
                pointer_Hangdata = Hangdata[0];
                pointer_Hangdata += iix;
                for(LieNums =0; LieNums <16; LieNums ++ )   //每屏 16 列
```

```
                {
                    P2= LieNums;                    //选中一列有效
                    LS595DS =*pointer_Hangdata ++;//上 8 行数据有效
                    LS595DatasShift = 0;            //数据移位
                    LS595DatasShift = 1;
                    LS595DatasShift = 0;
                    LS595DatasLock = 0;             //数据锁存
                    LS595DatasLock = 1;
                    LS595DatasLock = 0;
                    LS595DS =*pointer_Hangdata ++;//上 8 行数据有效
                    LS595DatasShift = 0;            //数据移位
                    LS595DatasShift = 1;
                    LS595DatasShift = 0;
                    LS595DatasLock = 0;             //数据锁存
                    LS595DatasLock = 1;
                    LS595DatasLock = 0;
                    delayms(1);                     //每列保持时间
                }
            }
        }
}
void StaticDisplay(uint DispTimesLen)               //显示函数
{
    uint      LieNums;
    static    uchar code *pDptr;
    while(DispTimesLen--)
    {
        pDptr = &Hangdata[0][0];
        for(LieNums = 0;LieNums < 64;LieNums ++ )
        {
            HangDatas = *pDptr++;                   //上 8 行数据
            LS373A = 1;
            LS373A = 0;
            HangDatas = *pDptr++;                   //下 8 行数据
            LS373B = 1;
            LS373B = 0;
            SwitchLieInform();                      //列选信号
            delayms(2);
        }
    }
}
void SwitchLieInform(void)
```

```
    {
        LS595DS = 1;                            //列选
        LS595DatasShift = 0;                    //数据移位
        LS595DatasShift = 1;
        LS595DatasShift = 0;
        LS595DatasLock = 0;                     //数据锁存
        LS595DatasLock =1;
        LS595DatasLock = 0;
        return;
    }
    main()
    {
        while(1)
        {
            StaticDisplay(16);                  //调显示函数
        }
}
```

3）程序编译调试

打开 Keil 软件，建立工程，输入上述源程序并编译生成 HEX 文件。

调用 Proteus 仿真软件，观察仿真电路运行情况，其电路仿真结果如图 4-15 所示。

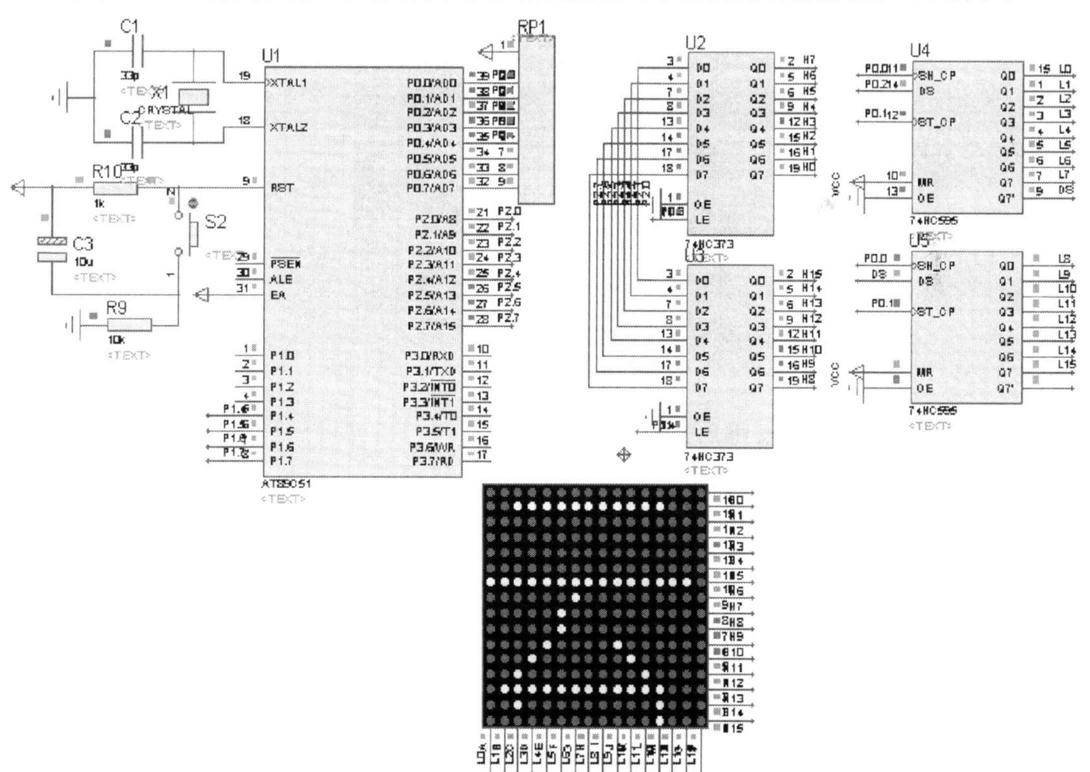

图 4-15　16×16 LED 点阵仿真结果

5. 电路板制作与测试

1）元器件清单

根据设计好的电路原理图 4-14，列出元器件清单如表 4-9 所示。

表 4-9 16×16 LED 点阵显示电路元器件清单

元件名称	参数	数量	元件名称	参数	数量
IC 插座	DIP-40	1	74LS595		2
IC 插座	DIP-20	2	74LS373		2
IC 插座	DIP-16	2	电解电容	10μF	1
单片机	STC89C51RC	1	电阻	10kΩ	3
晶振	12MHz	1	弹性按键		1
瓷片电容	30pF	2	排阻	102	1
16×16 点阵屏		1	万能板		1

2）焊接电路板、下载 HEX 文件并排查故障

方法：采用与 2.7.3 小节流水灯控制项目相同的方法与步骤操作。

3）电路板上电显示

软硬件都检查无误，电路板上电即可观察到显示情况。

图 4-16 是单片机控制 16×16 LED 点阵屏实物显示效果图。

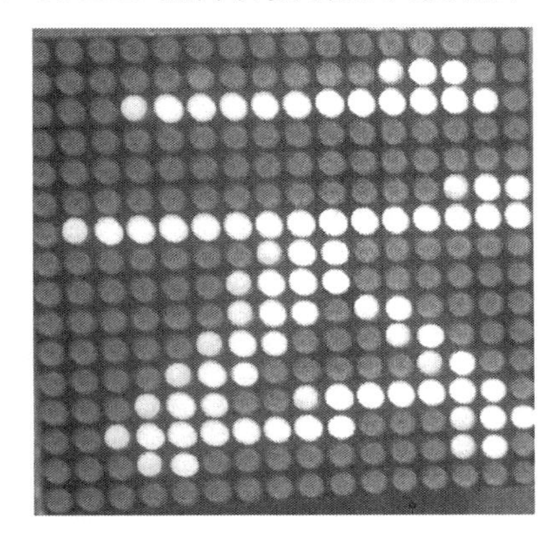

图 4-16 单片机控制 16×16 LED 点阵屏实物显示效果

4.4.3 LCD 1602 液晶屏显示

1. 目的

（1）熟悉 LCD 1602 液晶模块的引脚。

（2）掌握 LCD 1602 液晶模块与单片机的接口。

（3）掌握 LCD 1602 初始化及编程方法。

2. 任务

本项目要完成的任务是设计并制作一个 LCD 1602 液晶显示屏，使其能固定显示两行信息。

第一行显示：I LOVE MCU!

第二行显示：WWW.YNMEC.COM

3. 任务引导

由 LCD 1602 液晶工作原理和时序可知，要在 LCD 1602 屏幕上显示两行信息，首先需要对 LCD 1602 液晶模块进行初始化设置，然后进行写命令和写数据操作，操作可通过编写三个子函数来完成，即 LCD 1602 初始化子函数、写命令子函数和写数据子函数。

4. 任务实施

1）硬件电路设计

单片机控制 LCD 1602 液晶接口电路如图 4-17 所示。

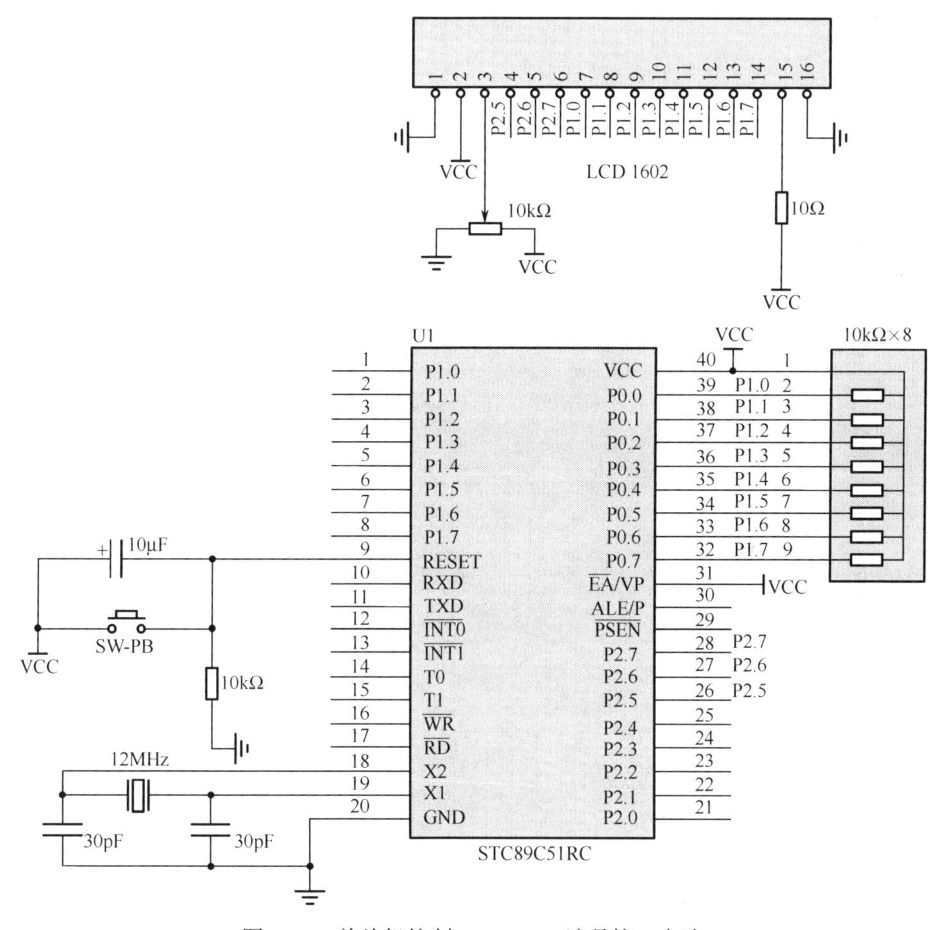

图 4-17 单片机控制 LCD 1602 液晶接口电路

原理图说明：LCD 1602 的第 4、5、6 引脚分别与单片机的 P2.5～P2.7 口相连，LCD 1602 的第 7～14 引脚与单片机的 P1 口连接。

2）软件设计

编写 C51 控制源程序如下所示。

```
/************************************************************************
         * @ File:     chapter 4_3.c
```

```
        * @ Function：LCD1602 液晶屏显示两行信息
****************************************************************************/
    #include<reg52.h>
    #define uchar unsigned char
    #define uint unsigned int
    uchar code table1[]="I LOVE MCU!";              //第一行显示的字符
    uchar code table2[]="WWW.YNMEC.COM";    //第二行显示的字符
    sbit RS=P2^5;                                   //单片机端口定义
    sbit RW=P2^6;
    sbit E=P2^7;
    uchar num;
    void delay(uint xms)                            //延时子函数
    {
        uint i,j;
        for(i=xms;i>0;i--)
            for(j=125;j>0;j--);
    }
    void write_com(uchar com)                       //写命令子函数
    {
        RS=0;                                       //写命令
        RW=0;                                       //写模式
        P0=com;                                     //将命令字送到数据线上
        delay(5);                                   //稍延时
        E=1;                                        //给E一个高脉冲将命令字送入液晶控制器，完成写操作
        delay(5);
        E=0;
    }
    void write_data(uchar date)                     //写数据子函数
    {
        RS=1;                                       //写数据
        RW=0;                                       //写模式
        P0 = date;                                  //将要写的数据送到数据线上
        delay(5);                                   //稍延时
        E=1;                                        //给E一个高脉冲将数据送入液晶控制器，完成写操作
        delay(5);
        E=0;
    }
    void LCD1602_init()                             //LCD1602 初始化设置
    {
        E=0;
        write_com(0x38);                            //设置8位数据接口，16×2显示，5×7点阵
        write_com(0x0c);                            //设置开显示，光标不显示
        write_com(0x06);                            //写一个字符后地址指针自动加上
        write_com(0x01);                            //清屏，数据指针清零
```

```
}
void main()
{
    LCD1602_init();
    write_com(0x80);                       //数据指针定位在第一行第一个字符处
    for(num=0;num<11;num++)                //写第一行要显示的信息
    {
        write_data(table1[num]);
        delay(5);                  //每两个字符间稍延时，可根据实际测试情况自行调节延时时间
    }
    write_com(0x80+0x40);                  //数据指针定位在第二行第一个字符处
    for(num=0;num<13;num++)                //写第二行要显示的信息
    {
        write_data(table2[num]);
        delay(5);
    }
    while(1);
}
```

3）程序编译、调试与仿真

打开 Keil 软件，建立工程，输入上述源程序并编译生成 HEX 文件。

调用 Proteus 仿真软件，在仿真电路图上调试、运行源程序，其仿真结果如图 4-18 所示。

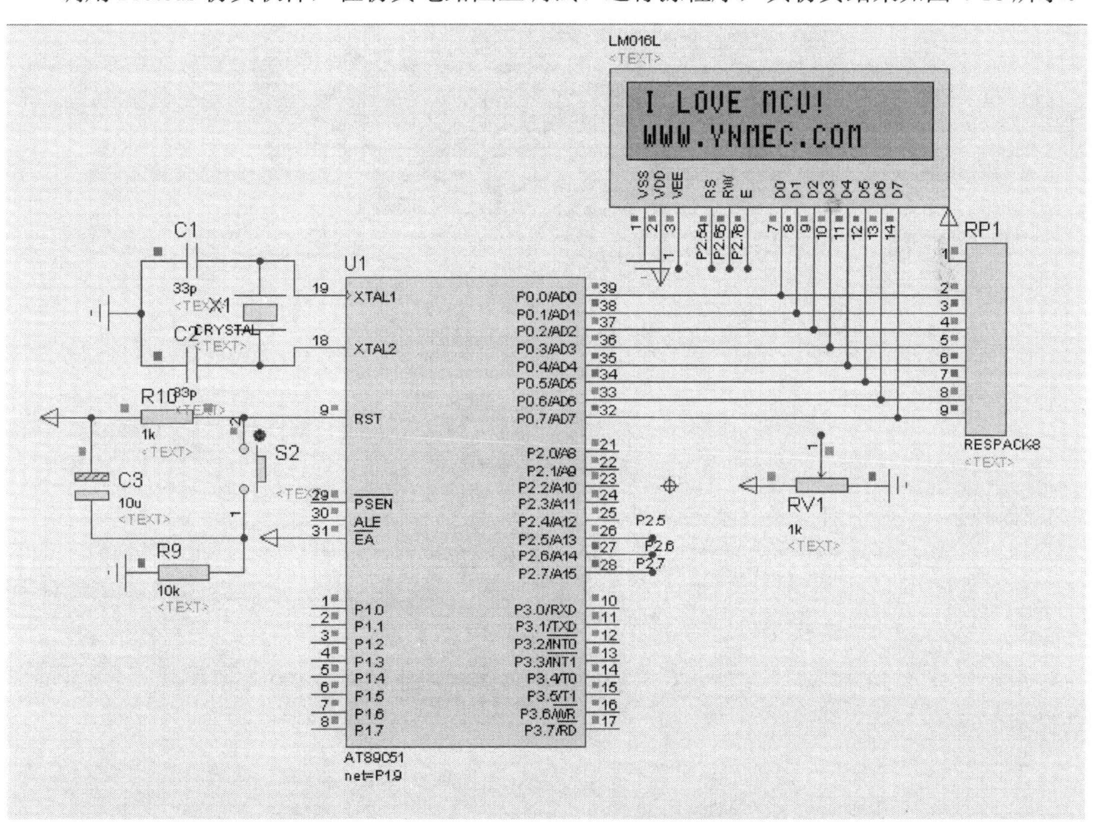

图 4-18　LCD 1602 液晶仿真结果

5．电路板制作与测试

1）元器件清单

根据设计好的电路原理图 4-17，列出元器件清单如表 4-10 所示。

表 4-10　LCD 1602 显示屏电路元器件清单

元件名称	参　数	数　量	元件名称	参　数	数　量
IC 插座	DIP-40	1	电解电容	10μF	1
单片机	STC89C51RC	1	电阻	10Ω	1
晶振	12MHz	1	弹性按键		1
瓷片电容	30pF	2	排阻	103	1
电阻	10kΩ	1	电位器	10kΩ	1
		1	万能板		1

2）焊接电路板、下载 HEX 文件并排查故障

方法：采用与 2.7.3 小节流水灯控制项目相同的方法与步骤操作。

3）电路板上电显示

软硬件都检查无误，电路板上电即可观察到电路板显示情况。

图 4-19 是单片机控制 LCD 1602 液晶屏实物实际显示效果图。

图 4-19　单片机控制 LCD 1602 液晶屏实际显示效果

4.4.4　LCD 1602 液晶屏滚动显示

1．目的

（1）进一步掌握 MCS-51 单片机通用 I/O 口的使用方法。

（2）进一步加深对液晶显示的认识。

（3）掌握 LCD 1602 液晶屏实现滚动显示的编程方法。

2．任务

本项目要完成的任务是在 4.4.3 小节训练项目的基础上，使 LCD 1602 液晶屏能实现滚动显示信息。

第一行从右侧移入显示：Hello everyone !

第二行从右侧移入显示：Welcome to here!

移入速度自定，最后文字信息停留在显示屏幕上。

3．任务引导

由 LCD 1602 液晶工作原理可知，要使其能实现滚动显示，必须通过移屏指令将要显示的字符移入到 LCD 1602 液晶可显示区域才能显示出全部要显示的信息。

4．任务实施

1）硬件电路设计

硬件电路同图 4-16。

2）软件设计

编写 C51 控制源程序如下所示。

```
/*********************************************************************
        * @ File:     chapter 4_4.c
        * @ Function：LCD1602 液晶屏滚动显示两行信息
*********************************************************************/
    #include<reg52.h>
    #define uchar unsigned char
    #define uint unsigned int
    uchar code table1[]="Hello everyone!";      //第一行显示的字符
    uchar code table2[]="Welcome to here!";  //第二行显示的字符
    sbit RS=P2^5;                             //单片机端口定义
    sbit RW=P2^6;
    sbit E=P2^7;
    uchar num;
    void delay(uint xms)                      //延时子函数
    {
        uint i,j;
        for(i=xms;i>0;i--)
            for(j=125;j>0;j--);
    }
    void write_com(uchar com)                 //写命令子函数
    {
        RS=0;
        RW=0;
        P0 =com;
        delay(5);
        E=1;
        delay(5);
        E=0;
    }
    void write_data(uchar date)               //写数据子函数
```

```
{
    RS=1;
    RW=0;
    P0 =date;
    delay(5);
    E=1;
    delay(5);
    E=0;
}
void LCD1602_init()                        //LCD 1602 初始化设置
{
    E=0;
    write_com(0x38);
    write_com(0x0c);
    write_com(0x06);
    write_com(0x01);
}
void main()
{
    LCD1602_init();
    write_com(0x80+0x10);                  //数据指针定位在第一行非显示区域地址处
    for(num=0;num<15;num++)
    {
        write_data(table1[num]);           //写第一行要显示的字
        delay(5);
    }
    write_com(0x80+0x50);                  //数据指针定位在第二行非显示区域地址处
    for(num=0;num<16;num++)
    {
        write_data(table2[num]);           //写第二行要显示的字
        delay(5);
    }
    for(num=0;num<16;num++)
    {
        write_com(0x18);                   //整屏左移，每 200ms 移动一个地址，移动 16 个地址后
                                           //将要显示的数据全部移入液晶可显示区域
        delay(200);
    }
    while(1);
}
```

3）程序编译调试

打开 Keil 软件，建立工程，输入上述源程序并编译生成 HEX 文件。

调用 Proteus 仿真软件，观察仿真电路运行情况。

5. 下载 HEX 文件并显示

打开 STC-ISP 下载软件将 HEX 文件下载至已做好的 LCD 1602 电路板中，然后给电路板上电，观察电路板显示情况。

4.5　小结

本项目主要介绍了单片机与 LED 点阵屏和单片机与 LCD 液晶显示屏的接口应用。

通过 8×8 LED 点阵屏、16×16 LED 点阵屏和 LCD 1602 液晶显示屏的设计与制作，读者能够逐步熟悉 LED 点阵屏和 LCD 液晶显示屏在单片机接口电路中的实际应用和编程方法，初步掌握 LED 和 LCD 显示屏的常用显示控制方法。

4.6　练习题

1. 如何设计并制作出能显示两个或四个汉字的 16×32 点阵屏，同时能实现 Proteus 仿真？

2. 要求在 LCD 1602 液晶显示屏上实现以下功能：

第一行显示“Hello everyone!”，然后清屏；

第二行显示“Welcome to here !”，然后清屏；

紧接着在第一行显示“I LOVE MCU !”，然后清屏；

最后在第二行上显示“WWW.YNMEC.COM”，最后停留在显示屏幕上。

3. 试设计一个控制电路，要求在 8×8 LED 点阵屏上每隔 1s 滚动显示数字 0～9。

4. 试设计一个控制电路，在 8×8 LED 点阵屏上，以一列为一根竖柱，以一行为一根横柱，要求显示柱形。即让 8×8 LED 点阵屏先从左到右平滑移动三次，其次从右到左平滑移动三次，再次从上到下平滑移动三次，最后从下到上平滑移动三次，如此循环下去。

5. 试设计一个控制电路，在 8×8 点阵 LED 屏上显示“★”、“●”和心形图，通过一个按键来选择要显示的三种图形。

项目 5　键盘接口技术

5.1　学习情境

键盘是单片机应用系统中人机交互不可缺少的输入设备。

本项目教你如何使用键盘实现人机交互功能。为此，读者需要了解键盘的结构与工作原理，需要掌握如何检测键盘、如何消除键盘抖动、如何识别键盘编码；同时要掌握 C51 程序中带返回值函数的写法及应用。

5.2　键盘

键盘由一组规则排列的按键组成，一个按键实际上是一个开关元件。在单片机外围电路中，通常用到的按键是机械触点式弹性开关，其主要功能是把机械上的通断转换为电气上的逻辑关系（1 和 0）。当开关闭合（0）时，线路导通；开关断开（1）时，线路断开。常见的键盘有独立式键盘和矩阵式键盘两种。

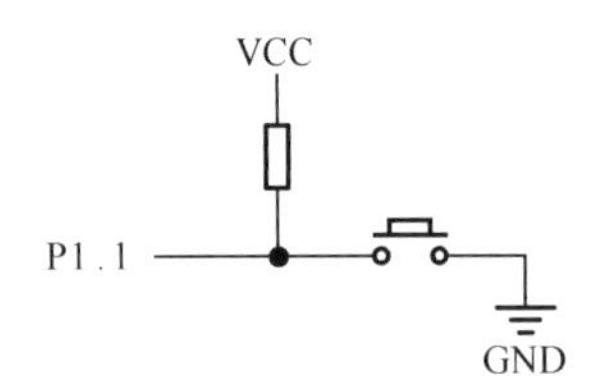

图 5-1　键盘开关的结构

键盘实际上是一组按键开关的集合，平时按键开关总是处于断开状态，当按下键时它才闭合，其结构如图 5-1 所示。

5.2.1　独立式键盘

1. 独立式键盘结构

独立式键盘结构如图 5-2 所示，其特点是每个按键单独占用一根 I/O 口线，每个按键工作不会影响其他 I/O 口线的状态，多用于所需键盘不多的场合。

2. 按键触点的机械抖动

机械式按键在按下或释放时，由于机械弹性作用的影响，通常伴随有一定时间的触点机械抖动，然后其触点才稳定下来。其抖动过程如图 5-3 所示，抖动时间的长短与开关的机械特性有关，一般为 5～10ms。

在触点抖动期间检测按键的通与断状态，可能会导致判断出错，即按键被按下或释放一次会被错误地认为是多次操作。系统设计中开关脉冲要作为外部中断触发信号或要对开关脉冲进行计数，误判是不允许出现的。

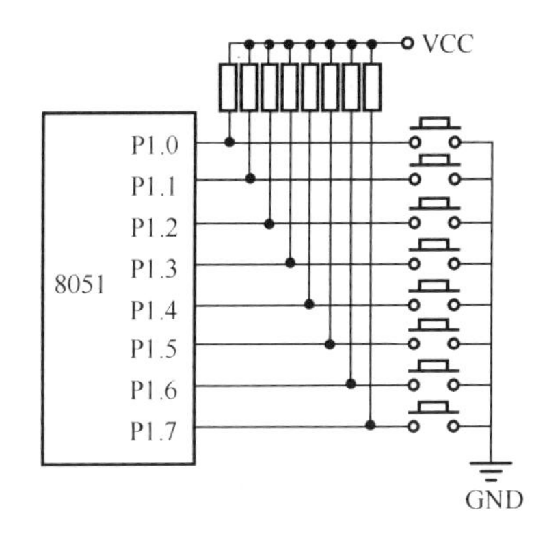

图 5-2　独立式按键结构

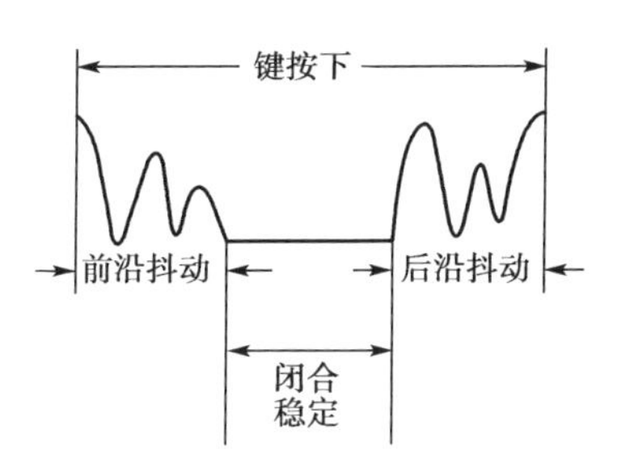

图 5-3　机械抖动

3. 消抖方法

为了克服按键触点机械抖动所致的检测误判，必须采取去抖动措施，可从硬件、软件两方面予以考虑。在键数较少时，可采用硬件消抖；而当键数较多时，采用软件消抖。

（1）硬件消抖：硬件消抖可采用在按键输出端加 R-S 触发器（双稳态触发器）或单稳态触发器构成去抖动电路。如图 5-4 所示是一种由 R-S 触发器构成的去抖动电路，当触发器翻转时，触点抖动不会对其产生任何影响。键盘输出经双稳态电路之后变为规范的矩形方波。

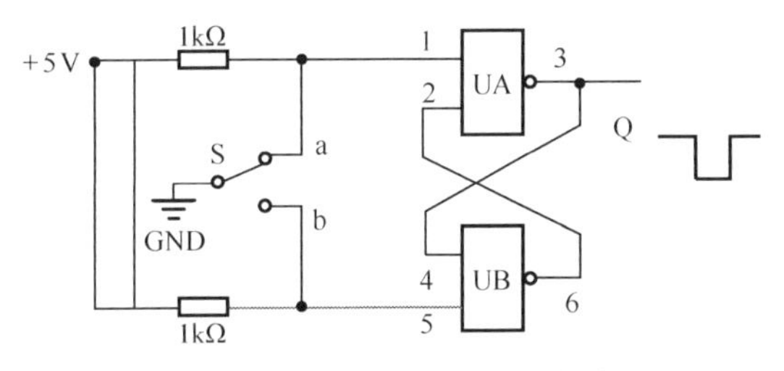

图 5-4　R-S 触发器去抖动电路

（2）软件消抖：软件上采取的措施是在检测到有按键被按下时，执行一个 10～20ms 左右（具体时间应视所使用的按键进行调整）的延时程序，再确认该键是否仍保持闭合状态电平，若仍保持闭合状态电平，则确认该键处于闭合状态；同理，在检测到该键释放后，也应采用相同的步骤进行确认，从而消除抖动的影响。

5.2.2　矩阵式键盘

1. 矩阵式键盘结构

在单片机系统中，若使用按键较多时，通常采用矩阵式键盘，其结构如图 5-5 所示。

由图可知，一个 4×4 的行、列结构，可以构成一个含有 16 个按键的键盘，节省了很多 I/O 口。

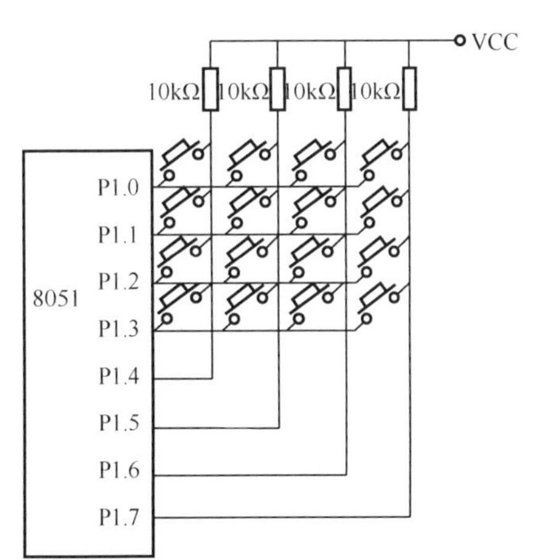

图 5-5　矩阵式键盘结构

2. 键码识别

矩阵式键盘结构比独立式键盘要复杂，识别也要复杂一些，最常用的识别方法是键盘扫描法。它的控制方式是先判断是否有键按下，如有，再判断哪一键按下，并得到键码值，然后根据键码值转向不同的功能程序。下面以图 5-4 为例说明其操作步骤。

1）判别键盘上有无键闭合

其方法为：P1.0～P1.3 输出 0，然后读 P1 口，若高 4 位 P1.4～P1.7 全为 1，则键盘上没有闭合键，若 P1.4～P1.7 不全为 1，则有键处于闭合状态。

2）去除键的机械抖动

其方法为：当判别出键盘上有键闭合后，延时一段时间（通常约为 10～20ms）再判别键盘的状态，若仍有键闭合，则认为键盘上有一个键处于稳定的闭合状态，否则认为键抖动。

3）判别闭合键的键号

其方法为：对键盘的行线进行扫描，P1.3～P1.0 依次循环输出 1110、1101、1011 和 0111，相应地读 P1 口，若高 4 位 P1.7～P1.4 全为 1，则说明该行上没有键闭合；否则，这一行上有键闭合，而且就是行线为 0，列线为 0 的交叉键。高 4 位和低 4 位合并即得到键码值。

例如，当 P1.3～P1.0 输出为 1110，读入 P1.7～P1.4 为 1101，即不全为 1 时，说明有键按下，哪一个键呢？显然是 P1.0 与 P1.5 交叉的键。将高 4 位和低 4 位合并后的值为 11011110，也就是该键的键码值，以此类推可得各键的键码值。

4）等待按键释放

CPU 对按键的一次闭合仅做一次处理，即从闭合到松手为一次完整的处理过程，其方法是等待闭合键释放以后再做下一步的处理。

5.3 训练项目

5.3.1 简易数字调节器

1. 目的

（1）了解独立式键盘的结构与工作原理。
（2）掌握按键的检测与软件消抖方法。
（3）学会通过独立式按键操作设置参数的编程方法。

2. 任务

本项目要完成的任务是设计一个简易数字调节器，用两位数码管显示数值，变化范围为 00～59。开始时显示 00，每按下 key1 键一次，数值加 1；每按下 key2 键一次，数值减 1；每按下 key3 键一次，数值归零；按下 key4 键一次，利用定时器功能使数值开始自动每秒加 1；再次按下 key4 键，数值停止自动加 1，保持原来的数。key1～key4 键均采用独立式按键。

3. 任务引导

由独立式键盘工作原理可知，要通过 4 个按键实现不同的数字显示，只需要依次检测

key1～key4 键是否有键按下，若有，延时 10～20ms 消抖后再判断是否有键按下，若确认有，再转去执行相应的按键动作。

4．任务实施

1）硬件电路设计

简易数字调节器电路如图 5-6 所示。

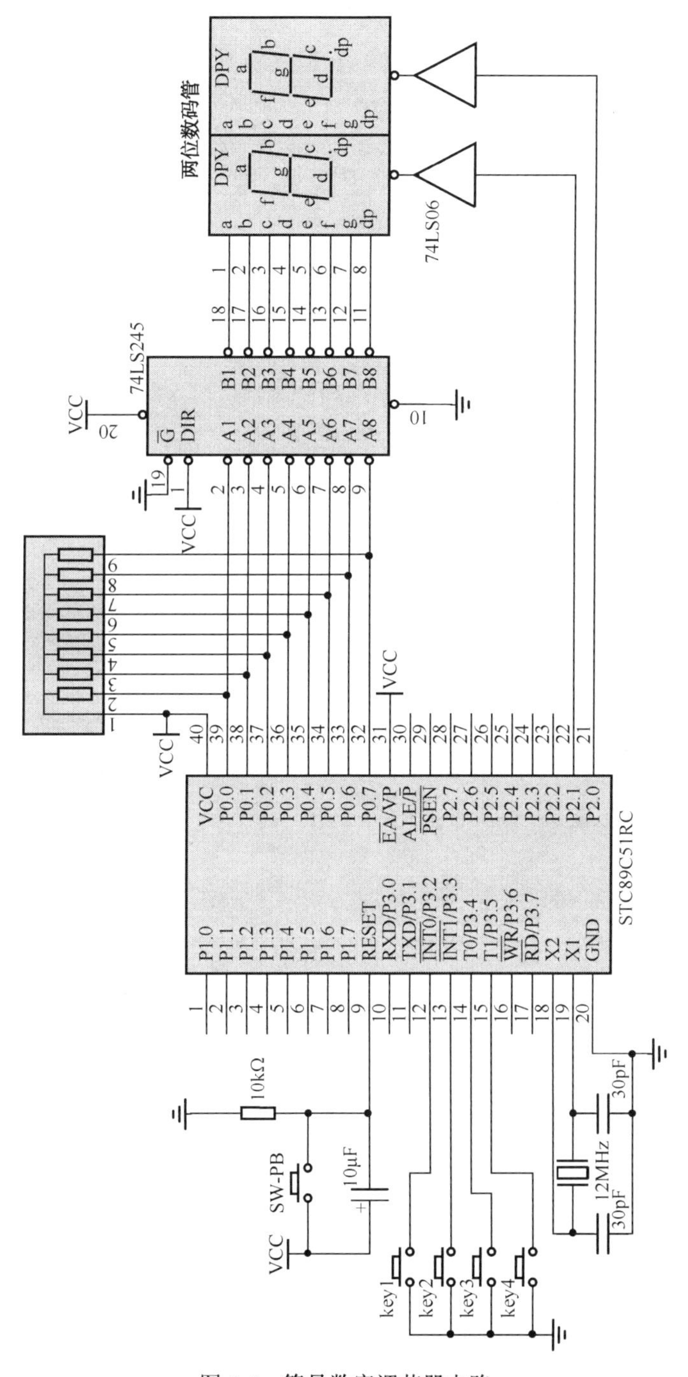

图 5-6　简易数字调节器电路

原理图说明：单片机的 P0 口经 74LS245 芯片驱动后与两个数码管的 a～dp 段相连，P2 口的 P2.0、P2.1 经 74LS06 芯片驱动后分别接数码管的公共端 COM1、COM2，P3 口的 P3.2～P3.5 分别接 4 个按键 key1～key4，数码管采用共阳极管。

2）软件设计

编写 C51 控制源程序如下所示。

```
/*****************************************************************************
        * @ File:    chapter 5_1.c
        * @ Function：简易数字调节器
*****************************************************************************/
    #include<reg52.h>                          //52 系列单片机头文件
    #include <stdio.h>                         //标准 I/O 库函数头文件
    #define uchar unsigned char                //宏定义
    #define uint unsigned int
    uchar code BitTab[] ={0x7F,0xBF,0xDF,0xEF,0xF7,0xFB,0xFD,0xFE};//8 字节位选码
    uchar code table[]={0xC0,0xF9,0xA4,0xB0,0x99,0x92,0x82,0xF8,
    0x80,0x90,0x88,0x83,0xC6,0xA1,0x86,0x8E,0xFF};//共阳极 0～F 字段码
    sbit key1=P3^2;                            //定义按键
    sbit key2=P3^3;
    sbit key3=P3^4;
    sbit key4=P3^5;
    uchar numt0,num;
    void delayms(uint xms)                     // xms 延时函数
    {
        uint i,j;
        for(i=xms;i>0;i--)
            for(j=110;j>0;j--);
    }
    void display(uchar numdis)                 //显示子函数
    {
            uchar shi,ge;                      //将要显示的两位数分离成十位、个位
            shi=numdis/10;                     //十位数
            ge=numdis%10;                      //个位数
            P0 =table[shi];                    //送十位数段选码
            P2=0x02;                           //送位选
            delayms(5);                        //延时
            P2=0x00;                           //消隐
            P0=table[ge];                      //送个位数段选码
            P2=0x01;                           //送位选
            delayms(5);                        //延时
            P2=0x00;                           //消隐
```

```
}
void  T0_init()                          //定时器T0初始化函数
{
    TMOD=0x01;                           //设置定时器T0为工作方式1（0000 0001）
    TH0=(65536-50000)/256;               //装初值50ms中断一次
    TL0=(65536-50000)%256;
    EA=1;                                //开总中断
    ET0=1;                               //开定时器0中断
}
void keyscan()                           //键盘扫描子函数
{
    if(key1= =0)
    {
        delayms(10);                     //消抖
        if(key1= =0)
        {
            num++;                       //数值加1
            if(num= =60)                 //当到60时重新归0
            num=0;
            while(!key1);                //等待按键释放
    }
}
if(key2= =0)
{
    delayms(10);                         //消抖
    if(key2= =0)
    {
        if(num= =0)                      //当到0时重新归60
        num=60;
        num--;                           //数值减1
        while(!key2);
    }
}
if(key3= =0)
{
    delayms(10);                         //消抖
    if(key3= =0)
    {
        num=0;                           //数值归0
        while(!key3);
```

```
            }
        }
        if(key4= =0)
        {
            delayms(10);                        //消抖
            if(key4= =0)
            {
                while(!key4);                   //等待按键释放
                TR0=~TR0;                       //启动或停止定时器 T0
            }
        }
}
void main()
{
    T0_init();
    while(1)
    {
        keyscan();
        display(num);
    }
}
void  T0_time()  interrupt 1                    //T0 中断服务函数
{
    TH0=(65536-50000)/256;                      //重装初值
    TL0=(65536-50000)%256;
    numt0++;
    if(numt0= =20)                              //如果中断次数为 20，说明 1s 时间到
    {
        numt0=0;                                // numt0 清零，重新再计 20 次
        num++;
        if(num= =60)
        num=0;
    }
}
```

3）程序编译、调试与仿真

打开 Keil 软件，建立工程，输入上述源程序并编译生成 HEX 文件。

调用 Proteus 仿真软件，分别按下按键 key1～key4，观察仿真电路运行情况，其电路仿真结果如图 5-7 所示。

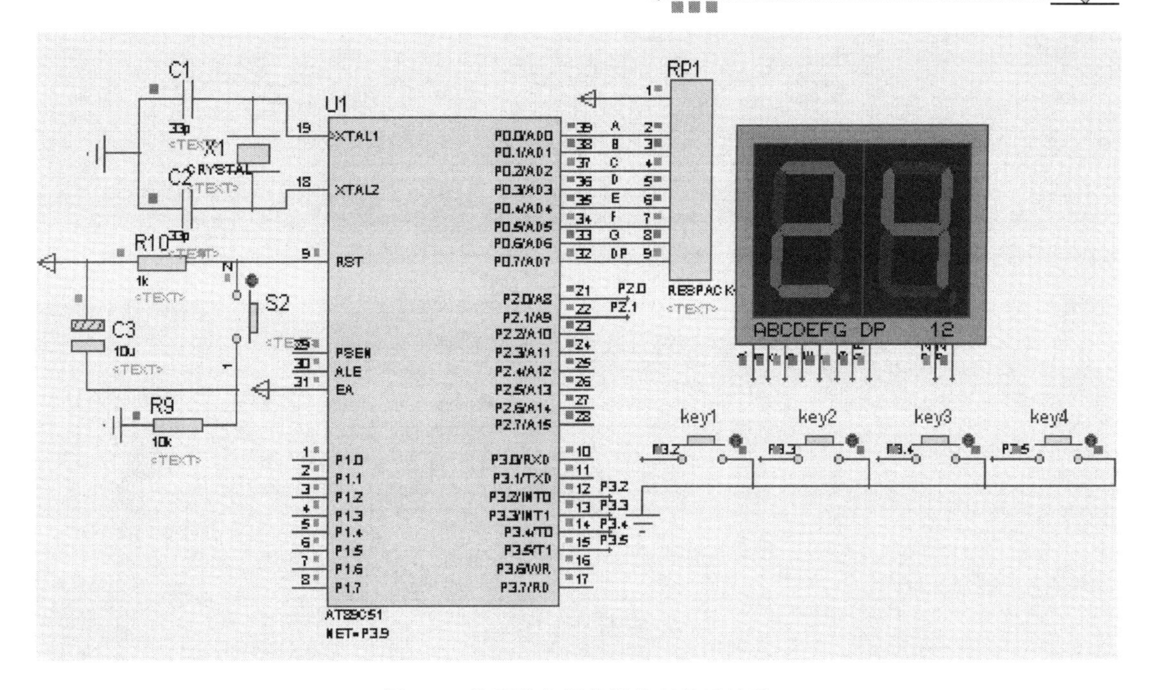

图 5-7　简易数字调节器仿真显示结果

5.3.2　一键多功能控制

1．目的

（1）进一步掌握按键的检测与软件消抖方法。

（2）学会一键多功能控制程序流程的编程方法。

2．任务

本项目要完成的任务是采用一个按键实现 LED 灯多花样显示：按下按键一次，左移；按下按键两次，右移；按下按键三次，闪烁；按下按键四次，跑马灯。

3．任务引导

由独立式键盘工作原理可知，要通过一个按键实现 LED 灯不同的显示效果，只需不断检测是否有键按下。若有，延时消抖后再判断是否有键按下；若确认有，记下按键次数，根据记录下的按键次数转去执行相应的功能程序。

4．任务实施

1）硬件电路设计

一键控制彩灯多功能显示电路如图 5-8 所示。

原理图说明：单片机的 P1 口与 8 个发光二极管（接成共阳极形式）相连，P3 口的 P3.2 与按键 key1 相连。

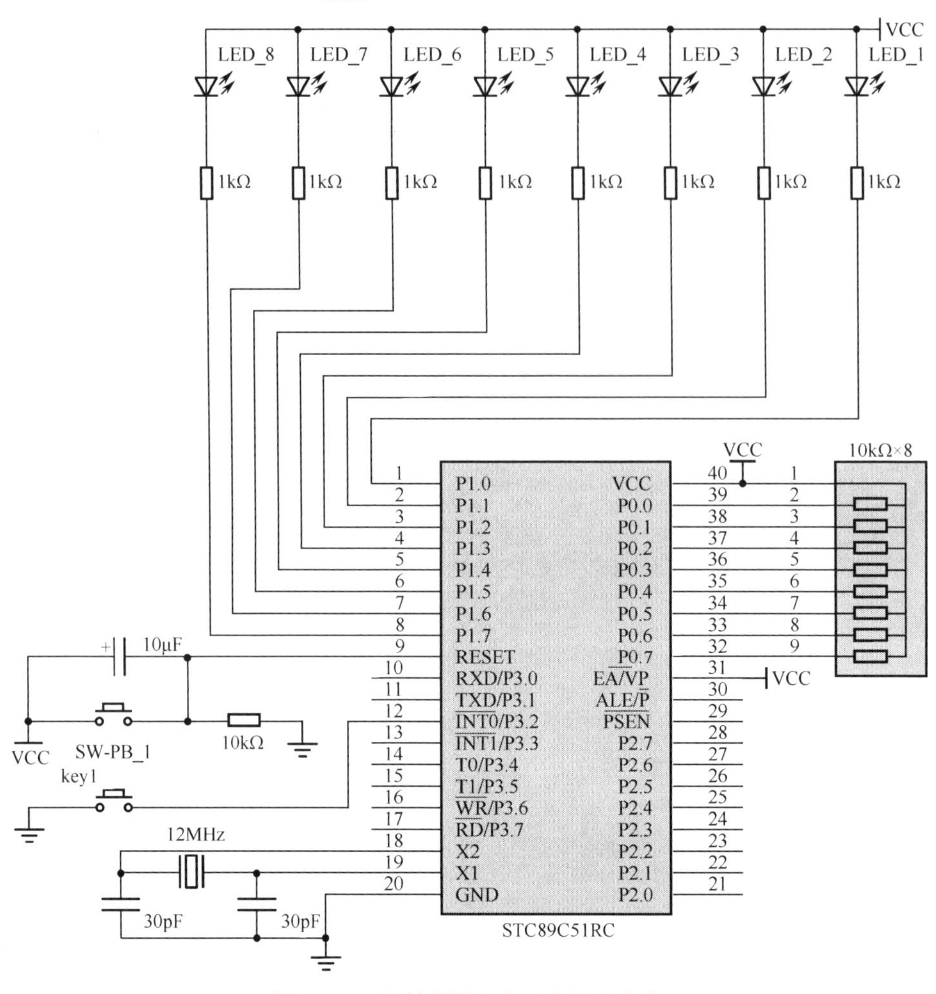

图 5-8 一键控制彩灯多功能显示电路

2）软件设计

（1）程序流程图。

一键控制彩灯多功能显示程序流程如图 5-9 所示。

（2）编写 C51 控制源程序。

C51 控制源程序如下所示。

```
/*******************************************************************
        * @ File:    chapter 5_2.c
        * @ Function：一键控制彩灯多功能显示
*******************************************************************/
    #include<reg52.h>                              //52 系列单片机头文件
    #include <stdio.h>                             //标准 I/O 库函数头文件
    #define uchar unsigned char
    #define uint unsigned int
    sbit Key=P3^2;                                 //定义按键
    /*-----------------------定义显示花样-----------------------*/
```

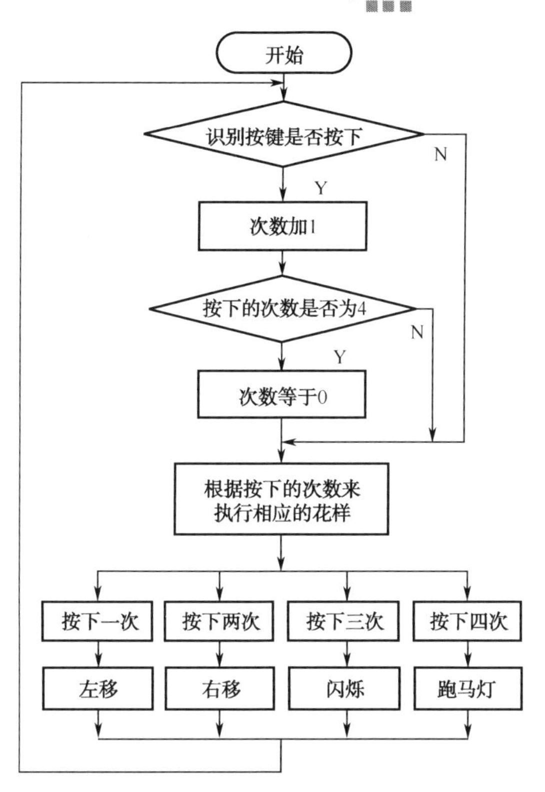

图 5-9 一键多功能控制程序流程图

```
uchar code left[]={0xFE,0xFC,0xF8,0xF0,0xE0,0xC0,0x80,0x00,0xFF};            //Left
uchar code right[]={0x7F,0x3F,0x1F,0x0F,0x07,0x03,0x01,0x00,0xFF}; //Right
uchar code shining[]={0xFF,0x00,0x0FF,0x00,0x0FF,0x00,0x0FF,0x00,0x0FF};     //Shining
uchar code running[]={0xFE,0xFD,0xF9,0xF7,0xEF,0xDF,0x9F,0x7F,0xFF};         //Running
uchar ID;
void delayms(uint xms)                               // xms 延时函数
{
    uint i,j;
    for(i=xms;i>0;i--)
        for(j=125;j>0;j--);
}
void ModeCode(uchar *Datamode,uchar DataLen)         //取花样数据送单片机端口显示函数
{
    uchar CopyLen;
    for(CopyLen = 0;CopyLen < DataLen;CopyLen++)
    {
        P1= *Datamode++;                             //取花样数据码送 P1 口并显示
        delayms(1000);
    }
}
void main()
```

```
{
    while(1)
    {
        if(Key= =0)
        delayms(10);
        if(Key= =0)
        {
            ID++;
            if(ID= =5)
            {
                ID=0;                          //ID 归零再次循环
            }
            while(Key= = 0);                   //等待按键释放，相当于“while(!Key);”
        }
        switch(ID)
        {
            case 1： ModeCode(&left,sizeof(left)); break;
            case 2： ModeCode(&right,sizeof(right)); break;
            case 3： ModeCode(&shining,sizeof(shining)); break;
            case 4： ModeCode(&running,sizeof(running)); break;
            default：P1=0xff;}                 //灭灯
        }
}
```

3）程序编译、调试与仿真

打开 Keil 软件，建立工程，输入上述源程序并编译生成 HEX 文件。

调用 Proteus 仿真软件，按下按键 key1，观察仿真电路运行情况，其电路仿真结果如图 5-10 所示。

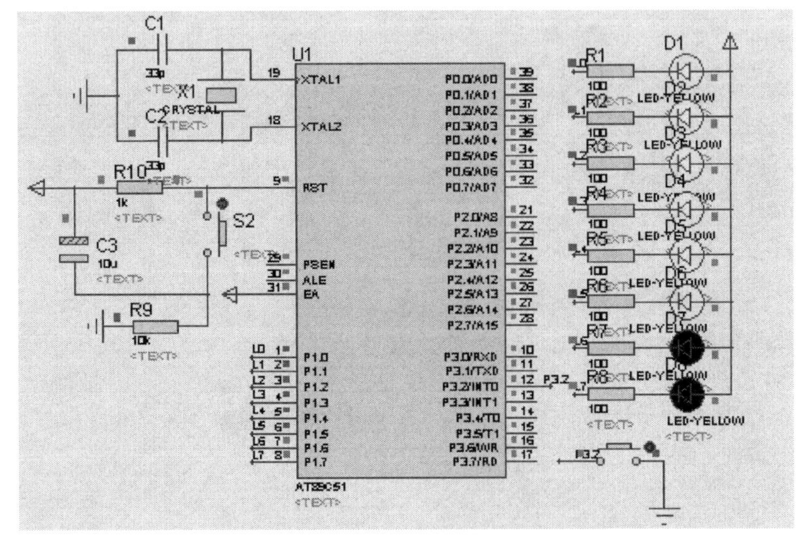

图 5-10　一键控制彩灯多功能显示仿真结果

5.3.3　矩阵式键盘操作

1．目的

（1）了解键盘的结构与工作原理。
（2）掌握识别键盘编码的方法。
（3）学会矩阵式键盘扫描编程方法。

2．任务

本项目要完成的任务是设计并仿真一个矩阵式键盘，分别按下矩阵键盘上的任意按键0～F，数码管上即显示出相应的数码。

3．任务引导

由矩阵式键盘工作原理可知，本项目可采用如前所述的键盘扫描法得到键码值。

4．任务实施

1）硬件电路设计

矩阵式键盘电路如图5-11所示。

原理图说明：单片机的P0口经74LS245芯片驱动后与数码管的a～dp段相连，P2口的P2.0与数码管公共端相连；P3口的P3.0～P3.3构成行列式矩阵的行信号，P3.4～P3.7构成行列式矩阵的列信号。

2）软件设计

编写C51控制源程序如下所示。

```
/************************************************************************
        * @ File:    chapter 5_3.c
        * @ Function：矩阵式键盘操作
************************************************************************/
  #include<reg52.h>                          //52系列单片机头文件
  #include <stdio.h>                         //标准I/O库函数头文件
  #define uchar unsigned char
  #define uint unsigned int
  //uchar code BitTab[] ={0x7F,0xBF,0xDF,0xEF,0xF7,0xFB,0xFD,0xFE};//8字节位选码
  uchar code table[]={0xC0,0xF9,0xA4,0xB0,0x99,0x92,0x82,0xF8,
  0x80,0x90,0x88,0x83,0xC6,0xA1,0x86,0x8E,0xFF};//0～F字段码（共阳极）
  void delayms(uint xms)                     //xms延时子函数
  {
      uint i,j;
      for(i=xms;i>0;i--)
          for(j=110;j>0;j--);
  }
```

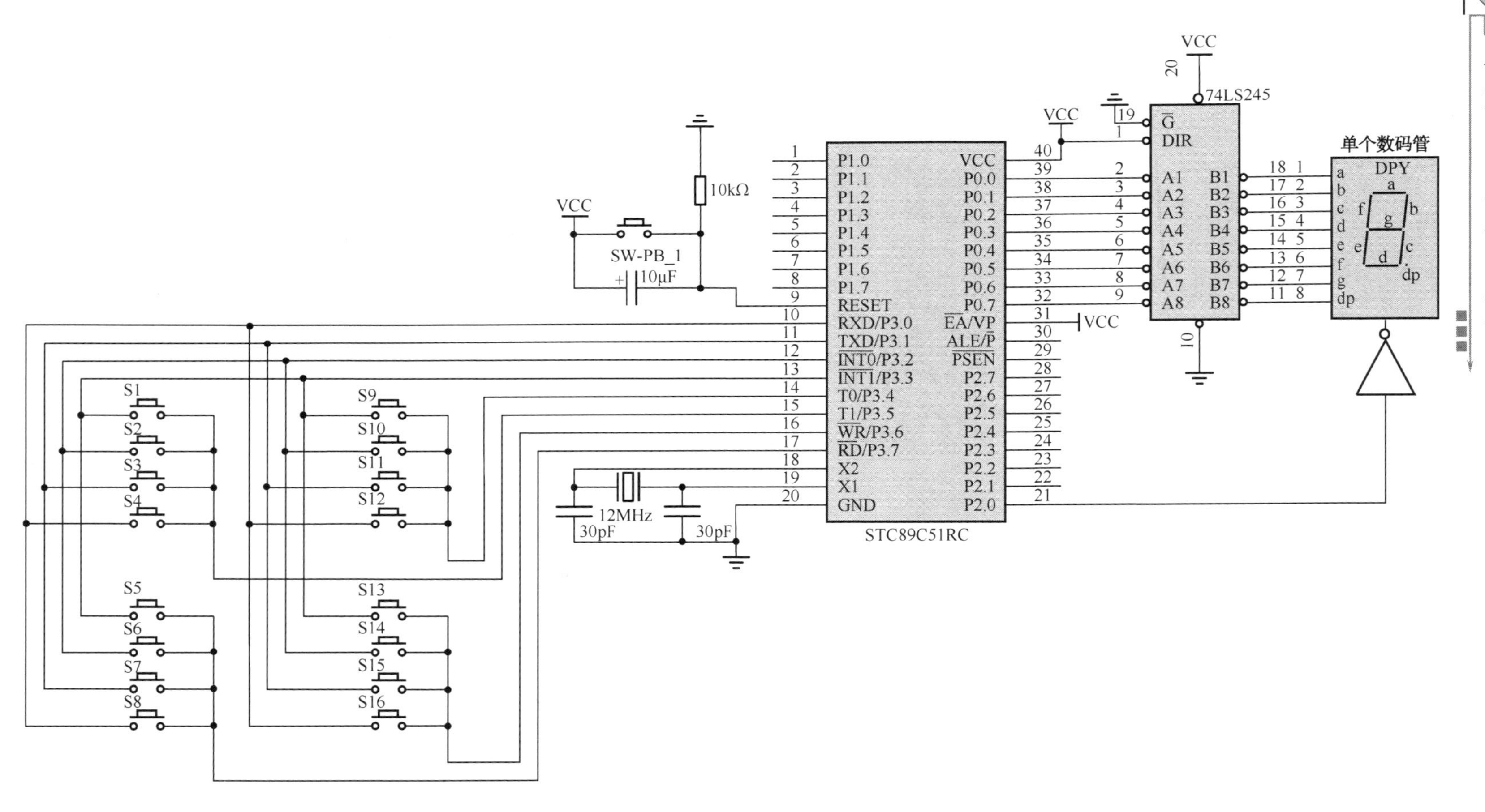

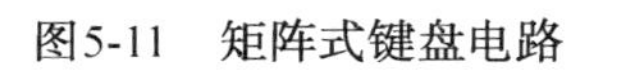

图5-11 矩阵式键盘电路

```
void display(uchar num)                          //显示子函数
{
    P0=table[num];                               //送字段码
    P2=0x01;                                     //送位选码
}
void matrixkeyscan()                             //矩阵式键盘扫描子函数
{
    uchar temp,key=0xFF;
    static uchar data lastKey;
    P3=0x7F;                                     //扫描第一列
    if((P3&0x0F)!=0x0f)
    {
        delayms(10);                             //延时消抖
        if((P3&0x0F)!=0x0f)
        {
            temp=P3;
            switch(temp)
            {
                case 0x7E: key=12;
                        break;
                case 0x7D: key=13;
                        break;
                case 0x7B: key=14;
                        break;
                case 0x77: key=15;
                        break;
                default:key=0;
            }
        }
    }
    P3=0xBF;                                     //扫描第二列
    if((P3&0x0F)!=0x0f)
    {
        delayms(10);                             //延时消抖
        if((P3&0x0F)!=0x0f)
        {
            temp=P3;
            switch(temp)
            {
                case 0xBE: key=8;
                        break;
```

```
                case 0xBD: key=9;
                        break;
                case 0xBB: key=10;
                        break;
                case 0xB7: key=11;
                        break;
            }
        }
    }
    P3=0xDF;                                    //扫描第三列
    if((P3&0x0F)!=0x0f)
    {
        delayms(10);                            //延时消抖
        if((P3&0x0F)!=0x0f)
        {
            temp=P3;
            switch(temp)
            {
                case 0xDE: key=4;
                        break;
                case 0xDD: key=5;
                        break;
                case 0xDB: key=6;
                        break;
                case 0xD7: key=7;
                        break;
            }
        }
    }
    P3=0xEF;                                    //扫描第四列
    if((P3&0x0F)!=0x0f)
    {
        delayms(10);                            //延时消抖
        if((P3&0x0F)!=0x0f)
        {
            temp=P3;
            switch(temp)
            {
                case 0xEE: key=0;
                        break;
                case 0xED: key=1;
```

```
                        break;
                case 0xEB: key=2;
                        break;
                case 0xE7: key=3;
                        break;
            }
        }
    }
    if((key!=0xFF)&&(key != lastKey))
    {
        lastKey = key;
        display(key);
    }
}
void main()
{
    P0=0;
    while(1)
    {
        matrixkeyscan();
    }
}
```

3）程序编译、调试与仿真

打开 Keil 软件，建立工程，输入上述源程序并编译生成 HEX 文件。

调用 Proteus 仿真软件，分别按下矩阵式键盘上的任意按键，观察仿真电路运行情况，其电路仿真结果如图 5-12 所示。

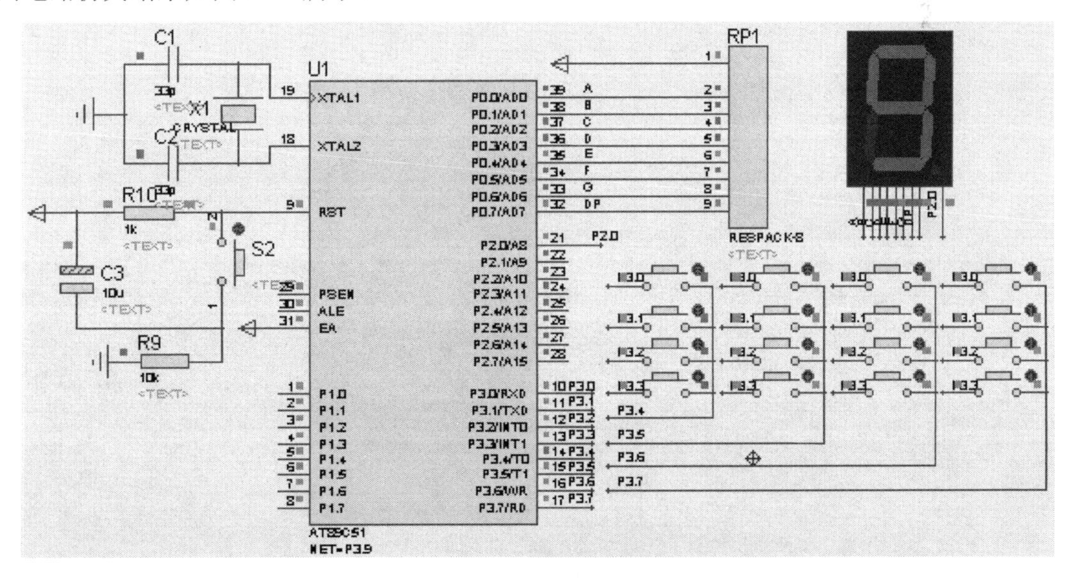

图 5-12　矩阵键盘仿真结果

5.4 小结

本项目主要介绍了键盘接口技术。一个按键就是一个开关，多个按键组合在一起就构成了键盘。键盘可分为独立式键盘和矩阵式键盘两种，MCS-51 单片机可方便地与这两种键盘接口。独立式键盘简单、灵活，但占用 I/O 口线多，不适合较多按键的键盘；矩阵式键盘占用 I/O 口线少，节省资源。矩阵式键盘一般采用扫描方式识别按键，软件设计相对复杂些。

使用机械式按键时，应注意消抖。消抖的方法有两种：硬件消抖和软件消抖。在键数较少时，可采用硬件消抖；而当键数较多时，可采用软件消抖。

5.5 练习题

1．机械式按键组成的键盘会有抖动，应如何消除按键抖动？

2．独立式按键和矩阵式按键分别具有什么特点？适用于什么场合？

3．设计并制作出具有如下功能的数字电子时钟：

（1）自动计时，由 6 位 LED 数码管显示时、分、秒；

（2）具备校准功能，可以直接由数字键 0～9 设置当前时间；

（3）具备定时闹钟功能；

（4）一天时差不超过 1s。

项目 6 A/D 与 D/A 转换接口技术

6.1 学习情境

当计算机用于实时控制和智能仪表等应用系统中时，经常会遇到连续变化的模拟量，如温度、压力、速度等，这些模拟量必须先转换成数字量才能送给计算机处理；当信号被处理后，还需要把数字量转换成模拟量才能送给外部设备。A/D 转换器（ADC）的作用是把模拟量转换成数字量，D/A 转换器（DAC）的作用是把数字量转换成模拟量。

本项目教你如何用 MCS-51 单片机实现模拟信号与数字信号间的相互转换。为此，读者需要掌握 DAC0832 芯片与单片机的接口，掌握 DAC0832 芯片直通、单缓冲和双缓冲三种连接方式的编程和调试方法；掌握 ADC0809 芯片与单片机的接口及 ADC0809 芯片的典型应用。

6.2 D/A 转换器接口

6.2.1 D/A 转换器

数模转换器 D/A（Digital to Analog Converter，DAC）的主要功能是将数字量转换为模拟量。DAC 按输出形式可分为电压输出型和电流输出型，按是否含有锁存器可分为内部无锁存器和内部有锁存器，按能否做乘法运算可分为乘算型和非乘算型，按输入数字量方式可分为并行 DAC 和串行 DAC。

D/A 转换器的技术性能指标很多，其主要技术指标有以下几点。

（1）分辨率：DAC 的分辨率是说明 DAC 能分辨的最小输出模拟增量的能力，它是指最小输出模拟量（对应的输入数字量仅最低位为 1）与最大输出模拟量（对应的输入数字量各有效位全为 1）之比，如 n 位 DAC 的分辨率为 1/（2^n−1）。

（2）转换精度：是指 DAC 实际输出模拟值与理论输出模拟值之差。显然，这个差值越小，其转换精度越高。

（3）转换时间 TS（建立时间）：是指 DAC 从输入数字信号开始到输出模拟量达到相应的稳定值所需要的时间。

（4）偏移量误差：是指输入数字量为零时，输出模拟量对零的偏移值。

6.2.2 DAC0832 接口芯片

DAC0832 是实际生产中使用非常普遍的 8 位 D/A 转换器，其转换时间为 1μs，采用单电源供电，在+5～+15V 时均可以正常工作，基准电压为±10V，其内部逻辑结构图如图 6-1 所示。

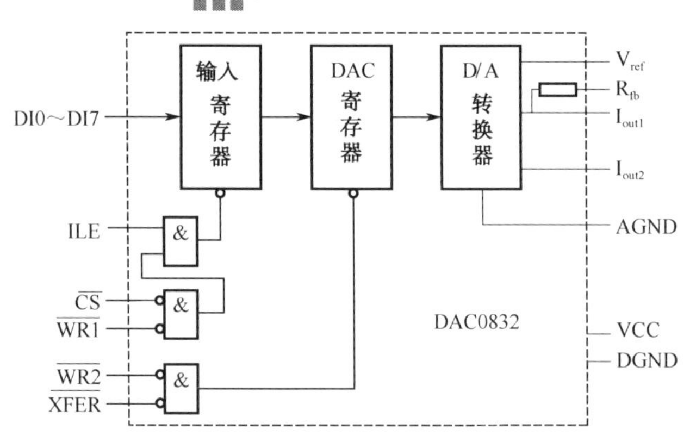

图 6-1　DAC0832 内部逻辑结构图

DAC0832 主要由两个 8 位寄存器和一个 8 位 D/A 转换器组成。使用两个寄存器（输入寄存器和 DAC 寄存器）的好处是可以进行两级缓冲操作，使该操作有更大的灵活性，其转换原理与 T 形解码网络一样，由于其片内有输入数据寄存器，故可以直接与单片机接口。DAC0832 以电流形式输出，当输出需要转换为电压时，可外接运算放大器实现。属于该系列的芯片还有 DAC0830、DAC0831，它们可以相互替换。

1．DAC0832 主要特性

（1）8 位分辨率；
（2）电流建立时间为 1μs；
（3）数据输入可采用双缓冲、单缓冲或直通方式；
（4）输出电流线性度可在满量程下调节；
（5）逻辑电平输入与 TTL 电平兼容；
（6）单一电源供电（+5～+15V）；
（7）低功耗——20mW。

2．DAC0832 引脚定义

DAC0832 芯片为 20 引脚双列直插式封装，其引脚如图 6-2 所示。

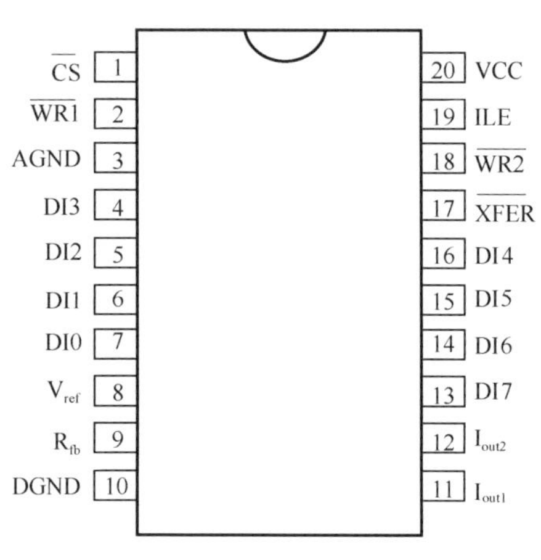

图 6-2　DAC0832 引脚图

（1）$\overline{CS}$：片选信号输入端，低电平有效。

（2）$\overline{WR1}$：输入寄存器的写选通输入端，负脉冲有效（脉冲宽度应大于 500ns）。当 $\overline{CS}$=0，ILE=1，$\overline{WR1}$有效时，DI0～DI7 状态被锁存到输入寄存器。

（3）DI0～DI7：数据输入端，TTL 电平，有效时间应大于 90ns。

（4）V_{ref}：基准电压输入端，电压范围为-10～+10V。

（5）R_{fb}：反馈电阻端，芯片内部此端与 I_{out1} 端接有一个 15kΩ的电阻。

（6）I_{out1}：电流输出端，当 8 位数据输入全为 1 时，其电流最大。

（7）I_{out2}：电流输出端，其值与 I_{out1} 端电流之和为常数。

（8）$\overline{\text{XFER}}$：数据传输控制信号输入端，低电平有效。

（9）$\overline{\text{WR2}}$：DAC 寄存器的写选通输入端，负脉冲有效（脉冲宽度应大于 500ns）。当 $\overline{\text{XFER}}$=0 且 $\overline{\text{WR2}}$ 有效时，输入寄存器的状态被传到 DAC 寄存器中。

（10）ILE：数据锁存允许信号输入端，高电平有效。

（11）VCC：电源电压端，电压范围为+5～+15V。

（12）GND（AGND、DGND）：模拟地和数字地，模拟地为模拟信号与基准电源参考地；数字地为工作电源地与数字逻辑地（两地最好在基准电源处一点共地）。

3．DAC0832 三种工作方式

由图 6-1 可知，DAC0832 内部有两个寄存器，分别是输入寄存器和 DAC 寄存器，而这两个寄存器的控制信号有五个：ILE、$\overline{\text{CS}}$、$\overline{\text{WR1}}$、$\overline{\text{WR2}}$、$\overline{\text{XFER}}$。其中，输入寄存器由 ILE、$\overline{\text{CS}}$、$\overline{\text{WR1}}$ 控制，DAC 寄存器由 $\overline{\text{WR2}}$、$\overline{\text{XFER}}$ 控制，用软件指令控制这五个控制信号可实现三种工作方式：直通方式、单缓冲方式、双缓冲方式，如图 6-3 所示。

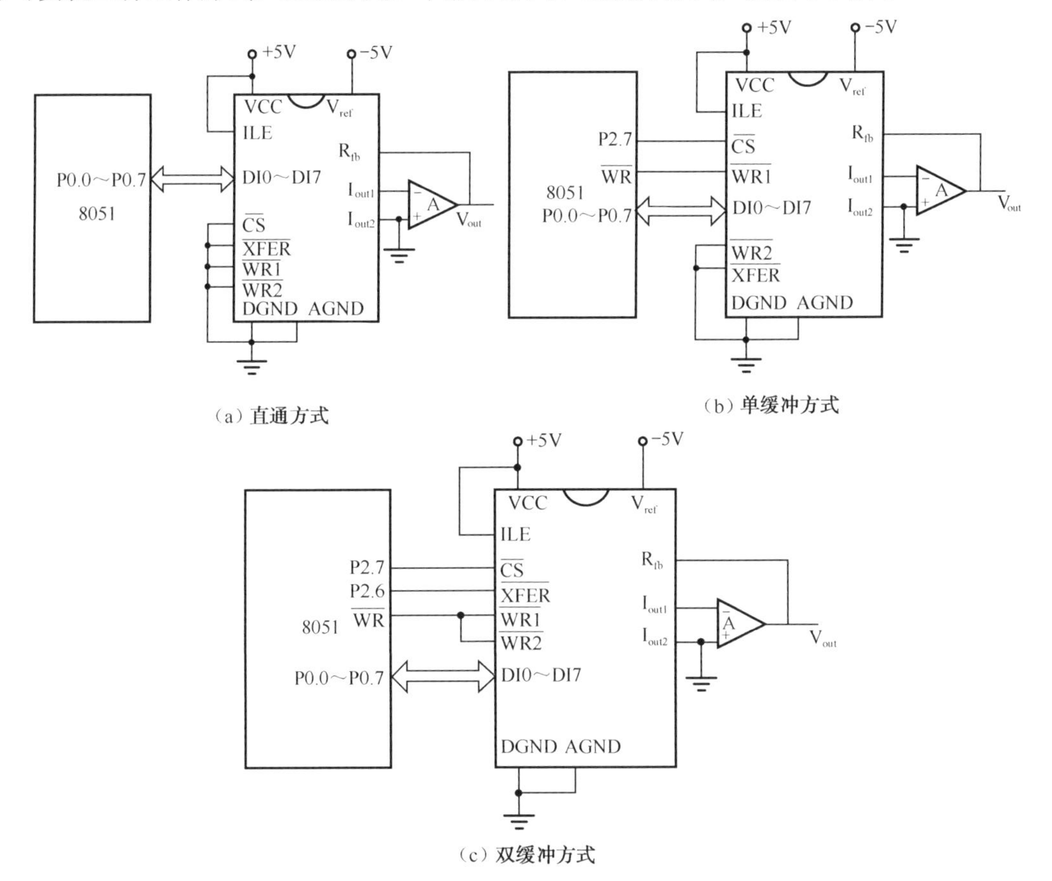

图 6-3 DAC0832 三种工作方式接线图

（1）直通方式是将两个寄存器的五个控制端预先都置为有效，两个寄存器都开通，只要有数字信号输入就立即进入 D/A 转换，如图 6-3（a）所示。

（2）单缓冲方式是使 DAC0832 的两个输入寄存器中有一个处于直通方式，另一个处于受控方式，如可选择输入寄存器受单片机 I/O 口控制，DAC 寄存器直通，如图 6-3（b）所示。

（3）双缓冲方式是把 DAC0832 的输入寄存器和 DAC 寄存器都接成受控方式，即双缓冲工作，这种方式可用于多路模拟量要求同时输出的情况，如图 6-3（c）所示。

三种工作方式的区别：直通方式不需要选通，直接进行 D/A 转换，转换速度最快；单缓冲方式需要进行一次选通；双缓冲方式需要进行两次选通。

6.3 A/D 转换器接口

6.3.1 A/D 转换器

所谓模数转换器 A/D 就是把模拟量转换成为数字量的转换器，简称 ADC。A/D 转换电路种类很多，分为计数式、双积分式、逐次逼近式等类型。

在选择模/数转换器时主要考虑以下一些技术指标。

（1）分辨率：指 A/D 转换器对输入信号的分辨能力，通常以输出二进制数的位数表示分辨率。从理论上讲，n 位输出的 A/D 转换器能区分 2^n 个不同等级的输入模拟电压，能区分输入电压的最小值为满量程输入的 $1/2^n$。在最大输入电压一定时，输出位数越多，量化单位越小，分辨率越高，常用的有 8、10、12、16、24、32 位等。

例如，A/D 转换器输出为 8 位二进制数，输入信号最大值为 5V，那么这个转换器应能区分输入信号的最小电压为 19.53mV（$5V\times1/2^8\approx19.53mV$）。

再如，某 A/D 转换器输入模拟电压的变化范围为-10～+10V，转换器为 8 位，若第 1 位用来表示正、负号，其余 7 位表示信号幅值，则最末 1 位数字可代表 80mV 模拟电压（$10V\times1/2^7\approx80mV$），即转换器可以分辨的最小模拟电压为 80mV。

而在同样情况下，用一个 10 位转换器能分辨的最小模拟电压为 20mV（$10V\times1/2^9\approx20mV$）。

（2）转换误差：表示 A/D 转换器实际输出的数字量与理论输出数字量之间的差别。

注意：在实际使用中当使用环境发生变化时，转换误差也将发生变化。

（3）转换精度：是 A/D 转换器的最大量化误差和模拟部分精度的共同体现。在理想情况下，所有的转换点应该在一条直线上，转换精度是指实际的各个转换点偏离理想特性的误差，一般用最低有效位来表示。

（4）转换时间：是指 A/D 转换器从转换控制信号到来开始，到输出端得到稳定的数字信号所经过的时间。

不同类型的转换器转换速度相差甚远。其中，并行比较 A/D 转换器转换速度最高，8 位二进制数输出的单片集成 A/D 转换器转换时间可控制在 50ns 以内；逐次比较型 A/D 转换器次之，它们的转换时间多数在 10～50μs 之间，也有达几百纳秒的；间接 A/D 转换器的速度最慢，如双积分 A/D 转换器的转换时间大都在几十毫秒至几百毫秒之间。在实际应用中，应从系统数据总的位数、精度要求、输入模拟信号的范围及输入信号极性等方面综合考虑 A/D 转换器的选用。

6.3.2 ADC0809 接口芯片

ADC0809 是 8 通道 8 位 CMOS 逐次逼近式 A/D 转换芯片，其内部逻辑结构图如图 6-4

所示。片内有 8 路模拟量通道选择开关及相应的通道锁存、译码电路，A/D 转换后的数据由三态锁存器输出，由于片内没有时钟，需外接时钟信号。

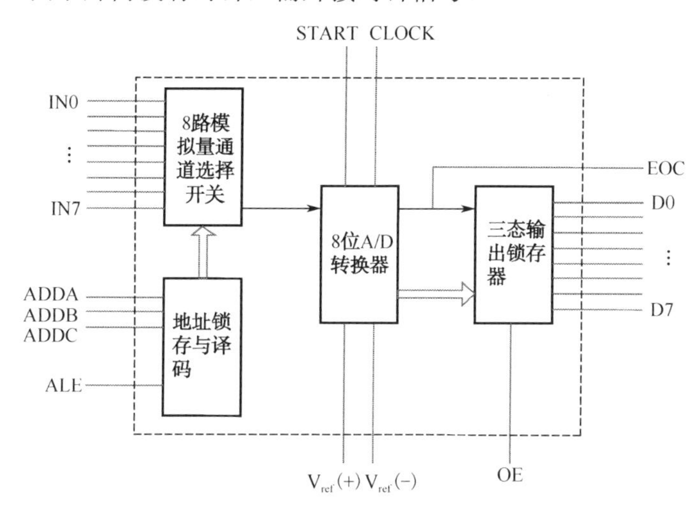

图 6-4　ADC0809 内部逻辑结构图

1．ADC0809 引脚定义

ADC0809 芯片为 28 引脚双列直插式封装，其引脚如图 6-5 所示。

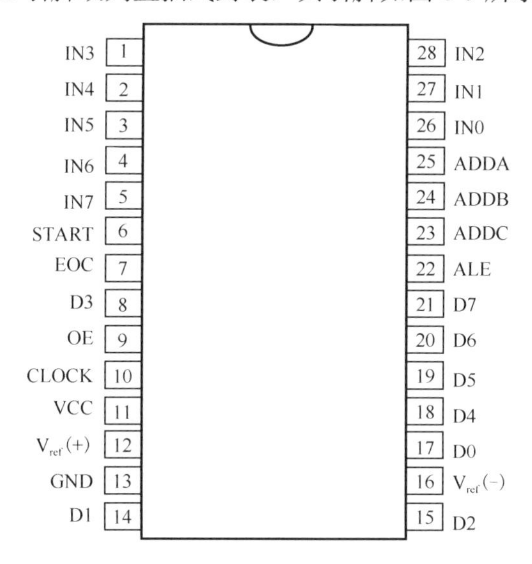

图 6-5　ADC0809 引脚图

（1）IN0～IN7：8 路模拟信号输入端。

（2）ADDA、ADDB、ADDC：三位地址码输入端。8 路模拟信号转换选择由这三个端口控制，三端口状态组合 000～111 分别对应 IN0～IN7 8 路模拟输入端，其通道选择如表 6-1 所示。

表 6-1　ADC0809 通道选择表

地址码			选择的通道
ADDC	ADDB	ADDA	
0	0	0	IN0
0	0	1	IN1
0	1	0	IN2
0	1	1	IN3
1	0	0	IN4
1	0	1	IN5
1	1	0	IN6
1	1	1	IN7

（3）CLOCK：外部时钟输入端（小于 1MHz），ADC0809 典型时钟频率为 640kHz，转换时间为 100μs。时钟信号一般由单片机 ALE 经分频后得到，也可以利用单片机定时器定时功能得到。

（4）D0～D7：转换器的数字量输出端。

（5）OE：A/D 转换结果输出允许控制端。当 OE 为高电平时，允许 A/D 转换结果从 D0～D7 端输出。

（6）ALE：地址锁存允许信号输入端，高电平有效。8 路模拟通道地址由 ADDA、ADDB、ADDC 输入，当 ALE=1 时，将该 8 路地址有效锁存，并经译码器选中其中一个通道。实际使用时，通常把 ALE 与 START 连在一起，在 START 端加上高电平启动信号的同时，将通道号锁存起来。

（7）START：启动 A/D 转换信号输入端。START 端输入一个正脉冲时，将进行 A/D 转换。

（8）EOC：A/D 转换结束信号输出端。平时它为高电平，在 A/D 转换开始后和转换过程中为低电平，转换结束时，EOC 输出又变回高电平。

（9）V_{ref}（+）、V_{ref}（-）：正负基准电压输入端。基准正电压的典型值为+5V。

（10）VCC 和 GND：芯片的电源端和地端。

2. ADC0809 工作时序图

由 ADC0809 内部逻辑结构图及引脚功能可得 ADC0809 工作时序图，如图 6-6 所示。

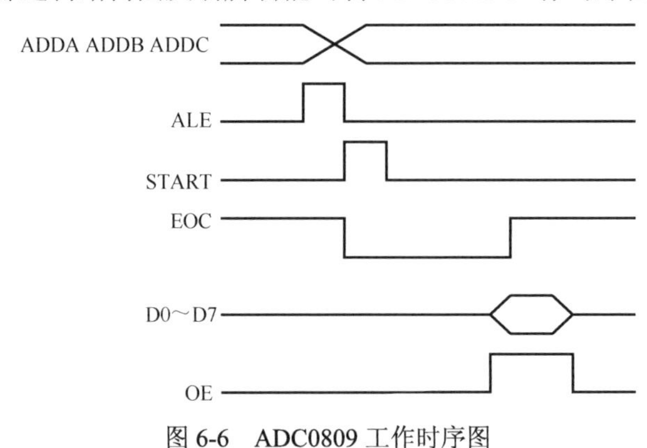

图 6-6　ADC0809 工作时序图

6.4　训练项目

6.4.1　简易波形发生器

1．目的

（1）掌握 DAC0832 芯片与单片机接口硬件连接方法。
（2）掌握用 DAC0832 芯片产生各种波形的编程方法。

2．任务

本项目要完成的任务是设计并仿真（或制作）一个简易波形发生器，利用 DAC0832 芯片，通过单片机控制产生脉冲波、锯齿波、三角波和正弦波等多种波形，同时该电路具有波形可选择和波形频率可调等功能。

3．任务引导

波形发生器也称函数发生器，经常用做信号源，是现今各种电子电路设计应用中必不可少的仪器设备之一。采用 DAC0832 产生各种类型的波形的编程思路如下。

（1）脉冲波：先输出 8 位二进制数最小值 0，延时一段时间后，再输出 8 位二进制数最大值 255，延时一段时间，重复上述过程即可。

（2）锯齿波：先输出 8 位二进制数最小值 0，然后按加 1 规律递增，当输出数据达到最大值 255 时，再回到 0 不断重复这一过程。

（3）三角波：先输出 8 位二进制数最小值 0，然后按加 1 规律递增，当输出数据达到最大值 255 时，再按减 1 递减规律送数，数据回到 0 时，再重复上述过程。

（4）正弦波：把产生波形输出的二进制数据以数值的形式预先存放在程序存储器里，再按顺序依次取出送至 DAC0832 转换芯片进行转换。

4．任务实施

1）硬件电路设计

简易波形发生器电路如图 6-7 所示。

原理图说明：DAC0832 芯片与单片机接口连接成双缓冲方式，8 位数据输入端 DI0～DI7 与单片机的 P0 口相连。三个按键的操作功能分别为：K1 键——波形选择、K2 键——波形频率加、K3 键——波形频率减。

注意：图中 HA741 运放第 8 引脚要悬空，第 1、5 引脚接地线。调节电位器的位置，反馈电阻越大，则输出电压值越大。

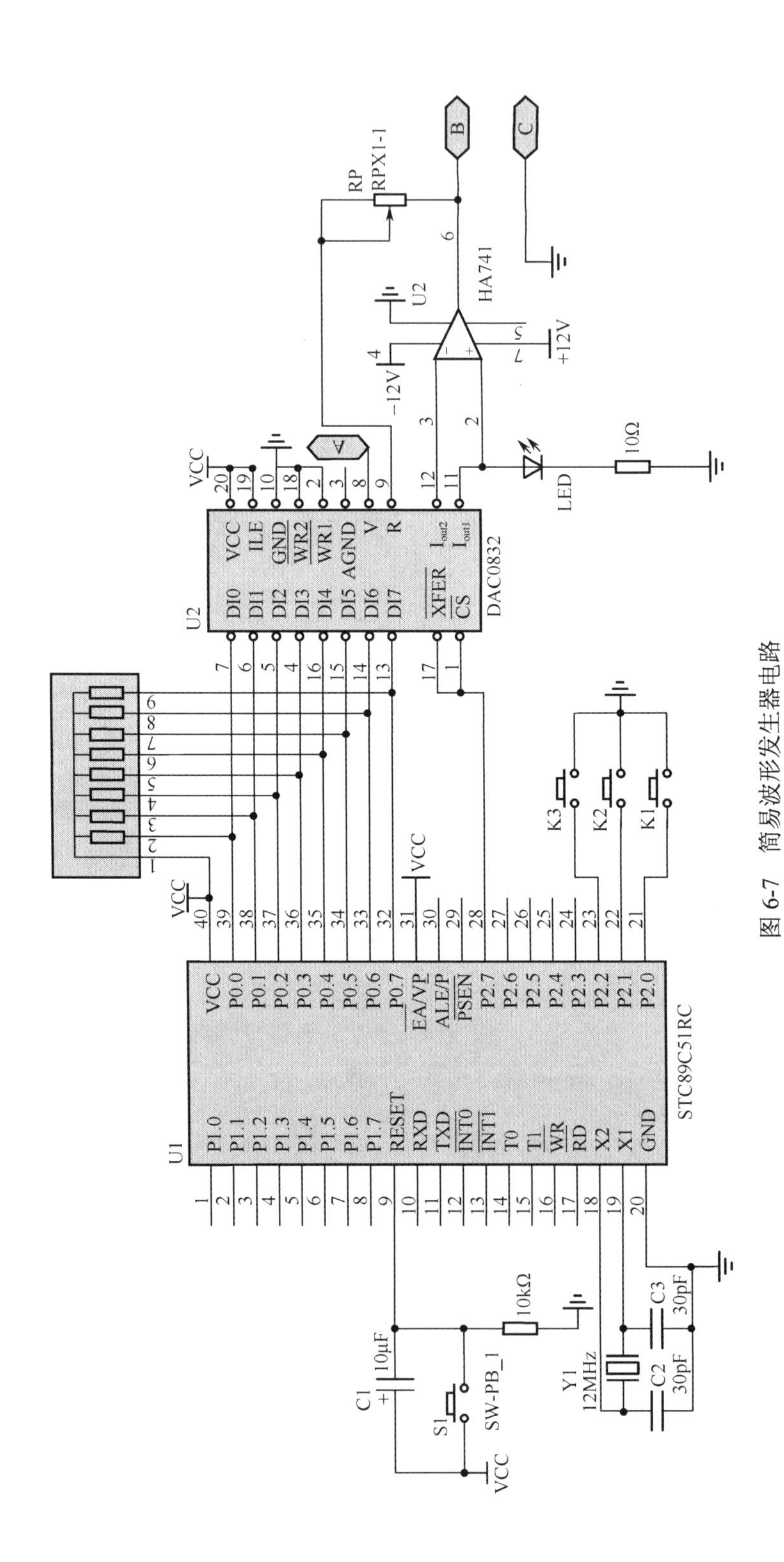

图 6-7 简易波形发生器电路

2）软件设计

编写C51控制源程序如下所示。

```
/*********************************************************************
    * @ File：chapter 6_1.c
    * @ Function：简易波形发生器
*********************************************************************/
    #include<reg51.h>
    #include<intrins.h>
    #define nop _nop_()
    #define uint unsigned int
    #define uchar unsigned char
    uchar code table[]={125,128,131,134,138,141,144,147,150,153,156,159,162,165,168,171,174,177,180,182,
185,188,191,193,196,198,201,203,206,208,211,213,215,217,219,221,223,225,227,229,231,232,234,235,237,238,239,
241,242,243,244,245,246,246,247,248,248,249,249,250,250,250,250,250,250,250,249,249,248,248,247,246,246,
245,244,243,242,241,239,238,237,235,234,232,231,229,227,225,223,221,219,217,215,213,211,208,206,203,201,198,
196,193,191,188,185,182,180,177,174,171,168,165,162,159,156,153,150,147,144,141,138,134,131,128,125,122,119,
116,112,109,106,103,100,97,94,91,88,85,82,79,76,73,70,68,65,62,59,57,54,52,49,47,44,42,39,37,35,33,31,29,27,25,27,
29,27,25,23,21,19,18,16,15,13,12,11,9,8,7,6,5,4,4,3,2,2,1,1,0,0,0,0,0,0,0,0,1,1,2,2,3,4,4,5,6,7,8,9,11,12,13,15,16,18,19,
21,23,25,27,29,31,33,35,37,39,42,44,47,49,52,54,57,59,62,65,68,70,73,76,79,82,85,88,97,94,97,100,103,106,109,112,
116,119,122};
    uchar code table1[]={125,115,105,100,95,90,85,80,75,70,65,60,55,50,47,45,43,41,39,37,35,33,31,29,27,
25,24,23,22,21,20,19,18,17,16,15,14,13,12,11,10,10,9,9,8,8,7,7,7,6,6,6,6,5,5,5,5,4,4,4,4,4,4,3,3,3,3,3,3,2,2,2,2,2,2,1,
1,1,1,1,0,0,0,0,0,0,0};
    uint k,d=1,a=0,j=1,c=1000;
    uchar n=125,i=125,flag=1;
    sbit m=P2^7;
    sbit w=P2^7;
    sbit k1=P2^0;
    sbit k2=P2^1;
    sbit k3=P2^2;
    void delayms(uint xms)                    //延时 xms 子函数
    {
        uint i,j;
        for(i=xms;i>0;i--)
            for(j=125;j>0;j--);
    }
    void delayus(uint b)                      //延时μs 子函数
    {
        while(b--)
        nop;
```

```
}
void maichong()                              //产生脉冲波
{
    P0 =0xff;
    delayus(c);
    P0 =0x00;
    delayus(c);
}
void juchi()                                 //产生锯齿波
{
    P0 =i;
    i++;
    delayus(a);
    if(i>255)
        i=0;
}
void key_scan()                              //按键扫描子函数
{
    if(k1= =0)                               //K1 键按下波形选择
    {
        delayms(5);
        if(k1= =0)
        {
            while(!k1);
            k++;
            if(k= =5)
                k=0;
        }
    }
    if(k2= =0)                               //K2 键按下频率加
    {
        delayms(5);
        if(k2= =0)
        {
            while(!k2)
            if(k= =0)
                c=c+10;
            if(k= =1)
                a++;
            if(k= =2)
```

```
                d++;
            if(k= =3)
                j++;
        }
    }
    if(k3= =0)                                      //K3 键按下频率减
    {
        delayms(5);
        if(k3= =0)
        {
            while(!k3)
            if(k= =0)
                c=c-10;
            if(k= =1)
            if(a!=0)
                a--;
            if(k= =2)
            if(d!=0)
                d--;
            if(k= =3)
            if(j!=0)
                j--;
        }
    }
}
void sin()                                          //产生正弦波
{
    uint j;
    P0 =table[j];
    delayus(d);
    j++;
}
void sanjiao()                                      //产生三角波
{
    P0 =n;
    delayus(j);
    if(flag= =1)
    n+=2;
    if(flag= =0)
        n-=2;
```

```
        if(n>250)
            flag=0;
        if(n<2)
            flag=1;
    }
    void main()
    {
        m=0;
        w=0;
        while(1)
        {
            key_scan();
            if(k= =0)                          //脉冲波
                maichong();
            if(k= =1)                          //锯齿波
                juchi();
            if(k= =2)                          //正弦波
                sin();
            if(k= =3)
                sanjiao();                     //三角波
            if(k= =4)
                P0 =125;
        }
    }
```

3）程序编译调试与仿真

打开 Keil 软件，建立工程，输入上述源程序并编译生成 HEX 文件。

调用 Proteus 仿真软件，按下按键 K1～K3，观察仿真电路运行时示波器显示情况，其电路仿真结果如图 6-8 所示。

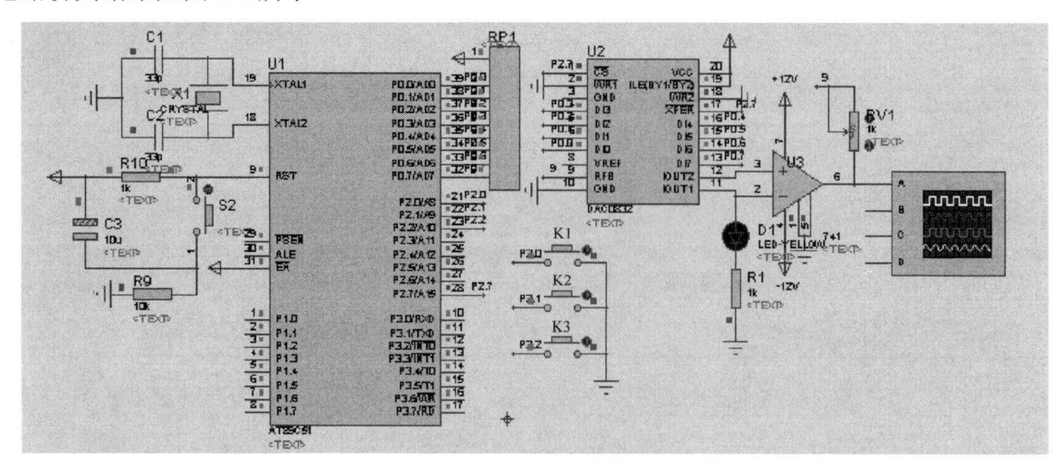

图 6-8 简易波形发生器仿真结果

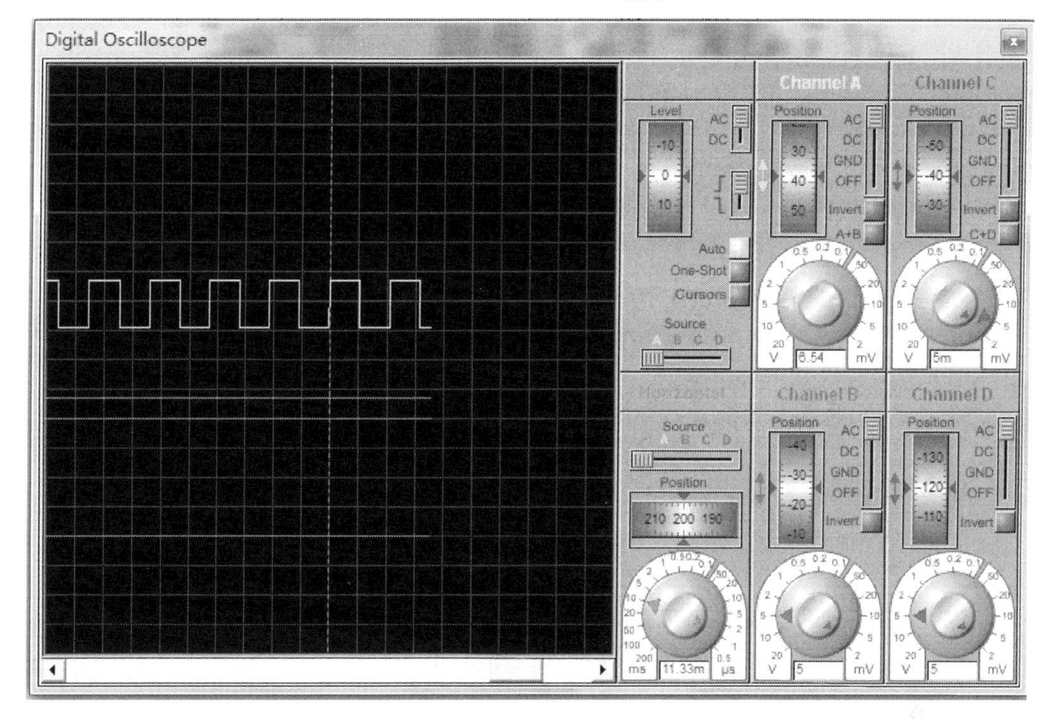

图 6-8　简易波形发生器仿真结果（续）

5．电路板制作与测试

1）元器件清单

根据设计好的电路原理图 6-7，列出元器件清单如表 6-2 所示。

表 6-2　简易波形发生器电路元器件清单

元件名称	参数	数量	元件名称	参数	数量
IC 插座	DIP-40	1	电解电容	10μF	1
单片机	STC89C51RC	1	电阻	10kΩ	1
晶振	12MHz	1	弹性按键		4
瓷片电容	30pF	2	排阻	102	1
发光二极管		1	万能板		1
DAC0832		1	IC 插座	DIP-20	1
电压比较器		1	电阻	1kΩ	1
电位器	10kΩ	1			

2）焊接电路板、下载 HEX 文件并排查故障

方法：采用与 2.7.3 小节流水灯控制项目相同的方法与步骤进行操作。

3）电路板上电显示

软硬件都检查无误，电路板上电即可观察到电路板显示情况。

6.4.2 简易数字电压表

1. 目的

（1）掌握ADC0809芯片与单片机接口硬件连接方法。
（2）熟悉模拟信号采集与输出数据显示的综合程序设计与调试方法。
（3）学会制作简易数字电压表。

2. 任务

本项目要完成的任务是设计并制作一个简易数字电压表，利用 ADC0809 芯片采集 0～5V 连续可变的模拟电压信号，转变为 8 位数字信号后送单片机处理，并在 3～4 位数码管上显示出 0.00～5.00（到小数点后两位）。

3. 任务引导

A/D 转换后得到的是 8 位二进制数字量，这些数据需要再传给单片机进行处理。数据传送的关键是如何确认 A/D 转换完成，因为只有确认数据转换完成后才能进行传送，为此可采用下述三种方式。

1）延时传送方式

对于一种 A/D 转换器来说，转换时间作为一项技术指标是已知的和固定的。例如，若ADC0809 转换时间为 128μs，相当于 6MHz 的 MCS-51 单片机的 64 个机器周期。可据此设计一个延时子程序，A/D 转换启动后即调用这个延时子程序，延迟时间一到，转换肯定已经完成了，接着就可进行数据传送。

2）查询方式

A/D 转换芯片有表明转换完成的状态信号，ADC0809 的 EOC 端就是转换结束指示引脚。因此可以将 ADC0809 芯片的 EOC 端与单片机端口相连，用查询方式，通过软件测试EOC 的状态，查得 EOC 变高，即可确知转换已经完成，然后进行数据传送。

3）中断方式

把 A/D 转换芯片表明转换完成的状态信号（EOC）作为中断请求信号，将该端口与单片机的 $\overline{\text{INT0}}$、$\overline{\text{INT1}}$ 以中断方式进行数据传送。

4. 任务实施

1）硬件电路设计

简易数字电压表电路如图 6-9 所示。

原理图说明：由于是单通道 A/D 转换，所以可进行直接选通，图中将 ADC0809 芯片的 3 位地址码输入端 ADDA、ADDB、ADDC 直接接地，即选择 IN0 通道进行转换；ADC0809 芯片的 EOC、OE、START、CLOCK 端分别与单片机的 P2.4～P2.7 相连，由 P2.7 提供定时时钟信号；转换结果通过 4 位 LED 数码管显示，P1 口通过 74LS245 芯片驱动后送字段码，P2 口的 P2.0～P2.3 送字位码。

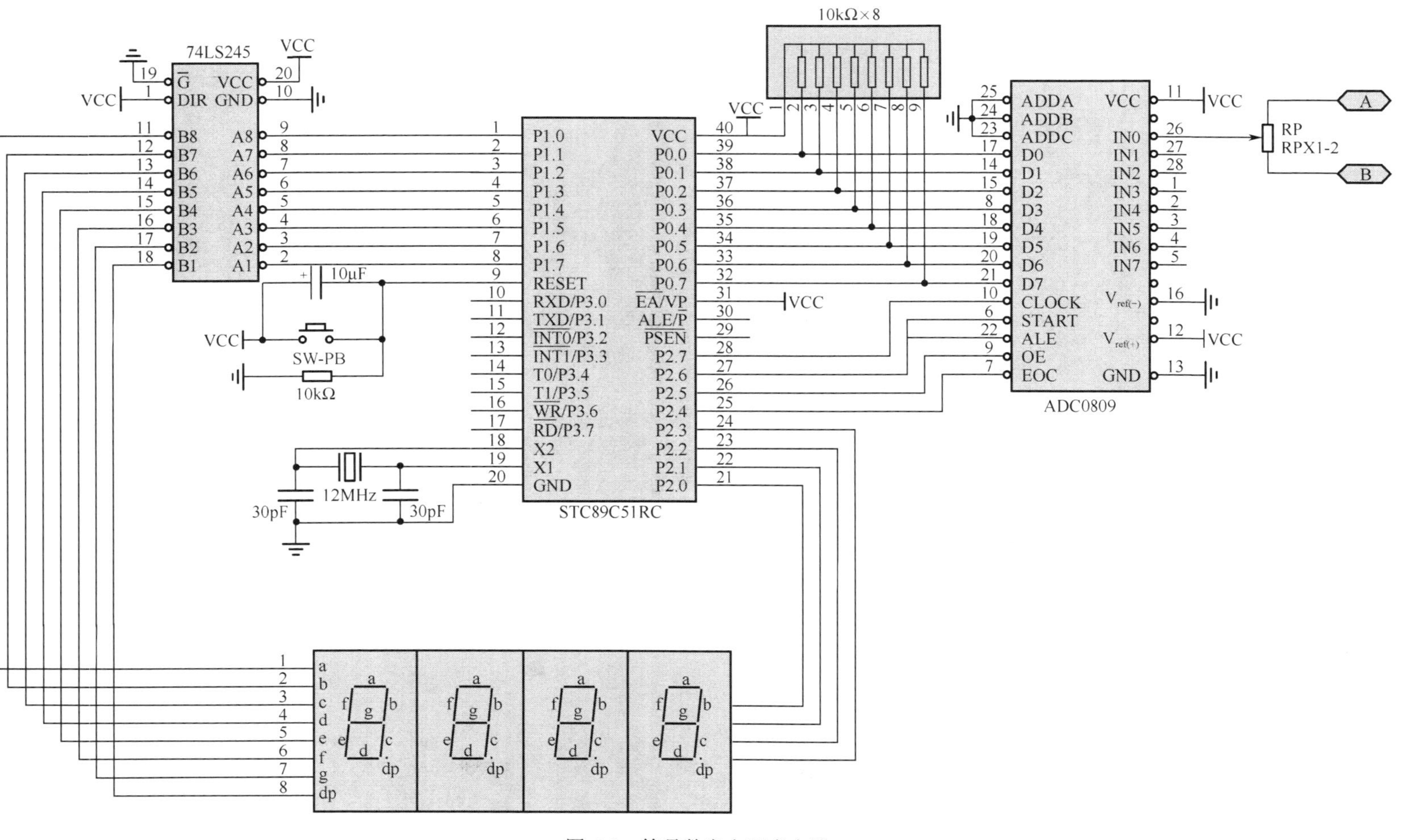

图 6-9　简易数字电压表电路

2）软件设计

根据ADC0809工作时序可编写C51控制源程序如下所示（采用查询方式编程）。

```
/*********************************************************************
    * @ File:    chapter 6_2.c
    * @ Function：简易数字电压表
*********************************************************************/
    #include <reg52.h>                          //52系列单片机头文件
    #include <intrins.h>                        //C51内部函数
    #define uchar unsigned char                 //宏定义
    #define uint unsigned int
    sbit L1 = P2^0;
    sbit L2 = P2^1;
    sbit L3 = P2^2;
    sbit L4 = P2^3;
    sbit EOC = P2^4;
    sbit OE = P2^5;
    sbit START = P2^6;
    sbit clock = P2^7;
    sbit dot=P1^7;
    uint disbuff[4],getdat;
    uchar code table[] = {0x3f,0x06,0x5b,0x4f,0x66,0x6d,0x7d,0x07,0x7f,0x6f};//共阴极数码管0～9字段码
    uchar dat;
    void delayms(uint xms)                      //延时xms函数
    {
    uint i,j;
    for(i=xms;i>0;i--)
    for(j=125;j>0;j--);
    }
     void T0_clock() interrupt 1                //T0中断函数
    {
        TH0 = (65536-20)/256;                   //高8位赋值
        TL0 = (65536-20)%256;                   //低8位赋值
        clock=~clock;                           //时钟信号
    }
    void init()                                 //定时器和ADC0809初始化
    {
        TMOD = 0x01;                            //定时器工作方式1
        TH0 = (65536-20)/256;                   //给高8位赋值
        TL0 = (65536-20)%256;                   //给低8位赋值
        EA = 1;                                 //开中断
```

```
    ET0 = 1;                          //允许 T0 中断
    TR0 = 1;                          //启动 T0
    START = 0;                        //给 ADC0809 赋初值
    OE = 0;
}
void display()                        //显示函数
{
    L4 = 0;
    P1 = table[disbuff[3]];
    dot = 1;                          //小数点位显示
    delayms(5);
    P1 = 0X00;
    L4 = 1;
    L3 = 0;
    P1 = table[disbuff[2]];
    delayms(5);
    P1 = 0X00;
    L3 = 1;
    L2 = 0;
    P1 = table[disbuff[1]];
    delayms(5);
    P1 = 0X00;
    L2 = 1;
    L1 = 0;
    P1 = table[disbuff[0]];
    delayms(5);
    P1 = 0X00;
    L1 = 1;
}
void Start_AD()                       //A/D 转换函数
{
    START = 0;
    OE = 0;
    _nop_();
    START = 1;                        //启动 A/D 转换
    _nop_();
    START = 0;
    _nop_();
    while(EOC = = 0);                 //判断转换是否结束
    OE = 1;                           //允许输出
```

```
        dat = P0;                              //将转换得到的数据赋给 dat
        _nop_();
        OE = 0;                                //关闭输出
        _nop_();
        getdat = dat*(5000/255);               //最后得到的转换结果
        disbuff[3] = getdat/1000;              //千位数值
        disbuff[2] = getdat%1000/100;          //百位数值
        disbuff[1] = getdat%100/10;            //十位数值
        disbuff[0] = getdat%10;                //个位数值
    }
    void main()
    {
        init();
        while(1)
        {
        Start_AD();
        display();
        }
    }
```

3）程序编译调试与仿真

打开 Keil 软件，建立工程，输入上述源程序并编译、调试、运行程序。

调用 Proteus 仿真软件，滑动电位器位置，观察仿真电路运行情况，其电路仿真结果如图 6-10 所示。

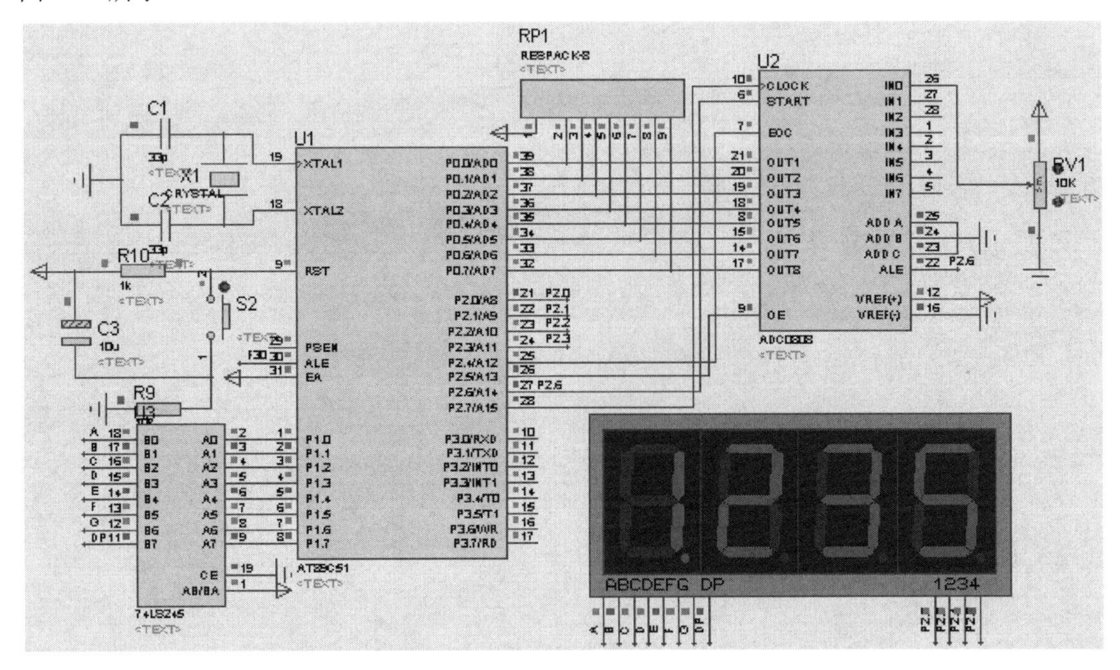

图 6-10　简易数字电压表仿真结果

5. 电路板制作与测试

1）元器件清单

根据设计好的电路原理图 6-9，列出元器件清单如表 6-3 所示。

表 6-3　简易数字电压表电路元器件清单

元件名称	参　数	数　量	元件名称	参　数	数　量
IC 插座	DIP-40	1	电解电容	10μF	1
单片机	STC89C51RC	1	电阻	10kΩ	1
晶振	12MHz	1	弹性按键		1
瓷片电容	30pF	2	排阻	102	1
可调电阻	10kΩ	1	电阻	1kΩ	1
ADC0809		1	IC 插座	DIP-28	1
74LS245		1	IC 插座	DIP-20	1
四联体 LED 数码管		1	万能板		1

2）焊接电路板、下载 HEX 文件并排查故障

方法：采用与 2.7.3 小节流水灯控制项目相同的方法与步骤进行操作。

3）电路板上电显示

软硬件都检查无误，电路板上电即可观察到电路板显示情况。

6.5　小结

A/D 与 D/A 转换器是计算机与外界联系的重要途径。

本项目主要介绍了两种常用转换芯片——DAC0832 和 ADC0809 与单片机接口技术。其中，DAC0832 芯片多用于产生波形，ADC0809 芯片多用于模/数信号的转换，以实现模拟信号的数字化。

本项目通过简易波形发生器和数字电压表的设计与制作，使读者熟悉 D/A 转换芯片和 A/D 转换芯片在单片机接口电路中的实际应用和编程技术，初步掌握两种芯片与单片机的接口方法。

6.6　练习题

1. DAC0832 与 MCS-51 单片机接口时有哪些控制信号？作用分别是什么？
2. ADC0809 与 MCS-51 单片机接口时有哪些控制信号？作用分别是什么？
3. 使用 DAC0832 时，单缓冲方式如何工作？双缓冲方式如何工作？软件编程有什么区别？

4．利用单片机与 ADC0809 设计一个数字电压表，能够测量 0～5V 之间的直流电压值，4 位数码显示。

5．试用 DAC0832 芯片与单片机接口，连接成直通、单缓冲或双缓冲方式，编程实现以下波形：

（1）周期为 50ms 的锯齿波；

（2）周期为 50ms 的三角波；

（3）周期为 50ms 的方波。

项目 7　串行通信接口技术

7.1　学习情境

MCS-51 系列单片机片上有一个全双工的串行口用于串行通信，它是单片机内部资源的重要部分，应用范围十分广泛。

本项目教你如何用 MCS-51 单片机的串行口实现单片机与单片机之间、单片机与计算机（PC）之间的通信。为此，读者需要掌握串行通信基础知识，掌握 MCS-51 单片机串行口的内部结构、工作方式、波特率设置及通信应用方法。

7.2　串行通信

在计算机系统中，CPU 与外部通信的基本方式有两种：并行通信——数据的各位同时传送；串行通信——数据一位一位顺序传送。两种通信方式如图 7-1 所示。

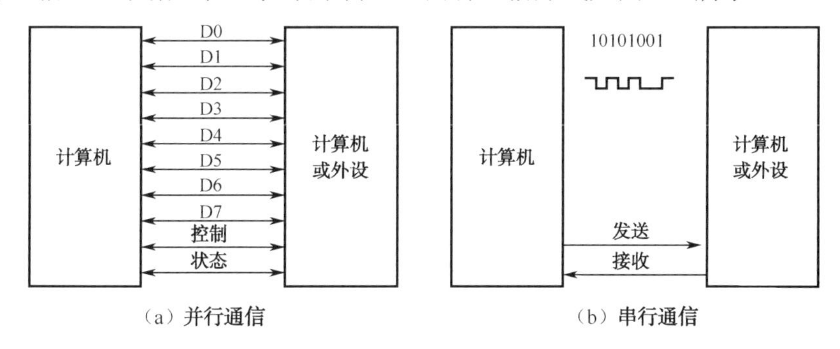

图 7-1　CPU 与外部通信的两种基本方式

由图可知两种基本通信方式具有如下特点。

并行通信：各数据位同时传送，传送速度快、效率高，但有多少数据位就需要有多少根数据线，因此传送成本高。在集成电路芯片的内部、同一插件板上各部件之间、同一机箱内各插件板之间的数据传送都是并行的。并行数据传送的距离通常小于 30m。

串行通信：数据传送按位顺序进行，最少只需一根传输线即可完成，成本低，但速度慢。计算机与远程终端或终端与终端之间的数据传送通常都是串行的。串行数据传送的距离可以从几米到几千米。

7.2.1　串行通信方式

按数据传送的方式，串行通信方式可分为异步通信和同步通信两种基本形式。

1. 异步通信方式

在异步通信方式中，接收器和发送器有各自的时钟，其工作是非同步的。异步通信用一帧来表示一个字符，其内容为：一个起始位，紧接着是若干个数据位，最后是停止位。

异步通信的优点是不需要传送同步脉冲，可靠性高，所需设备简单；其缺点是字符帧中因包含起始位和停止位，从而降低了有效数据的传输速率。例如，若一帧中包括 1 个起始位、8 个数据位和 1 个停止位，则数据的有效传输率仅为 80%。

2. 同步通信方式

在同步通信方式中，发送器和接收器的时钟由同一个时钟源提供，同步传输方式去掉了起始位和停止位，只在传输数据块时先送出一个同步头（字符）标志即可，其优点是相对于异步通信方式数据传输速率较高；缺点是要求发送时钟和接收时钟保持严格同步。

按数据传送的方向，串行通信方式可分为单工、半双工和全双工三种传送方式，如图 7-2 所示。

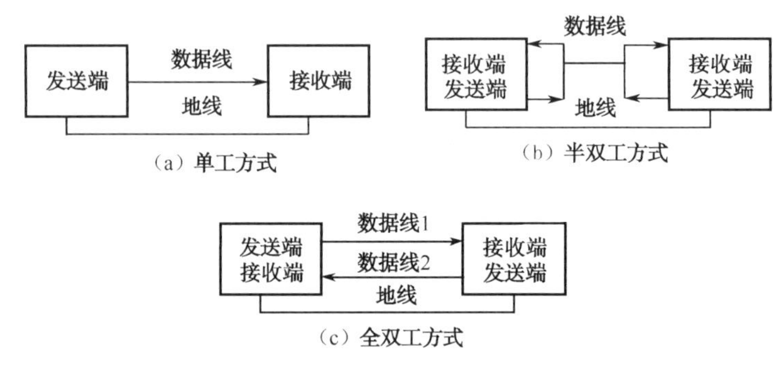

图 7-2 串行通信三种传送方式

单工传送方式是指在任意时刻数据传输仅能沿一个方向，不能实现反向传输；半双工传送方式是指数据传输可以沿两个方向，但需要分时进行；全双工传送方式是指数据可以同时进行双向传输。

MCS-51 单片机内有一个全双工的串行通信接口，它具有 UART（Universal Asynchronous，Receive/Transmitter，通用异步接收器/发送器）的全部功能，该串行口有 4 种工作方式，即工作方式 0、工作方式 1、工作方式 2 和工作方式 3，并且使用单片机内部的定时器/计数器作为其波特率发生器，允许用户在应用程序中采用中断方式实现串行通信，在串行口接收数据或发送数据完成后均可向 CPU 请求中断。

7.2.2 字符帧和波特率

在异步通信中，字符帧格式和波特率是两个重要的指标，由用户根据实际情况选定。

1. 字符帧

在串行异步通信中，数据通常以字符（或字节）为单位组成字符帧传送。字符帧也称数据帧，由起始位、数据位、奇偶校验位和停止位 4 部分组成，其中起始位、数据位和停止位是必需的，而奇偶校验位可以根据实际要求决定是否采用。串行异步通信的字符帧格式如图 7-3 所示。

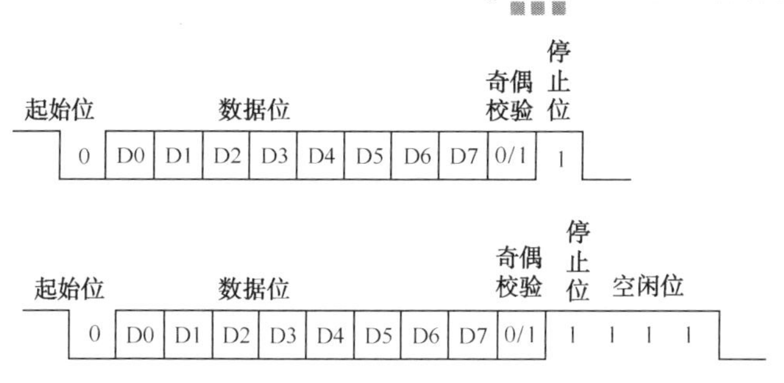

图 7-3　串行异步通信的字符帧格式

各部分的功能和结构如下。

（1）起始位：位于字符帧开头，占 1 位，始终为逻辑“0”，用于向接收设备表示发送端开始发送一帧信息。

（2）数据位：紧跟起始位之后，可取 5 位、6 位、7 位或 8 位，低位（LSB）在前。

（3）奇偶校验位：位于数据位后，占 1 位，用于表示串行通信中采用奇校验还是偶校验，由用户根据需要设定。

（4）停止位：位于字符帧末尾，始终为逻辑“1”，可取 1 位、1.5 位或 2 位，用于向接收端表示一帧字符信息已发送完毕，也可为发送下一帧字符做准备。

（5）空闲位：两个相邻字符帧之间可以无空闲位，也可以有若干空闲位，由用户根据需要决定。

注意： 上述逻辑“0”不一定就是低电平，同样逻辑“1”不一定就是高电平，要根据具体的协议决定，如在 RS-232C 中采用的就是负逻辑。

2．波特率

波特率（baud rate）是指每秒钟传送信号的数量，单位为波特（baud）。波特率是串行通信非常重要的指标，用于表征数据传输的速度。波特率越高，数据传输速度越快。

需要注意波特率与比特率的区别。每秒钟传送二进制数的信号数（即二进制数的位数）定义为比特率，单位是 bps。由于在单片机串行通信中传送的信号就是二进制信号，因此波特率与比特率数值上相等，单位为 bps。

例如，串行异步通信数据传送的速率是 120 字符/秒，而每个字符规定包含 1 个起始位、8 个数据位、1 个校验位和 1 个停止位，则波特率为：120 字符/秒×11 位/字符=1320b/s =1320bps。

7.3　MCS-51 单片机串行口

7.3.1　串行口内部结构

MCS-51 单片机串行口的内部结构如图 7-4 所示。

由图可知，MCS-51 单片机串行口内部包含两个数据缓冲寄存器 SBUF（属于特殊功能寄存器），一个用于发送，一个用于接收，即发送数据缓冲寄存器 SBUF 和接收数据缓冲寄存器 SBUF。寻址这两个寄存器时使用同一个地址 99H，但这两个寄存器在物理上是相互独立的。其中，接收 SBUF 只能读出不能写入，而发送 SBUF 只能写入不能读出，因此用户程序可以以全双工方式工作，即同时发送和接收数据。

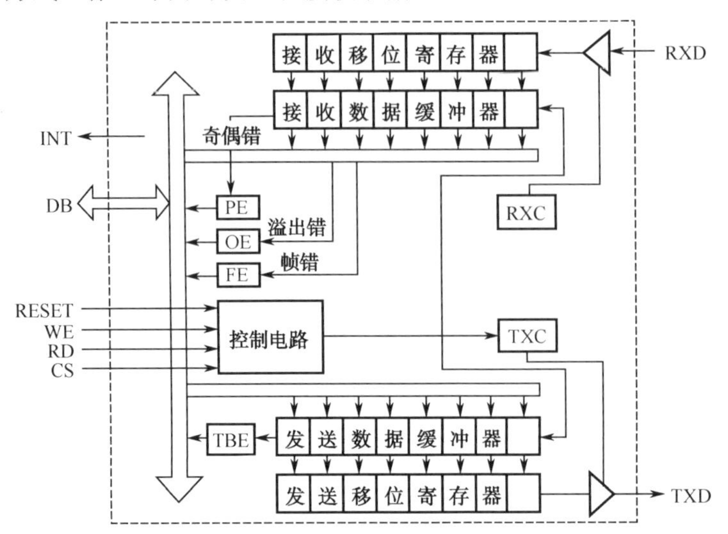

图 7-4 MCS-51 单片机串行口的内部结构

7.3.2 串行口工作原理

1. 串行发送数据过程

串行发送时，当执行一条向 SBUF 写入数据的指令（如 SBUF=a），把数据写入串行口发送数据缓冲器 SBUF，就启动发送过程。CPU 通过数据总线把 8 位并行数据送到发送数据缓冲器 SBUF，然后并行送给发送移位寄存器，并在发送时钟和发送控制电路控制下通过 TXD 线一位一位地发送出去，起始位和停止位是由串行口在发送时自动添加上去的。串行口发送完一帧数据后由硬件自动置位 TI，向 CPU 发出中断请求，CPU 响应中断后可以把下一个字符送到发送数据缓冲器 SBUF，然后重复上述过程。

注意： TI 不能由硬件自动清除，必须由软件清零，即用 TI=0 命令。

2. 串行接收数据过程

串行接收时，当 REN 位置 1，接收控制器就开始工作。串行口监视 RXD 线，并在检测到 RXD 线上有一个低电平（起始位）时就开始一个新的字符接收过程。串行口每接收到一位二进制数据位后就使接收移位寄存器左移一次，连续接收到一个字符后并行传送到接收数据缓冲器 SBUF。串行口接收完一帧数据后由硬件自动置位 RI，向 CPU 发出中断请求，CPU 响应中断时执行一条读 SBUF 指令（如 a=SBUF），将所接收的字符取走。

注意： RI 也不能由硬件自动清除，必须由软件清零，即使用 RI=0 命令。

7.3.3 与串行口有关的特殊功能寄存器

1. 串行口控制寄存器 SCON

SCON 是串行口控制和状态寄存器，可位寻址。其中低 2 位 RI、TI 完成接收和发送中断请求信号，高 6 位用于串行口工作方式设置和串行口发送/接收控制。SCON 中各位的含义如表 7-1 所示。

表 7-1 SCON 各位的含义

SCON.7	SCON.6	SCON.5	SCON.4	SCON.3	SCON.2	SCON.1	SCON.0
SM0	SM1	SM2	REN	TB8	RB8	TI	RI

（1）SM0、SM1：串行口工作方式控制位，具体工作方式如表 7-2 所示，其中 f_{osc} 表示单片机晶振频率。

表 7-2 串行口工作方式

SM1	SM0	工作方式 Function
0	0	工作方式 0，8 位同步移位寄存器方式，其波特率固定为 $f_{osc}/12$
0	1	工作方式 1，10 位异步通信方式，波特率可调，由定时器 T1 的溢出率决定
1	0	工作方式 2，11 位异步通信方式，其波特率固定为 $f_{osc}/64$ 或 $f_{osc}/32$
1	1	工作方式 3，11 位异步通信方式，波特率可调，由定时器 T1 的溢出率决定

（2）SM2：多机通信控制位，主要在工作方式 2 和工作方式 3 下使用。在工作方式 0 时 SM2 不用，应设置为 0。在工作方式 1 下，SM2 也应设置为 0，此时 RI 只有在接收电路接收到停止位时才被置位，并能自动向 CPU 请求串行口中断（假设中断是开放的）。在工作方式 2 或工作方式 3 下，若 SM2=0，串行口以单机发送或接收方式工作，TI 和 RI 以正常方式被激活，但不会引起中断请求；若 SM2= 1 且 RB8= 1，则 RI 不仅被激活而且可以向 CPU 请求中断。

（3）REN：允许接收控制位。REN=0 时禁止串行口接收数据，REN=1 时允许串行口接收数据。

（4）TB8：在串行口工作方式 2、3 时，用于存放要发送的数据的第 9 位，由软件置位或复位。

（5）RB8：在串行口工作方式 2、3 时，用于存放接收到的数据的第 9 位；在工作方式 1 下，若 SM2=0，则 RB8 用于存放接收到的停止位；在工作方式 0 下不使用 RB8。

（6）TI：发送中断标志位。在工作方式 0 中，发送完第 8 位数据时，由硬件置位。其他方式中则是在发送停止位之初，由硬件置位。TI 置位后，申请中断，CPU 响应中断后，发送下一帧数据。在任何方式下，TI 都必须由软件来清除，也就是说在数据写入 SBUF 后，硬件发送数据，中断响应（如中断打开），这时 TI=1，表明发送已完成，TI 不会由硬件清除，所以这时必须用软件对其清零。

（7）RI：接收中断标志位。在工作方式 0 中，接收第 8 位结束时，由硬件置位。其他方式中则是在接收停止位的中间，由硬件置位。RI=1，申请中断，要求 CPU 取走数据。但在工作方式 1 中，SM2=1，当未收到有效的停止位时，则不会对 RI 置位。同样，RI 也必须要靠软件清除。

2. 电源控制寄存器 PCON

PCON 寄存器主要是为 CHMOS 型单片机的电源控制设置的专用寄存器，不可位寻址，只能按字节方式访问，其最高位 SMOD 为串行口波特率控制位，可由软件置位或清零。若

SMOD=1，则工作在方式1、2、3的波特率加倍。PCON 中各位的含义如表7-3所示。

表7-3 PCON各位的含义

PCON.7	PCON.6	PCON.5	PCON.4	PCON.3	PCON.2	PCON.1	PCON.0
SMOD	—	—	—	GF1	GF0	PD	IDL

（1）SMOD：串行口通信波特率加倍控制位。

（2）GF1、GF0：两个通用的标志位，用户应用程序可以对这两位进行读和写，但不影响CPU的任何工作。这两位一般用来作为系统“上电复位”或者“热复位”的检测标志。

（3）PD：CPU 进入掉电模式运行的控制位。该位被用户程序置位后，CPU 立即进入掉电的省电（降低消耗功率）模式运行。

（4）IDL：CPU 进入空闲（待机）模式运行的控制位。该位被用户程序置位后，CPU 立即进入空闲的省电（降低消耗功率）模式运行。

7.3.4 串行口工作方式

MCS-51单片机串行口的4种工作方式见表7-2。

1. 工作方式0——8位同步移位寄存器方式（SM1 SM0=00）

工作方式 0 为同步移位寄存器的输入/输出方式。这种方式主要用于扩展并行输入或输出口，数据由 RXD（P3.0）引脚输入或输出，同步移位脉冲（时钟信号）由 TXD（P3.1）引脚输出，发送和接收均为8位数据，低位在先，高位在后。

当TI=0时，CPU向发送数据缓冲寄存器写入一个字节的数据后，RXD线上即可发出8位数据，TXD线上发送同步脉冲。8位数据发送完毕后，TI由硬件置位，并可向CPU请求中断（若中断开放）。

当RI=0且REN=1时，启动接收过程。串行数据由RXD线输入，同步脉冲由TXD线输出。接收电路接收到8位数据后，RI自动置位并可向CPU请求中断（若中断开放）。

在工作方式 0 下串行口的通信波特率是固定的，其值为 $f_{osc}/12$。例如，如果晶振频率为12MHz ，则工作方式0的波特率为 1×10^6bps。

2. 工作方式1——波特率可调的10位异步通信方式（SM1 SM0=01）

工作方式1为10位异步通信方式，字符帧中除了8 位数据位外，还可有1位起始位和1位停止位。

当TI=0时，CPU向发送数据缓冲寄存器写入一个字节的数据后，发送电路自动在8 位发送字符前后分别添加1位起始位和1位停止位，并在移位脉冲的作用下在TXD 线上依次发送一帧信息，发送完后自动维持 TXD 线为高电平。TI 由硬件在发送停止位时置位，并可向CPU请求中断。

接收操作在RI=0和REN=1条件下进行，这与工作方式0相同。接收器检测到RXD引脚输入电平发生负跳变时，说明起始位有效，将其移入输入位寄存器，并开始接收这一帧信息的其余位。当检测到停止位时，将接收到的8位数据装入接收数据缓冲寄存器，并由硬件置RI=1，向CPU请求中断。

3．工作方式 2——波特率固定的 11 位异步通信方式（SM1 SM0=10）

工作方式 2 为 11 位异步通信方式，字符帧中包含 1 位起始位、9 位数据位和 1 位停止位。

工作方式 2 与工作方式 1 的不同之处在于工作方式 2 有 9 位有效数据位，其中包含 8 位数据位，第 9 位由用户定义，既可以是校验位，也可以是其他自定义的控制位。

发送时，CPU 除了要把发送的 8 位数据装入发送数据缓冲寄存器外，还要把第 9 位数据预先装入 SCON 的 TB8 中；接收时，当 RI=0，且检测到停止位时，CPU 将接收到的 9 位数据分开处理，即将 8 位数据装入接收数据缓冲器 SBUF 中，将第 9 位数据装入 RB8，同时置 RI=1，向 CPU 请求中断。

除了字符帧格式的不同之外，方式 1 的波特率是可调的，而方式 2 的波特率是固定的，为 $f_{osc}/32$ 或 $f_{osc}/64$。用户可以根据 PCON 中的 SMOD 位的状态来使串行口工作在某个波特率下，计算公式为

$$波特率=\frac{2^{SMOD}}{64}\times f_{OSC}$$

4．工作方式 3——波特率可调的 11 位 UART 方式（SM1 SM0=11）

工作方式 3 的字符帧格式与工作方式 2 完全相同，波特率的设定与工作方式 1 完全相同。

7.3.5　串行口初始化

使用串行口之前必须对其进行初始化，具体步骤如下。

（1）通过设置 TMOD 寄存器，确定定时器 1 的工作方式；

（2）设定定时器 1 的初值，并装入 THl 和 TL1 中；

（3）将 TCON 中的 TR1 置位，启动定时器/计数器 1；

（4）通过设置 SCON 寄存器，确定串行口的工作方式；

（5）串行口工作在中断方式时，需要打开 CPU 中断和串行口中断，通过设置 IE 寄存器来完成。

以下是串行口的一段初始化程序：

```
TMOD=0x20;                  // 定时器 1 工作于方式 2
TH1=0xfd;                   // 波特率为 9600bps
TL1=0xfd;
SCON=0x50;                  // 设定串行口工作于方式 1
PCON&=0x80;                 // 波特率倍增
IE = 0x90;                  // 允许中断
TR1=1;                      // 启动定时器 1
```

7.4 训练项目

7.4.1 双机通信

1. 目的

（1）熟悉串行通信的工作原理与工作过程。

（2）掌握单片机与单片机之间实现双机通信的编程方法。

2. 任务

本项目要完成的任务是采用两片单片机（1#机作为主机，2#机作为从机），主机通过按键控制从机信号灯动作，实现数据单向传送，具体数据操作如表 7-4 所示。

表 7-4 数据单向传送

1#	2#
按下 S1 键	LED1～LED2 亮 LED3～LED4 灭
按下 S2 键	LED1～LED2 灭 LED3～LED4 亮
按下 S3 键	LED1～LED4 亮
按下 S4 键	LED1～LED4 灭

3. 任务引导

1）双机通信连接

单片机双机通信连接示意图如图 7-5 所示。

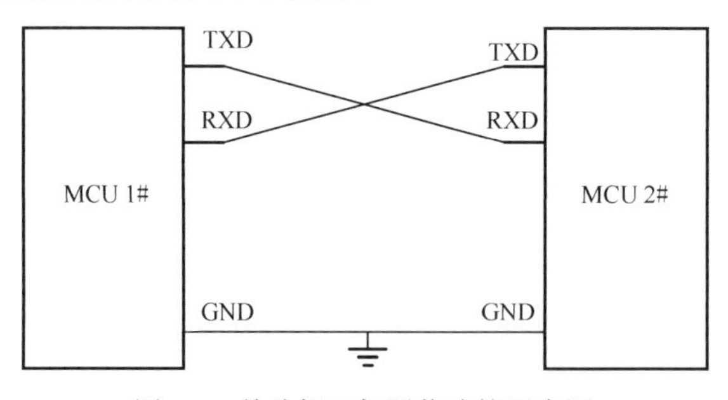

图 7-5 单片机双机通信连接示意图

从图中可知，要实现双机通信只需连接 3 根线。

（1）1#机的 TXD 接至 2#机的 RXD，1#机发送数据，2#机接收数据；

（2）2#机的 TXD 接至 1#机的 RXD，2#机发送数据，1#机接收数据；

（3）双机共地。

2）串口初始化

设置波特率过程如下所示。

（1）定时器 1 工作方式：令定时器 1 工作于方式 2，则 TMOD=0x20。

（2）设定定时初值：根据波特率计算定时器 1 的初值。

本项目中 SMOD=0，波特率=1200bps，晶振 f_{osc}=12MHz，则计数初值为

$$TH1=256-(2^{SMOD}\times f_{osc})/(384\times 波特率)=256-26=230$$

注意：有关定时初值与波特率的计算，现在有专门的波特率计算应用软件，读者可到相关网站上下载，可供参考的参数设置界面如图 7-6 所示。

图 7-6　波特率计算

用户打开该软件后，只需直接输入所选波特率和晶振的值，单击“确认”按钮，便可得到对应的初值。

① 启动定时器 1：令 TR1=1。

② 设置串行口工作方式：令 MCS-51 单片机的串口工作于方式 1，则发送时 SCON=0x40；接收时 SCON=0x50。

3）收发程序的编写

编写收发程序时，发送端和接收端必须采用相同的波特率。

收发程序的编写一般采用两种方式，一种是查询方式，另一种是中断方式，无论哪种方式，都要通过 TI 和 RI 标记。

（1）串行口发送时，每当发送完 8 位数据后，硬件会自动令 TI 为 1，向 CPU 申请中断，在中断服务程序中要用软件把 TI 清零，以便发送下一帧数据；采用查询方式时，CPU 不断查询 TI 的状态，只要 TI 为 0 就继续查询，TI 为 1 就结束查询，同时也要及时用软件把 TI 清零。

（2）串行口接收时，每当接收到 8 位数据后，硬件会自动令 RI 为 1，向 CPU 申请中断，在中断服务程序中要用软件把 RI 清零，以便接收下一帧数据；采用查询方式时，CPU 不断查询 RI 的状态，只要 RI 为 0 就继续查询，RI 为 1 就结束查询，同时也要及时用软件把 RI 清零。

4．任务实施

1）硬件电路设计

双机通信信号灯控制电路图如图 7-7 所示。

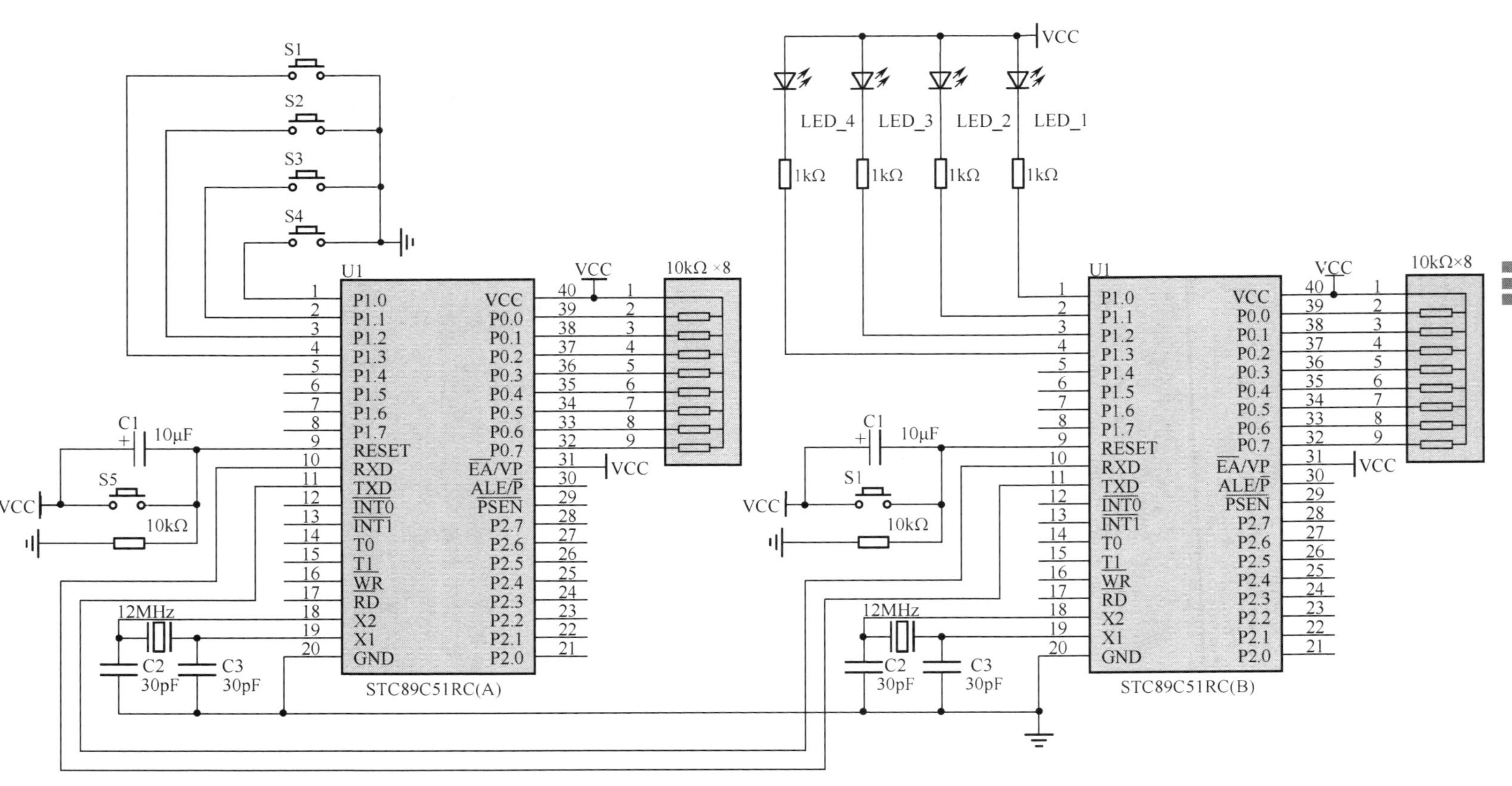

图 7-7 双机通信信号灯控制电路原理图

2）软件设计

编程方法：采用查询方式编写收发控制程序。

编写 C51 控制源程序如下所示。

（1）发送端源程序。

```
/*********************************************************************
    * @ File:    chapter 7_1.c
    * @ Function：双机通信信号灯控制
*********************************************************************/
    #include <reg52.h>
    #define uint unsigned int                //宏定义
    #define uchar unsigned char
    void main()
    {
        TMOD=0x20;                           //定时器 1 工作在方式 2
        TH1=230;                             //计数初值
        TL1=230;
        TR1=1;                               //启动定时器 1
        SCON=0x40;                           //串口工作方式 1
        while(1)
        {
            SBUF=P1;                         //发送 P1
            while(!TI);                      //等数据发送完
            TI=0;                            //清 TI
        }
    }
```

（2）接收端源程序。

```
/*********************************************************************
    * @ File:    chapter 7_2.c
    * @ Function：双机通信信号灯控制
*********************************************************************/
    #include <reg52.h>
    #define uint unsigned int                //宏定义
    #define uchar unsigned char
    void main()
    {
        TMOD=0x20;                           //设定时器 1 工作在方式 2
        TH1=230;                             //计数初值
        TL1=230;
        TR1=1;                               //启动定时器 1
        SCON=0x50;                           //串口工作方式 1，允许接收
        while(1)
        {
```

```
        if(RI==1)                    //等数据接收完
        {
            RI=0;                    //清 RI
        }
        switch(SBUF)                 //根据接收到的数据判断程序流程
        {
            case 0xFE:P1=0x3F;       //S1 键按下
                    break;
            case 0xFD:P1=0xCF;       //S2 键按下
                    break;
            case 0xFB:P1=0x0F;       //S3 键按下
                    break;
            case 0xF7:P1=0xFF;       //S4 键按下
                    break;
        }
    }
}
```

3）程序编译、调试与仿真

打开 Keil 软件，建立工程，输入上述发送和接收源程序并编译生成相应的 HEX 文件。

调用 Proteus 仿真软件，按下相关的按键 S1～S4，观察仿真电路运行情况，其电路仿真结果如图 7-8 所示。

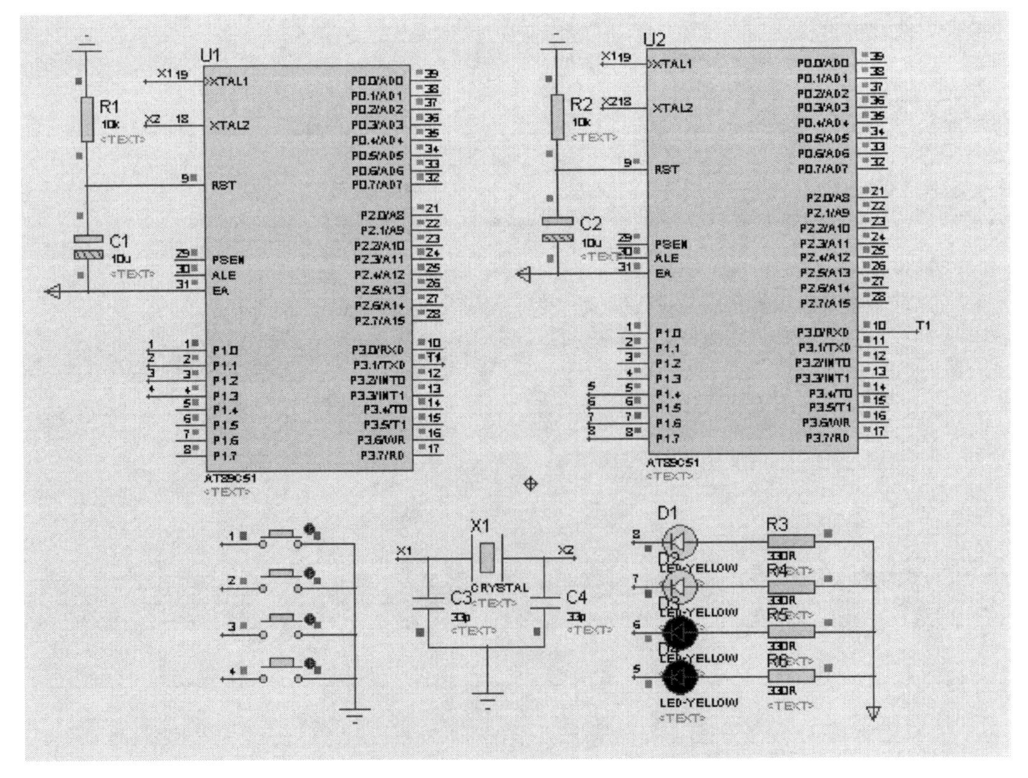

图 7-8　双机通信信号灯控制仿真结果

5．任务

本项目要完成的任务：1#机采用动态扫描方式，每隔 1s 增 1，显示数字 0～9，同时将显示数据通过串口发送到2#机，使两台单片机控制电路上均每隔 1s 增 1，显示数字 0～9。

6．任务实施

1）硬件电路设计

双机通信数码管显示电路图如图 7-9 所示。

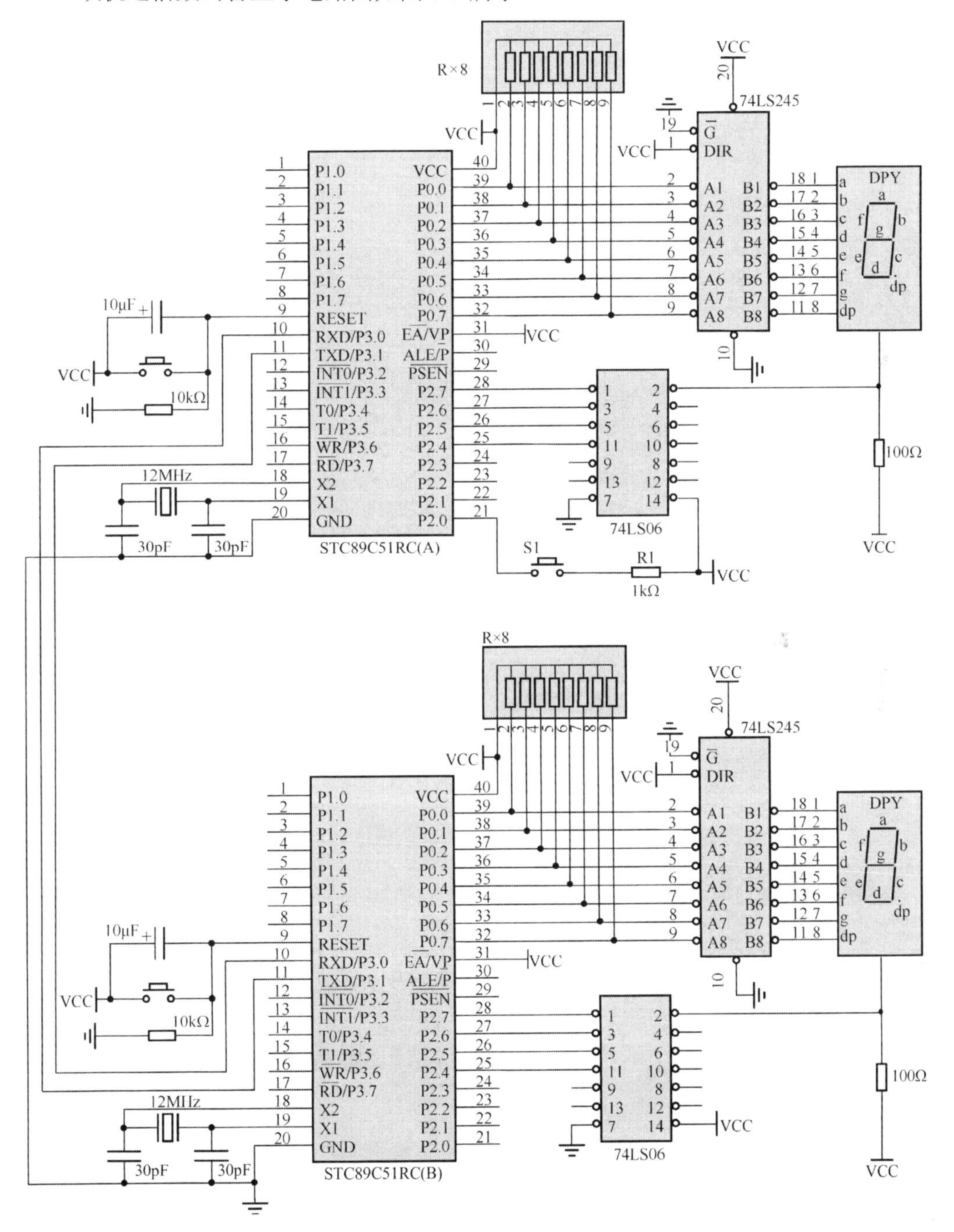

图 7-9　双机通信数码管显示电路原理图

2）软件设计

（1）发送端源程序：发送端单片机最小系统 P0 送段选码，P1 送位选码。

编写 C51 控制源程序如下所示。

```
/*****************************************************************
    * @ File:    chapter 7_3.c
    * @ Function：双机通信数码管显示数字 0～9
*****************************************************************/
    #include<reg51.h>
    #define uint unsigned int
    #define uchar unsigned char
    uchar code table[]={0x3f,0x06,0x5b,0x4f,0x66,0x6d,0x7d,0x07,0x7f,0x6f};//共阴极数码管 0～9 字段码
    uchar k=0;
    sbit k1=P2^0;
    void delayms(uint xms)              //延时子函数
    {
        uint i,j;
        for(i=xms;i>0;i--)
            for(j=110;j>0;j--);
    }
    void serial_init()                 //串口初始化
    {
        TMOD=0x20;
        TH1=0xfd;
        TL1=0xfd;
        PCON=0x00;
        TR1=1;
        SCON=0x50;
    }
    void send()                        //1#机发送数据
    {
        SBUF=table[k];
        while(!TI);                    //等待数据发送完
        TI=0;                          //清 TI
        delayms(1000);                 //延时 1s
        k++;
        if(k= =10)
            k=0;
    }
    void display()                     //1#机显示数字 0～9
    {
```

```
        P0=table[k];
        P1=0x01;
        delayms(5);
    }
    void main()                    //主函数
    {
        serial_init();
        while(1)
    {
        display();
        send();
    }
}
```

（2）接收端源程序：接收端单片机最小系统 P0 送段选码，P1 送位选码。

编写 C51 控制源程序如下所示。

```
/*************************************************************************
    * @ File:     chapter 7_4.c
    * @ Function：双机通信数码管显示数字 0～9
*************************************************************************/
    #include<reg51.h>
    #define uint unsigned int
    #define uchar unsigned char
    void delayms(uint xms)         //延时子函数
    {
        uint i,j;
        for(i=xms;i>0;i--)
            for(j=125;j>0;j--);
    }
    void serial_init()             //串口初始化
    {
        TMOD=0x20;
        TH1=0xfd;
        TL1=0xfd;
        PCON=0x00;
        TR1=1;
        SCON=0x50;
    }
    void main()                    //主函数
    {
        serial_init();
```

```
        while(1)
        {
            if(RI==1)              //判断是否接收完
            {
                RI=0;              //清 RI
                P0=SBUF;           //2#机接收字段码
                P1=0x01;           //位码
                delayms(5);
            }
        }
    }
```

3）程序编译、调试与仿真

打开 Keil 软件，建立工程，输入上述发送和接收源程序并编译生成相应的 HEX 文件。调用 Proteus 仿真软件，观察仿真电路运行情况，其电路仿真结果如图 7-10 所示。

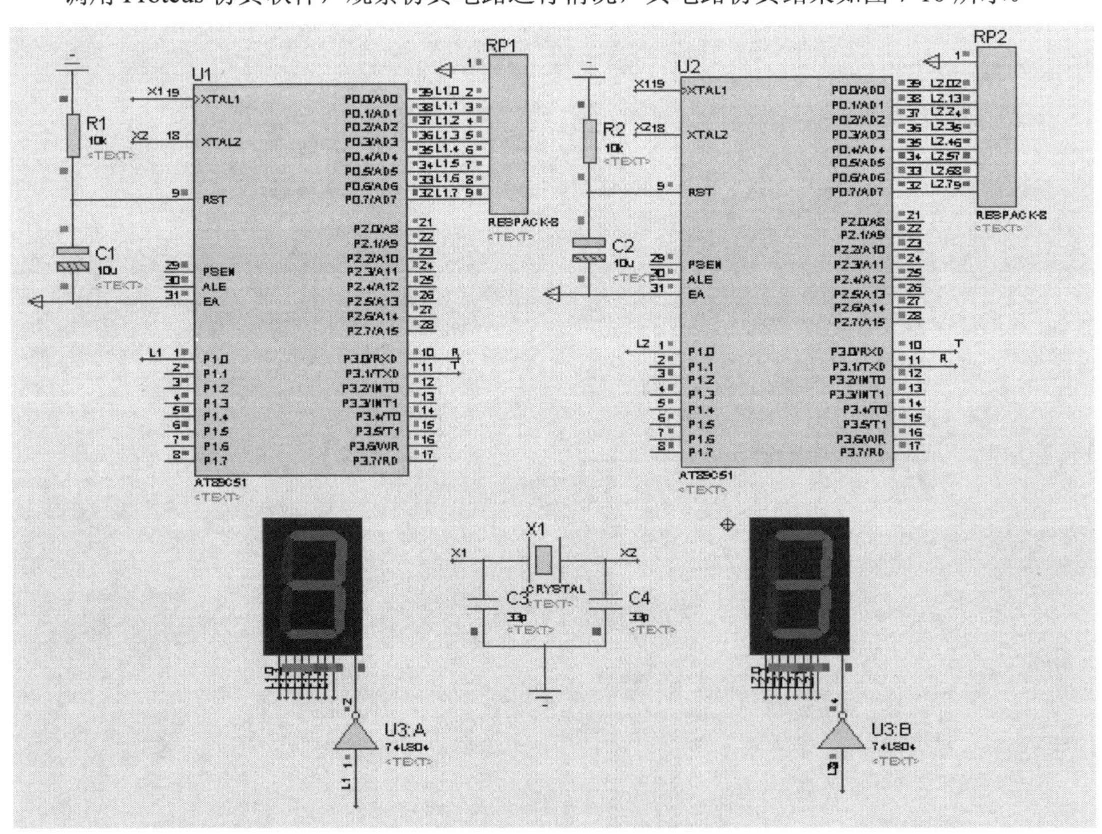

图 7-10　双机通信数码管显示数字 0～9 仿真结果

注意：制作双机通信电路板实物时，两台单片机电路一定要共地，否则会得不到想要的显示结果。

7.4.2　单片机与 PC 通信

1．目的

（1）进一步熟悉串行通信的工作原理与工作过程。
（2）掌握单片机与 PC 通信的编程方法。

2．任务

本项目要完成的任务是在单片机中写入内容，当按下 Key1 键时，单片机通过串口和串口调试助手，将信息发送到 PC 上位机上显示，串口波特率设为 9600bps。

3．任务引导

单片机与 PC 上位机进行串行通信需要满足一定的条件，因计算机的串口是 RS-232 电平（−5～−15V 为 1，+5～+15V 为 0），而单片机的串口是 TTL 电平（大于+2.4V 为 1，小于−0.7V 为 0），两者之间必须用一个电平转换电路实现 RS-232 电平与 TTL 电平的相互转换，一般采用专用芯片 MAX232 进行转换，其转换电路如图 7-11 所示。

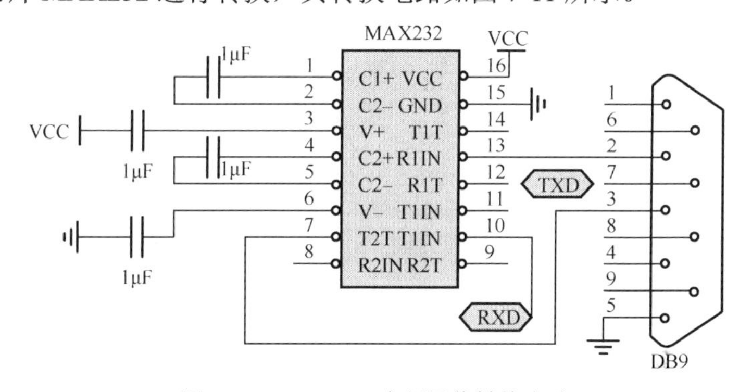

图 7-11　MAX232 串行通信转换电路

为了能够在 PC 上看到单片机发出的数据，除了电平转换之外，还必须借助一个应用软件进行观察。上位机的通信程序用户可以用 Turbo C 语言编写，也可以用高级语言 VC、VB 来编写，还可在上位机上安装“串口调试助手”应用软件，只要设置好波特率等参数就可以直接使用，用户无须再自己编写通信程序。有关“串口调试助手”的使用方法，本书附录 E 中有相关说明。

本项目使用“串口调试助手”应用程序，实现上位机与下位机的通信。单片机通信程序采用查询法接收和发送信号。

4．任务实施

1）硬件电路设计（略）

2）软件设计

编程方法：查询法。
编写 C51 控制源程序如下所示。

```
/*******************************************************************
    * @ File:     chapter 7_5.c
    * @ Function：单片机与 PC 通信
*******************************************************************/
    #include<reg52.h>
    #define uchar unsigned char
    #define uint unsigned int
    char code str[] ="I LOVE   MCU ！ \n\r";
    uchar a;
    sbit Key1=P3^2;                //按键定义
    void delayms(uint xms)         //延时子函数
    {
        uint i,j;
        for(i=xms;i>0;i--)
            for(j=110;j>0;j--);
    }
    void serial_init()             //串口初始化
    {
        TMOD=0x20;                 //定时器 1 工作于方式 2，用于产生波特率
        TH1=0xfd;                  //波特率为 9600bps
        TL1=0xfd;
        SCON=0x50;                 //设定串行口工作方式
        TR1 = 1;                   //启动定时器 1
        PCON&=0xef;                //波特率不倍增
        IE = 0x00;                 //禁止中断
    }
    void send_str()                //传送字符串
    {
        uchar i=0;
        while(str[i]!='\0')
        {
            SBUF=str[i];
            while(!TI);            //等待数据传送
            TI = 0;                //清 TI
            i++;                   //下一个字符
        }
    }
    void keyscan()                 //键盘扫描
    {
        if(Key1= =0)               //Key1 键按下
        {
            delayms(10);           //延时 10ms 消除抖动
```

```
            if(Key1= =0)                    //确认 Key1 键按下
            {
                send_str();                 //传送字符串
                while(!Key1);               //等待按键释放
            }
        }
    }
    void main()
    {
        serial_init();
        while(1)
    {
        keyscan();
        if(RI)                              //查询上位机是否有数据到来
        {
            RI = 0;
            a = SBUF;                       //暂存接收到的数据
            P0=a;                           //数据传送到 P0 口
        }
    }
}
```

3）调试、运行程序并仿真

打开 Keil 软件，建立工程，输入上述源程序并编译生成相应的 HEX 文件。

调用 Proteus 仿真软件，将生成的 HEX 文件下载至单片机中。

打开串口调试助手，设置好参数后，调试运行程序。按下 Key1 键，观察 PC 接收窗口显示结果，其电路仿真结果如图 7-12 所示。

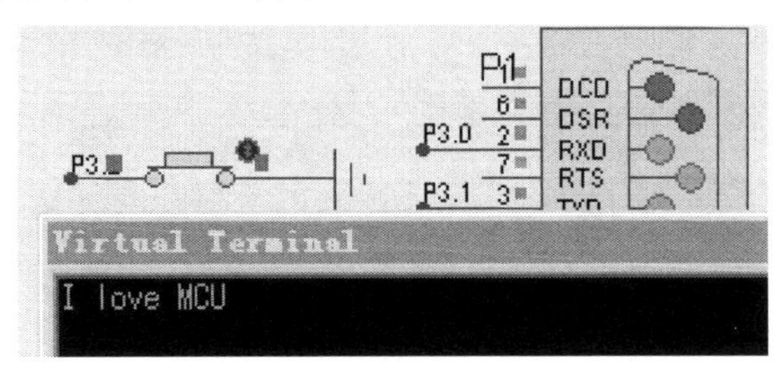

图 7-12　单片机与 PC 通信仿真结果

7.5　小结

本项目主要介绍了单片机串行通信接口。MCS-51 系列单片机内部有一个全双工的异步串行通信接口，其波特率和字符帧格式可以通过编程设定。该串行口中有两个数据缓冲器（SBUF），一个为发送缓冲器，一个为接收缓冲器，在完成串口的初始化后，只要将数据送入发送 SBUF，即可按设定好的波特率将数据发送出去，而在接收到数据后，可从接收 SBUF 中读入接收到的数据。

串行口包括 4 种不同的工作方式，即工作方式 0、工作方式 1、工作方式 2 和工作方式 3，其中工作方式 0 一般不用于通信，而是作为移位寄存器使用，可以通过 SCON、PCON 等特殊功能寄存器来设置工作方式和波特率。

单片机与单片机之间及单片机与 PC 之间都可以进行通信，异步通信编程通常采用两种方法：查询法和中断法。

7.6 练习题

1．串行数据传送与并行数据传送相比的主要优点和用途是什么？

2．简述 MCS-51 单片机串行口 4 种工作方式的接收和发送数据的过程。

3．MCS-51 单片机串行口有几种工作方式？各工作方式的波特率如何确定？

4．若晶振频率为 11.0592MHz，串行口工作于方式 1，波特率为 4800bps，写出用 T1 作为波特率发生器的方式控制字和计数初值。

5．简述利用串行口进行多机通信的原理。

6．使用 MCS-51 单片机的串行口按工作方式 1 进行串行数据通信，假定波特率为 2400bps，以中断方式传送数据，请编写全双工通信程序。

项目 8　单片机应用系统设计

8.1　学习情境

通过前面几个项目的学习，我们已基本熟悉了单片机最小系统、I/O 接口、中断系统、定时器/计数器的组成及用法，同时也掌握了组成单片机应用系统的常用模块接口技术：键盘、显示器、A/D 转换器、D/A 转换器等。这里通过一个综合训练项目——数字万年历的设计与制作的学习，使读者加深对各模块接口技术的认识，了解如何针对一个具体的项目来着手设计并完成实物制作过程，进而熟悉大项目分模块的设计制作思路与方法。

为此，读者需要先掌握与数字万年历训练项目有关的日历时钟芯片和温度传感器的相关知识，在此基础上就能更好地完成设计与制作任务。

8.2　DS1302 日历时钟芯片

DS1302 是美国 DALLAS 公司推出的一种高性能、低功耗的实时时钟芯片（RTC），附加 31 字节静态 RAM，采用 SPI 三线接口与 CPU 进行同步通信，并可采用突发方式一次传送多字节的时钟信号和 RAM 数据。实时时钟可提供秒、分、时、日、星期、月和年数据，一个月少于 31 天时可以自动调整，且具有闰年补偿功能。其工作电压宽达 2.5～5.5V，采用双电源供电（主电源和备用电源），可设置备用电源充电方式，提供对备用电源进行涓细电流充电的能力。DS1302 用于数据记录，特别是对某些具有特殊意义的数据点的记录上，能实现对数据与出现该数据的时间同时记录的功能，因此广泛应用于实时测量系统中。

1. DS1302 主要性能指标

（1）具有能计算 2100 年之前的秒、分、时、日、星期、月、年，以及闰年调整的能力。
（2）内部含有 31 字节静态 RAM，可提供用户访问。
（3）采用串行数据传送方式，使得引脚数量最少，简单 3 线接口。
（4）工作电压范围宽：2.0～5.5V。
（5）工作电流：工作电压为 2.0V 时，工作电流小于 300nA。
（6）时钟或 RAM 数据的读/写有两种传送方式：单字节传送和多字节传送方式。
（7）采用 8 引脚 DIP 封装或 SOIC 封装。
（8）与 TTL 兼容，VCC=5V。
（9）可选工业级温度范围：-40～+85°C。
（10）具有涓流充电能力。
（11）采用主电源和备份电源双电源供应。
（12）备份电源可由电池或大容量电容实现。

2. DS1302 引脚功能

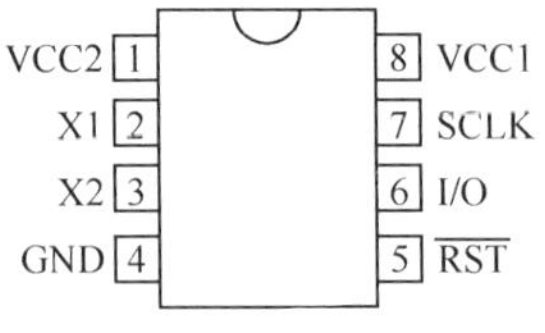

DS1302 的引脚如图 8-1 所示。

图 8-1 DS1302 引脚图

各引脚功能如下。

（1）X1、X2：32.768kHz 晶振接入引脚，专为 RTC 芯片提供计时脉冲信号。

（2）GND：电源地。

（3）$\overline{\text{RST}}$：复位引脚，低电平有效，在读、写数据期间，必须为高电平。

（4）I/O：数据输入/输出引脚，具有三态功能。

（5）SCLK：串行时钟输入引脚。

（6）VCC2：工作电源（主电源）引脚。

（7）VCC1：备用电源引脚。当 VCC2>VCC1+0.2V 时，由 VCC2 向 DS1302 供电，当 VCC2< VCC1 时，由 VCC1 向 DS1302 供电。

3. DS1302 寄存器及片内 RAM

DS1302 芯片内部集成有一个控制寄存器，12 个日历、时钟寄存器和 31 字节 RAM。

1）控制寄存器

控制寄存器用于存放 DS1302 的控制命令字，DS1302 的$\overline{\text{RST}}$引脚回到高电平后写入的第一个字就是控制命令字。它用于对 DS1302 读写过程进行控制，各位含义如表 8-1 所示。

表 8-1 控制寄存器各位含义

D7	D6	D5	D4	D3	D2	D1	D0
1	RAM/$\overline{\text{CK}}$	A4	A3	A2	A1	A0	RD/$\overline{\text{WR}}$

各位功能如下。

（1）D7：固定为 1。如果它为 0，则不能把数据写入到 DS1302 芯片中。

（2）D6：RAM/$\overline{\text{CK}}$位，片内 RAM 或日历、时钟寄存器选择位。其为 0 表示存取日历时钟数据，其为 1 则表示存取 RAM 数据。

（3）D5～D1：地址位，用于选择进行读写的日历、时钟寄存器或片内 RAM。对日历、时钟寄存器或片内 RAM 的选择如表 8-2 所示。

表 8-2 日历、时钟寄存器选择

寄存器名称	D7	D6	D5	D4	D3	D2	D1	D0
	1	RAM/$\overline{\text{CK}}$	A4	A3	A2	A1	A0	RD/$\overline{\text{WR}}$
秒寄存器	1	0	0	0	0	0	0	0 或 1
分寄存器	1	0	0	0	0	0	1	0 或 1
时寄存器	1	0	0	0	0	1	0	0 或 1
日寄存器	1	0	0	0	0	1	1	0 或 1
月寄存器	1	0	0	0	1	0	0	0 或 1

续表

寄存器名称	D7	D6	D5	D4	D3	D2	D1	D0
	1	RAM/$\overline{CK}$	A4	A3	A2	A1	A0	RD/$\overline{WR}$
星期寄存器	1	0	0	0	1	0	1	0 或 1
年寄存器	1	0	0	0	1	1	0	0 或 1
写保护寄存器	1	0	0	0	1	1	1	0 或 1
慢充电寄存器	1	0	0	1	0	0	0	0 或 1
时钟突发模式	1	0	1	1	1	1	1	0 或 1
RAM0	1	1	0	0	0	0	0	0 或 1
…	1	1	…	…	…	…	…	0 或 1
RAM30	1	1	1	1	1	1	0	0 或 1
RAM 突发模式	1	1	1	1	1	1	1	0 或 1

2）日历、时钟寄存器

DS1302 共有 12 个日历、时钟寄存器，其中 7 个寄存器与日历、时钟相关（读寄存器地址为 81H～8DH，写寄存器地址为 80H～8CH），存放的数据为 BCD 码形式。日历、时钟寄存器的格式如表 8-3 所示。

表 8-3　日历、时钟寄存器格式

寄存器名称	取值范围	D7	D6	D5	D4	D3	D2	D1	D0
秒寄存器	00～59	CH	秒的十位			秒的个位			
分寄存器	00～59	0	分的十位			分的个位			
时寄存器	01～12 或 00～23	12/24	0	A/P	HR	时的个位			
日寄存器	01～31	0	0	日的十位		日的个位			
月寄存器	01～12	0	0	0	1 或 0	月的个位			
星期寄存器	01～07	0	0	0	0	星期几			
年寄存器	01～99	年的十位				年的个位			
写保护寄存器		WP	0	0	0	0	0	0	0
慢充电寄存器		TCS	TCS	TCS	TCS	DS	DS	RS	RS
时钟突发寄存器									

几点说明：

（1）数据都是 BCD 码形式。

（2）时寄存器的 D7 位为 12/24 小时制的选择位，当其为 1 时，选 12 小时制；当其为 0 时，选 24 小时制。12 小时制时，D5=1 代表上午，D5=0 代表下午，D4 为小时的十位；24 小时制时，D5、D4 位为小时的十位。

（3）秒寄存器中的 CH 位为时钟暂停位。CH=1：时钟暂停；CH=0：时钟开始启动。

（4）写保护寄存器中的 WP 为写保护位。WP=1：写保护；WP=0：未写保护。对日历、时钟寄存器或片内 RAM 进行写操作时，WP 应清零；对日历、时钟寄存器或片内 RAM 进行读操作时，WP 一般置 1。

（5）慢充电寄存器的 TCS 位为控制慢充电的选择，当它为 1010 时才能使慢充电工作。DS 为二极管选择位。DS 为 01，选择一个二极管；DS 为 10，选择两个二极管；DS 为 11 或

00，充电器被禁止，与 TCS 无关。RS 用于选择连接在 VCC2 与 VCC1 之间的电阻，RS 为 00，充电器被禁止，与 TCS 无关。电阻选择情况如表 8-4 所示。

表 8-4　电阻选择

RS 位	电 阻 器	阻　值
00	无	无
01	R1	2kΩ
10	R2	4kΩ
11	R3	8kΩ

3）片内 RAM

DS1302 片内有 31 字节 RAM 单元，对片内 RAM 的操作有两种方式：单字节方式和多字节方式。当控制命令字为 C0H～FDH 时为单字节读写方式，命令字中的 D5～D1 用于选择对应的 RAM 单元，其中奇数为读操作，偶数为写操作。当控制命令字为 FEH、FFH 时为多字节操作（见表 8-2 中的 RAM 突发模式），多字节操作可一次把所有的 RAM 单元内容进行读写，FEH 为写操作，FFH 为读操作。

4）DS1302 的输入/输出过程

DS1302 通过 $\overline{\text{RST}}$ 引脚驱动输入/输出过程，当置 $\overline{\text{RST}}$ 为高电平时，启动输入/输出过程，在 SCLK 时钟的控制下，首先把控制命令字写入 DS1302 的控制寄存器，其次根据写入的控制命令字，依次读写内部寄存器或片内 RAM 单元的数据，对于日历、时钟寄存器，根据控制命令字，一次可以读写一个日历、时钟寄存器，也可以一次读写 8 字节。对所有的日历、时钟寄存器（见表 8-2），写的控制命令字为 0BEH，读的控制命令字为 0BFH；对于片内 RAM 单元，根据控制命令字，一次可读写一个字节，也可一次读写 31 字节。当数据读写完后，$\overline{\text{RST}}$ 变为低电平结束输入/输出过程。无论是命令字还是数据，一个字节传送时都是低位在前，高位在后，每一位的读写发生在时钟的上升沿。

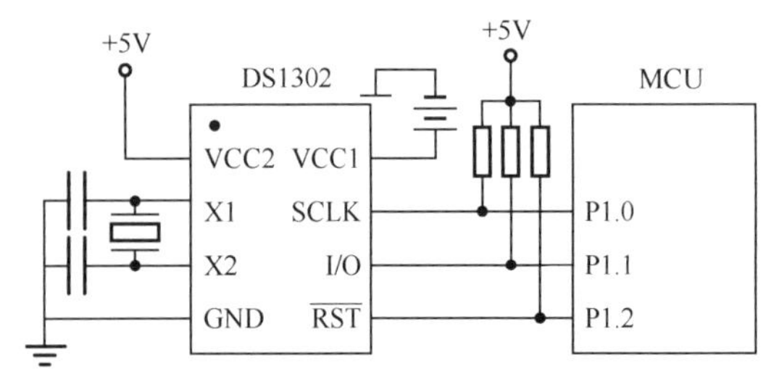

图 8-2　DS1302 与单片机的接口

4．DS1302 与单片机的接口

DS1302 与单片机的连接仅需要 3 条线：时钟线 SCLK、数据线 I/O 和复位线 $\overline{\text{RST}}$，其接口电路图如图 8-2 所示。时钟线 SCLK 与 P1.0 相连，数据线 I/O 与 P1.1 相连，复位线 $\overline{\text{RST}}$ 与 P1.2 相连，DS1302 的 X1、X2 引脚外接晶振为 32.768MHz。

5．读写时序说明

DS1302 是 SPI 总线驱动方式，它不仅要向寄存器写入控制字，还需要读取相应寄存器的数据。由控制寄存器（见表 8-1）的最低位控制 DS1302 的读写操作，最低位为 0 表示要进行写操作，为 1 表示进行读操作。控制字总是从最低位开始输出的。在控制字指令输入后的下一个 SCLK 时钟的上升沿时，数据被写入 DS1302，数据输入从最低位（0 位）开始。同样，在紧跟 8 位的控制字指令后的下一个 SCLK 脉冲的下降沿，读出 DS1302 的数据，读出的数据也是从最低位到最高位的。数据读写时序如图 8-3 所示。

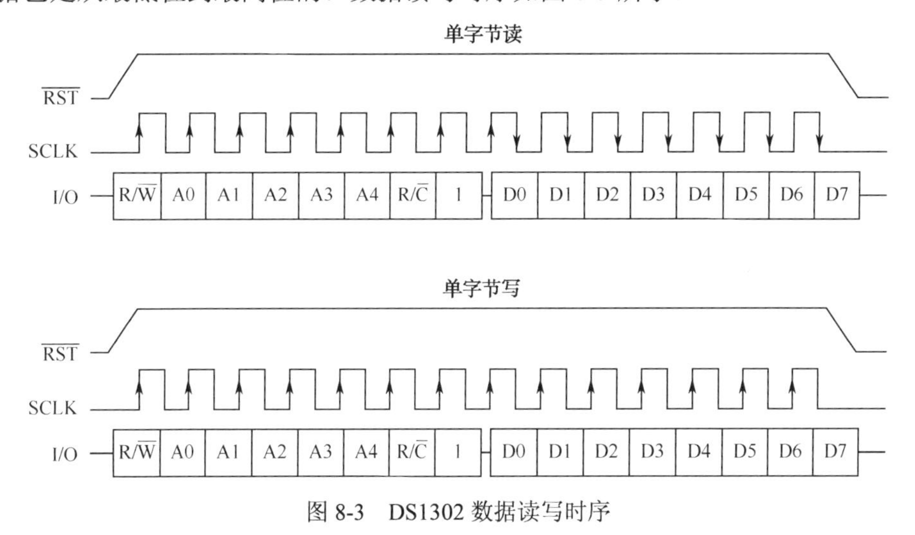

图 8-3 DS1302 数据读写时序

8.3 DS18B20 数字温度传感器

DS18B20 是美国 DALLAS 公司生产的单线数字温度传感器，具有微型化、低功耗、高性能、抗干扰能力强等优点。它采用单总线协议，即与单片机接口仅需占用一个 I/O 端口，无须任何外部元件，直接将环境温度转化成串行数字信号供微处理器处理，温度测量范围为-55～+125℃，并且根据实际要求通过简单的编程可设置 9～12 位的分辨率，可以在 93.75～750ms 内将温度转化为数字量，具有多种可选的封装方式。

1. DS18B20 温度传感器特性

（1）适应电压范围宽，电压范围为 3.0～5.5V，在寄生电源方式下可由数据线供电。

（2）独特的单线接口方式，DS18B20 在与微处理器连接时仅需要一条口线即可实现微处理器与 DS18B20 的双向通信。

（3）DS18B20 支持多点组网功能，多个 DS18B20 可以并联在唯一的三线上，实现组网多点测温。

（4）DS18B20 在使用中不需要任何外围元件，全部传感元件及转换电路集成在形如一只三极管的集成电路内。

（5）测温范围为-55～+125℃，在-10～+85℃时精度为±0.5℃。

（6）可编程的分辨率为 9～12 位，对应的可分辨温度分别为 0.5℃、0.25℃、0.125℃和 0.0625℃，可实现高精度测温。

（7）在 9 位分辨率时最多在 93.75ms 内把温度转换为数字；12 位分辨率时最多在 750ms 内把温度转换为数字，显然速度更快。

（8）测量结果直接输出数字温度信号，以“一线总线”串行传送给 CPU，同时可传送 CRC 校验码，具有极强的抗干扰纠错能力。

（9）负压特性：电源极性接反时，芯片不会因发热而烧毁，但不能正常工作。

2．DS18B20 产品的特点

（1）只要一个端口即可实现通信。

（2）DS18B20 中的每个元器件上都有独一无二的序列号。

（3）实际应用中不需要外部任何元器件即可实现测温。

（4）测量温度范围为-55～+125℃。

（5）数字温度计的分辨率用户可以从 9～12 位选择。

（6）内部有温度上、下限告警设置。

3．DS18B20 应用范围

（1）冷冻库、粮仓、存储罐、电信机房、电力机房、电缆线槽等测温和控制领域。

（2）轴瓦、缸体、纺机、空调等狭小空间中的工业设备测温和控制。

（3）汽车空调、冰箱、冷柜及中低温干燥箱等。

（4）供热、制冷管道热量计量、中央空调分户热能计量等。

图 8-4　DS18B20 实物

4．DS18B20 引脚介绍

（1）DS18B20 实物如图 8-4 所示。

（2）DS18B20 有两种封装：三脚 TO-92 直插式（用的最多、最普遍的封装）和八脚 SOIC 贴片式，其封装引脚如图 8-5 所示。

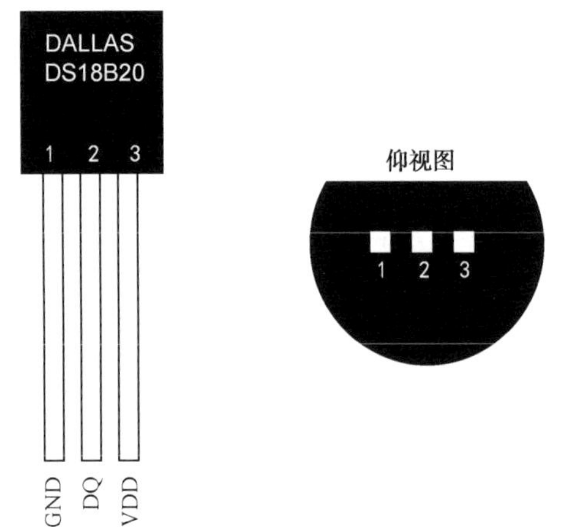

（a）DS18B20 TO-92

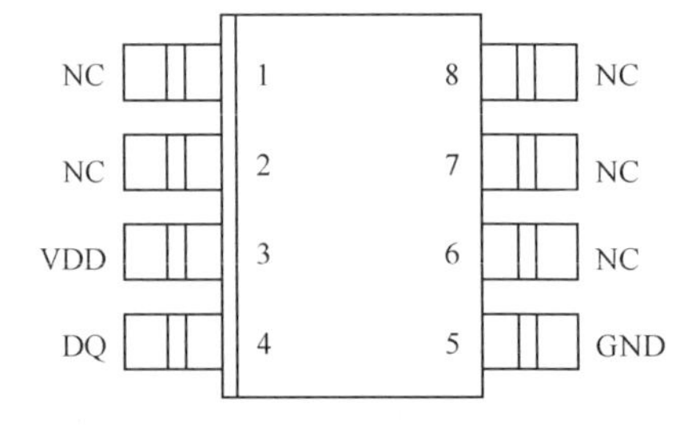

（b）DS18B20八脚SOIC（150mil）

图 8-5　DS18B20 封装引脚图

（3）DS18B20 引脚含义如表 8-5 所示。

表 8-5　DS18B20 引脚含义

引　脚	定　义
GND	电源负极
DQ	信号输入输出
VDD	电源正极
NC	空

5. DS18B20 工作原理

1）DS18B20 控制指令

（1）33H：读 ROM。读 DS18B20 温度传感器 ROM 中的编码（即 64 位地址）。

（2）55H：匹配 ROM。发出此命令之后，接着发出 64 位 ROM 编码，访问单总线上与该编码相对应的 DS18B20 并使之做出响应，为下一步对应 DS18B20 的读/写做准备。

（3）F0H：搜索 ROM。用于确定挂接在同一总线上 DS18B20 的个数，识别 64 位 ROM 地址，为操作各元器件做好准备。

（4）CCH：跳过 ROM。忽略 64 位 ROM 地址，直接向 DS18B20 发温度变换命令，适用于一个从机工作。

（5）ECH：告警搜索命令。执行后只有温度超过设定值上限或下限时芯片才做出响应。

以上这些指令涉及的存储器是 64 位光刻 ROM，下面列出它的各位定义：

8 位 CRC 码	48 位序列号	8 位产品类型标号

64 位光刻 ROM 的排列：开始 8 位（28H）是产品类型标号，接着的 48 位是该 DS18B20 自身的序列号，最后 8 位是前面 56 位的循环冗余校验码（CRC=X8+X5+X4+1）。序列号是出厂前被光刻好的，它可以看做该 DS18B20 的地址序列码。光刻 ROM 的作用是使每一个 DS18B20 都各不相同，这样就可以实现一根总线上挂接多个 DS18B20 的目的。

2）控制指令使用

当主机需要对众多在线 DS18B20 中的某一个进行操作时，首先应将主机逐个与 DS18B20 挂接，读出其序列号；然后再将所有的 DS18B20 挂接到总线上，单片机发出匹配 ROM 命令（55H），紧接着主机提供 64 位序列号（包括该 DS18B20 的 48 位序列号），之后的操作就是针对该 DS18B20 的。

如果主机只对一个 DS18B20 进行操作，就不需要读取及匹配 ROM 编码了，只要用跳过 ROM（CCH）命令，就可以进行如下温度转换和读取操作。

（1）44H：温度转换。启动 DS18B20 进行温度转换，12 位转换时最长为 750ms（9 位为 93.73ms），结果存入内部 9 字节的 RAM 中。

（2）BEH：读暂存器。读内部 RAM 中 9 字节的温度数据。

（3）4EH：写暂存器。发出向内部 RAM 的第 2、3 字节写上、下限温度数据命令，紧跟该命令之后，是传送 2 字节的数据。

（4）48H：复制暂存器。将 RAM 中第 2、3 字节的内容复制在 E^2PROM 中。

（5）B8H：重调 E^2PROM。将 E^2PROM 中的内容恢复到 RAM 中的第 3、4 字节。

（6）B4H：读 DS18B20 的供电模式。寄生供电时，DS18B20 发送 0；外接电源时，DS18B20 发送 1。

以上这些涉及指令的存储器为高速暂存器 RAM 和可电擦除 E^2PROM，如表 8-6 所示。

高速暂存器 RAM 由 9 字节的存储器组成。第 0～1 字节是温度的显示位；第 2 和第 3 字节是复制的 TH 和 TL，同时第 2 和第 3 字节的数字可以更新；第 4 字节是配置寄存器，同时第 4 字节的数字可以更新；第 5、6、7 三个字节是保留的。可电擦除 E^2PROM 又包括温度触发器 TH 和 TL，以及一个配置寄存器。

表 8-6　高速暂存器 RAM

寄存器内容	字节地址
温度值低位（LSB）	0
温度值高位（MSB）	1
高温限值（TH）	2
低温限值（TL）	3
配置寄存器	4
保留	5
保留	6
保留	7
CRC 校验值	8

表 8-7 列出了温度数据在高速暂存器 RAM 的第 0 和第 1 字节的存储格式。

表 8-7　DS18B20 温度数据格式表

	bit 7	bit 6	bit 5	bit 4	bit 3	bit 2	bit 1	bit 0
LSB	2^3	2^2	2^1	2^0	2^{-1}	2^{-2}	2^{-3}	2^{-4}
	bit 15	bit 14	bit 13	bit 12	bit 11	bit 10	bit 9	bit 8
MSB	S	S	S	S	S	2^6	2^5	2^4

DS18B20 在出厂时默认配置为 12 位，其中最高位为符号位，即温度值共 11 位。单片机在读取数据时，一次会读 2 字节共 16 位，读完后将低 11 位的二进制数转化为十进制数后再乘以 0.0625 便为所测得实际温度。另外，还需要判断温度的正负。前 5 个数字为符号位，这 5 位同时变化，我们只需要判断 11 位就可以。前 5 位为 1 时，读取温度为负值，且测到的数值需要取反加 1 再乘以 0.0625 才可得到实际温度。前 5 位为 0 时，读取温度为正值，只要将测得的数值乘以 0.0625 即可得到实际温度。

6．DS18B20 时序

时序图中总线状态如下所示。

1）初始化

初始化时序图如图 8-6 所示。

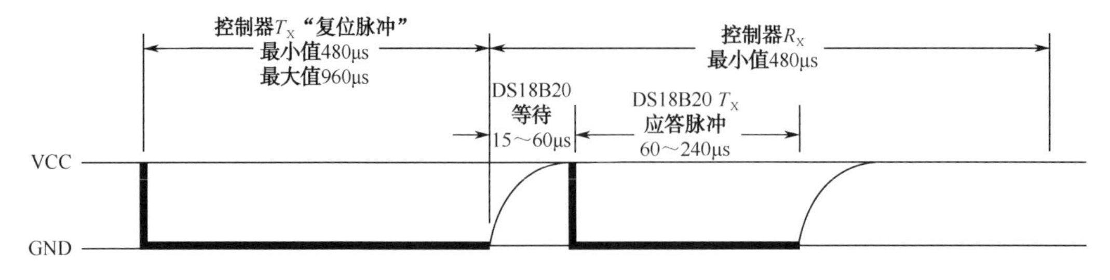

图 8-6　初始化时序图

（1）先将数据线置高电平 1。

（2）延时（该时间要求不是很严格，但是要尽可能短一点）。

（3）数据线达到低电平 0。

（4）延时 750μs（该时间范围可以为 480～960μs）。

（5）数据线拉到高电平 1。

（6）延时等待。如果初始化成功则在 15～60μs 内产生一个由 DS18B20 返回的低电平 0，根据状态可以确定它的存在。但是应该注意不能无限地等待，否则会使程序进入死循环，所以要进行超时判断。

（7）若 CPU 读到数据线上的低电平 0 后，还要进行延时，其延时的时间从发出高电平的时间算起，最少要 480μs。

（8）将数据线再次拉到高电平 1 后结束。

2）DS18B20 写数据

DS18B20 写数据时序图如图 8-7 所示。

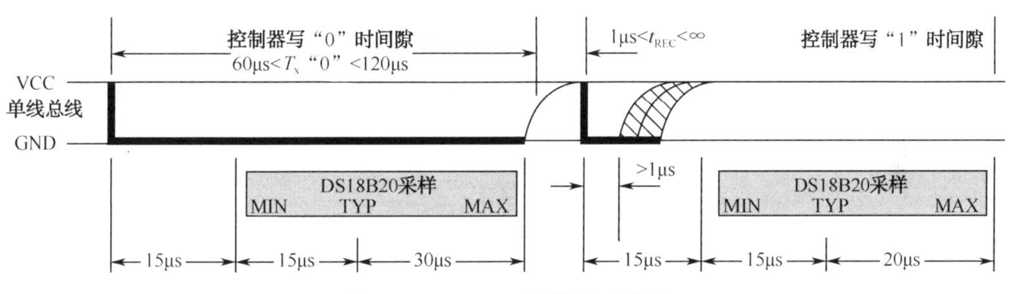

图 8-7　DS18B20 写数据时序图

（1）数据线先置低电平 0。

（2）延时时间为 15μs。

（3）按从低位到高位的顺序发送数据（一次只发一位）。

（4）延时时间为 45μs。

（5）将数据线拉到高电平 1。

（6）重复上述步骤，直到发送完整个字节。

（7）最后将数据线拉高到 1。

3）DS18B20 读数据

DS18B20 读数据时序图如图 8-8 所示。

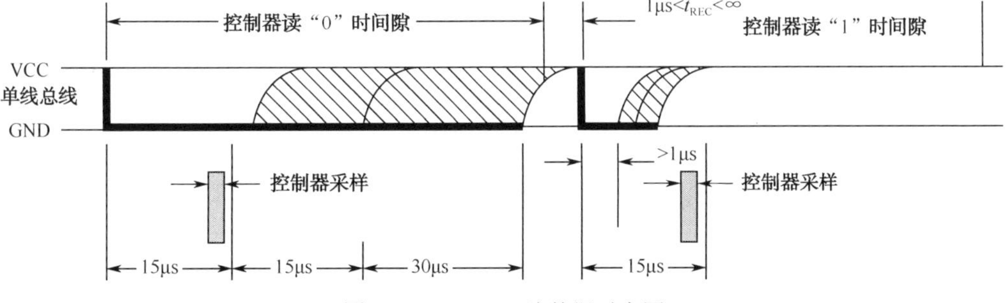

图 8-8　DS18B20 读数据时序图

（1）将数据线拉高到 1。
（2）延时 2μs。
（3）将数据线拉低到 0。
（4）延时 6μs。
（5）将数据线拉高到 1。
（6）延时 4μs。
（7）读数据的状态得到一个状态位，并进行数据处理。
（8）延时 30μs。
（9）重复上述步骤，直到读完一个字节。

7. DS18B20 与单片机接口

DS18B20 测温系统具有测温系统简单、测温精度高、连接方便、占用口线少等优点。下面是 DS18B20 几个不同应用方式下的测温电路图。

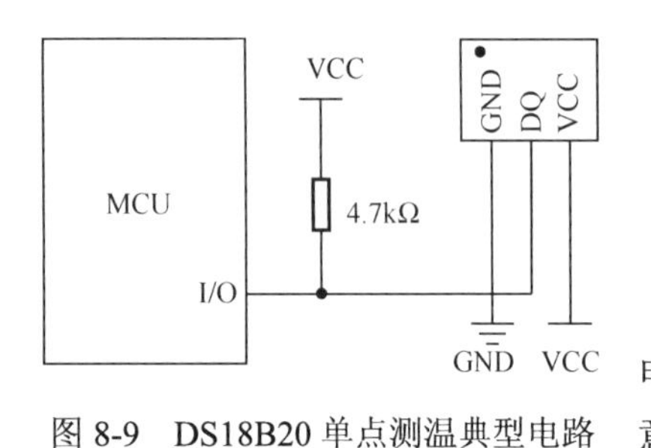

图 8-9　DS18B20 单点测温典型电路

1）DS18B20 单点测温

DS18B20 单点测温典型电路图如图 8-9 所示。

2）DS18B20 多点测温

如图 8-10 所示，采用外部电源供电，DS18B20 工作电源由 VDD 引脚接入，同时理论上在总线上可以挂接任意多个 DS18B20 传感器，组成多点测温系统。

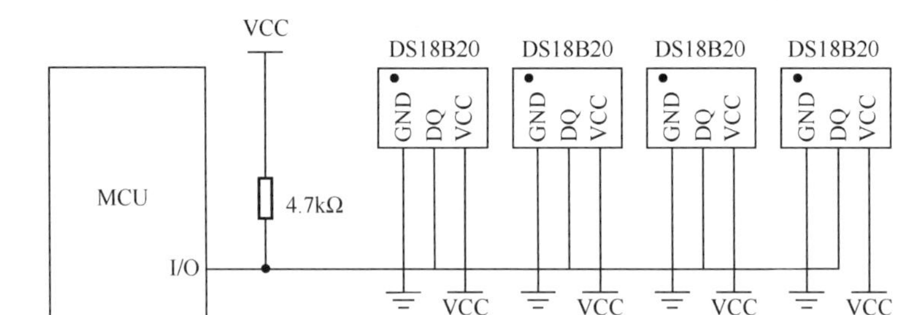

图 8-10　外部电源供电的多点测温系统

注意： 在外部供电的方式下，DS18B20 的 GND 引脚不能悬空，否则不能转换温度，读取的温度总是 85℃。

8.4　综合训练项目——数字万年历的设计与制作

8.4.1　设计要求

设计并制作出具有如下功能的数字万年历。
（1）实时时钟功能：用于产生时间及日期信息。
（2）键盘功能：用于本地设时、解除闹钟等。
（3）温度采集功能：用于采集系统环境温度。

（4）数字显示功能：用于显示时间、日期、环境温度。

（5）声光提示功能：用于红外解码、闹钟、温度超限指示等。

8.4.2 方案论证

1. 单片机选型

（1）选用 MCS-51 系列主流芯片 AT89S51 作为主控制器：该单片机内部资源丰富，技术比较成熟，片内带有 4KB 的可编程 Flash ROM，无须外扩程序存储器，片内 128 字节（B）RAM 可以满足设计要求，但采用并口下载程序。

（2）选用 STC 系列单片机：该类单片机是具有全新流水线和精简指令集结构的高速率、低功耗、高可靠、宽电压、低功耗、超强抗干扰、无法解密的新一代单片机。除具有 AT89S51 的资源外，它采用串口下载程序，使用起来十分方便。

综合以上两种方案，本项目选用设计方案（2）。

2. 计时方案

通常用单片机实现计时有以下两种方法。

（1）通过单片机内部的定时器/计数器：这种方法硬件线路简单，采用软件编程实现时钟计数，一般称为软时钟，系统的功能一般与软件设计相关。该方法一般用在对时间精度要求不高的场合。

（2）采用实时时钟芯片（RTC）：实时时钟芯片的功能强大，功能部件集成在芯片内部，自动产生时钟等相关功能，硬件成本相对较高，软件编程简单。该方法一般用在对时钟精度要求较高的场合。

前一种方法已经在前面的内容中有叙述，为提高万年历的精度，本项目采用后面一种方法，采用 DS1302 串行时钟芯片。

3. 测温方案

现实生活和工业自动控制系统中经常要进行温度的测量，测量温度要使用温度传感器。可以使用模拟温度传感器和数字温度传感器进行测温。

（1）模拟温度传感器：如热敏电阻，随着环境温度的变化，它的阻值也发生线性变化，用处理器采集电阻两端的电压，然后根据某个公式就可计算出当前环境温度。这种设计需要用到 A/D 转换电路，其测温过程比较麻烦。

（2）数字温度传感器：随着现代仪器的发展，微型化、集成化、数字化正成为传感器发展的一个重要方向，美国 DALLAS 半导体公司推出的数字化温度传感器 DS18B20 采用单总线协议，即与单片机接口仅需占用一个 I/O 端口，无须任何外部元件，直接将环境温度转化成数字信号，以数字码方式串行输出，从而大大简化了传感器与微处理器的接口。

综合以上两种方案，本项目设计选用数字温度传感器 DS18B20 来进行温度的测量。

4. 显示方案

（1）数码管显示：采用 LED 数码管显示比较直观，亮度比较高，且占用的资源比较少，但能显示的数据也少。

（2）LCD1602 液晶显示：显示的内容比较丰富，画面稳定而不会闪烁，抗干扰能力强，但它所占用的资源比较多。

综合上述的说明，采用方案（2）。

5. 键盘方案

（1）独立式按键：电路简单，编程方便，占用 I/O 资源多。

（2）矩阵式键盘：占用的 I/O 资源比较少，但程序、电路的调试复杂。

根据本项目的具体操作，选用四个独立式按键即可满足设计要求。

6. 系统方案确定

综合上述方案分析，最后确定设计出系统基本结构框图如图 8-11 所示。

本系统选用 STC89C51RC 作为主控制器，选用 DS1302 实现计时，选用 DS18B20 进行实时温度采集，选用 LCD1602 显示时间和温度，四个独立式按键完成设置时间等操作。

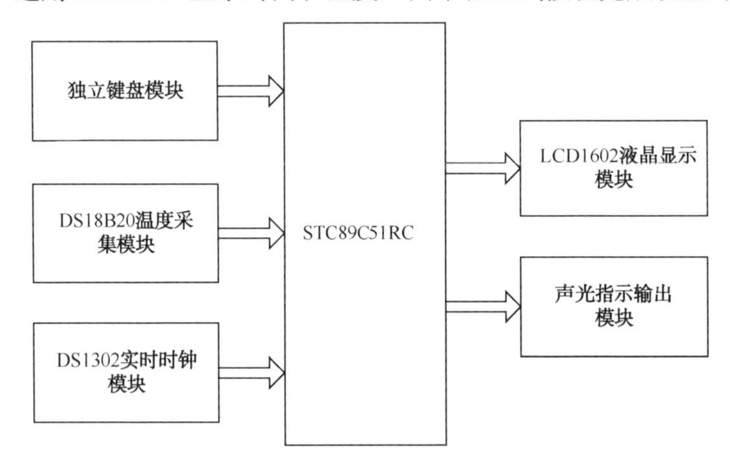

图 8-11 数字万年历系统基本结构框图

1）键盘功能定义

四个独立式按键分别为：模式选择键、增键、减键、系统复位键。

（1）模式选择键（MODE_KEY）：设置系统时间（或闹铃时间）时，用来选择设置对象（年→月→日→时→分→秒或时→分）。

（2）增键（INC_KEY）：遵循相关规则增加对应数的值（此键与启动设置闹铃功能复用）。

（3）减键（DEC_KEY）：遵循相关规则减少对应数的值。

（4）系统复位键（RST_KEY）：程序异常时，用于重新启动设备。

2）显示定义

第一行从左至右依次显示：年→月→日→星期。

第二行从左至右依次显示：时→分→秒→温度。

3）系统工作流程设计

（1）接通电源后，系统自动进入万年历主界面时间显示。

（2）进入万年历的设置模式，过程如下：

① 按下 MODE_KEY 键，进入设置时间模式；按下 INC_KEY 键，进入设置闹铃模式。

② 进入设置时间模式后，根据相关提示信息调整各数值，当前位调整完毕，按MODE_KEY键切换到下一位（或结束此次操作）。

③ 进入设置闹铃模式后，调整闹铃小时数→调整闹铃分钟数→调整完毕。

④ 若无须设置万年历，则可省去此设置。

（3）进入闹钟设置，闹钟时间的格式为：时、分、秒（0秒）。

（4）当万年历处于闹铃状态时，可以按任意键取消当前闹铃。

8.4.3 硬件设计

系统硬件设计电路如图8-12所示。单片机P0口与LCD1602液晶显示器的8位数据口连接；P2.0～P2.3作为键盘输入口，分别连接到4个独立按键，其功能从左至右分别是：模式选择键、增键、减键、系统复位键；P1.0连接DS18B20的DQ，P1.5～P1.7分别接DS1302的RST、I/O、SCLK。

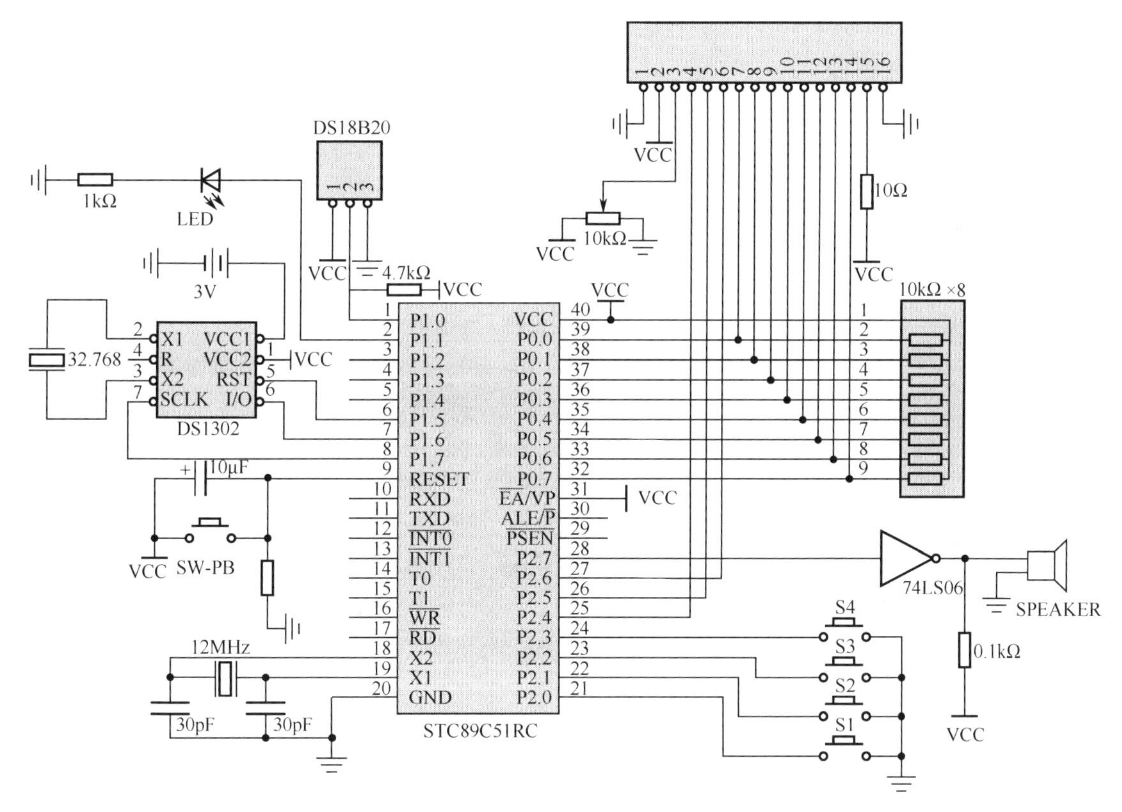

图8-12　数字万年历系统硬件电路图

8.4.4 软件设计

软件部分的设计采用模块化设计思路，在系统主程序的基础上，设置多个功能模块子程序，主要包括5个模块：系统的初始化、DS1302时钟子程序、DS18B20测温子程序、按键操作子程序、LCD1602液晶显示子程序。

1．编写 C51 控制源程序

```
/*************************************************************************
    * @ File:      chapter 8_1.c
    * @ Function：数字万年历
*************************************************************************/
        #include <reg51.h>
        #include <intrins.h>
        #define uint unsigned int
        #define uchar unsigned char
        sbit   DS1302_CLK = P1^7;                    //实时时钟时钟线引脚
        sbit   DS1302_IO   = P1^6;                   //实时时钟数据线引脚
        sbit   DS1302_RST = P1^5;                    //实时时钟复位线引脚
        sbit   wireless_1 = P3^0;
        sbit   wireless_2 = P3^1;
        sbit   wireless_3 = P3^2;
        sbit   wireless_4 = P3^3;
        sbit   ACC0 = ACC^0;
        sbit   ACC7 = ACC^7;
        char hide_sec,hide_min,hide_hour,hide_day,hide_week,hide_month,hide_year;
                                                     //秒、分、时到日、月、年位计数
        sbit Set = P2^0;                             //模式切换键
        sbit Up = P2^1;                              //加法按钮
        sbit Down = P2^2;                            //减法按钮
        sbit out = P2^3;                             //立刻跳出调整模式按钮
        sbit DQ = P1^0;                              //温度传送数据 I/O 口
        char done,count,temp,flag,up_flag,down_flag;
        uchar temp_value;                            //温度值
        uchar TempBuffer[5],week_value[2];

        void show_time();                            //液晶显示程序
        /***********1602 液晶显示子程序****************/
        Definitions*************************************************************
        sbit LcdRs= P2^4;
        sbit LcdRw= P2^5;
        sbit LcdEn= P2^6;
        sfr  DBPort= 0x80;                           //P0=0x80，P1=0x90，P2=0xA0，P3=0xB0，数据端口

/**********************内部等待函数**************************************/
        unsigned char LCD_Wait(void)
```

```
    {
        LcdRs=0;
        LcdRw=1;    _nop_();
        LcdEn=1;    _nop_();

        LcdEn=0;
        return DBPort;
    }
/********************向 LCD 写命令或数据************************************/
    #define LCD_COMMAND     0               // Command
    #define LCD_DATA        1               // Data
    #define LCD_CLEAR_SCREEN    0x01        // 清屏
    #define LCD_HOMING          0x02        // 光标返回原点
    void LCD_Write(bit style, unsigned char input)
    {
        LcdEn=0;
        LcdRs=style;
        LcdRw=0;        _nop_();
        DBPort=input;   _nop_();            //注意顺序
        LcdEn=1;        _nop_();            //注意顺序
        LcdEn=0;        _nop_();
        LCD_Wait();
    }

/*****************************设置显示模式************************************/
    #define LCD_SHOW            0x04        //显示开
    #define LCD_HIDE            0x00        //显示关
    #define LCD_CURSOR          0x02        //显示光标
    #define LCD_NO_CURSOR       0x00        //无光标
    #define LCD_FLASH           0x01        //光标闪动
    #define LCD_NO_FLASH        0x00        //光标不闪动
    void LCD_SetDisplay(unsigned char DisplayMode)
    {
        LCD_Write(LCD_COMMAND, 0x08|DisplayMode);
    }

/*****************************设置输入模式***********************************/
    #define LCD_AC_UP    0x02
    #define LCD_AC_DOWN     0x00            // default
    #define LCD_MOVE     0x01               // 画面可平移
```

```
#define LCD_NO_MOVE       0x00                                  //default
void LCD_SetInput(unsigned char InputMode)
{
    LCD_Write(LCD_COMMAND, 0x04|InputMode);
}

/************************LCD 初始化******************************************/
void LCD_Initial()
{
    LcdEn=0;
    LCD_Write(LCD_COMMAND,0x38);                    //8 位数据端口，2 行显示，5×7 点阵
    LCD_Write(LCD_COMMAND,0x38);
    LCD_SetDisplay(LCD_SHOW|LCD_NO_CURSOR);         //开启显示，无光标
    LCD_Write(LCD_COMMAND,LCD_CLEAR_SCREEN);        //清屏
    LCD_SetInput(LCD_AC_UP|LCD_NO_MOVE);            //AC 递增，画面不动
}

/************************液晶字符输入的位置*********************************/
void GotoXY(unsigned char x, unsigned char y)
{
    if(y= =0)
        LCD_Write(LCD_COMMAND,0x80|x);
    if(y= =1)
        LCD_Write(LCD_COMMAND,0x80|(x-0x40));
}

void Print(unsigned char *str)                      //将字符输出到液晶显示
{
    while(*str!='\0')
    {
        LCD_Write(LCD_DATA,*str);
        str++;
    }
}

/***********************DS1302 时钟子程序*************************************/
typedef struct __SYSTEMTIME__
{
    unsigned char Second;
    unsigned char Minute;
```

```
    unsigned char Hour;
    unsigned char Week;
    unsigned char Day;
    unsigned char Month;
    unsigned char   Year;
    unsigned char DateString[11];
    unsigned char TimeString[9];
}
SYSTEMTIME;                                      //定义的时间类型
SYSTEMTIME CurrentTime;
#define AM(X)     X
#define PM(X)     (X+12)                         //转成24小时制
#define DS1302_SECOND     0x80                   //时钟芯片的寄存器位置，存放时间
#define DS1302_MINUTE     0x82
#define DS1302_HOUR       0x84
#define DS1302_WEEK       0x8A
#define DS1302_DAY        0x86
#define DS1302_MONTH      0x88
#define DS1302_YEAR       0x8C
void DS1302InputByte(unsigned char d)            //实时时钟写入一个字节（内部函数）
{
    unsigned char i;
    ACC = d;
    for(i=8; i>0; i--)
    {
        DS1302_IO = ACC0;
        DS1302_CLK = 1;
        DS1302_CLK = 0;
        ACC = ACC >> 1;
    }
}

unsigned char DS1302OutputByte(void)             //实时时钟读取一个字节（内部函数）
{
    unsigned char i;
    for(i=8; i>0; i--)
    {
        ACC = ACC >>1;
        ACC7 = DS1302_IO;
        DS1302_CLK = 1;
```

```
        DS1302_CLK = 0;
    }
    return(ACC);
}
void Write1302(unsigned char ucAddr, unsigned char ucDa) //ucAddr: DS1302 地址，ucData: 要写的数据
{
    DS1302_RST = 0;
    DS1302_CLK = 0;
    DS1302_RST = 1;
    DS1302InputByte(ucAddr);                //地址，命令
    DS1302InputByte(ucDa);                  //写 1Byte 数据
    DS1302_CLK = 1;
    DS1302_RST = 0;
}

unsigned char Read1302(unsigned char ucAddr) //读取 DS1302 某地址的数据
{
    unsigned char ucData;
    DS1302_RST = 0;
    DS1302_CLK = 0;
    DS1302_RST = 1;
    DS1302InputByte(ucAddr|0x01);           //地址，命令
    ucData = DS1302OutputByte();            //读 1Byte 数据
    DS1302_CLK = 1;
    DS1302_RST = 0;
    return(ucData);
}

void DS1302_GetTime(SYSTEMTIME *Time) //获取时钟芯片的时钟数据到自定义的结构型数组
{
    unsigned char ReadValue;
    ReadValue = Read1302(DS1302_SECOND);
    Time->Second = ((ReadValue&0x70)>>4)*10 + (ReadValue&0x0F);
    ReadValue = Read1302(DS1302_MINUTE);
    Time->Minute = ((ReadValue&0x70)>>4)*10 + (ReadValue&0x0F);
    ReadValue = Read1302(DS1302_HOUR);
    Time->Hour = ((ReadValue&0x70)>>4)*10 + (ReadValue&0x0F);
    ReadValue = Read1302(DS1302_DAY);
    Time->Day = ((ReadValue&0x70)>>4)*10 + (ReadValue&0x0F);
    ReadValue = Read1302(DS1302_WEEK);
```

```
    Time->Week = ((ReadValue&0x70)>>4)*10 + (ReadValue&0x0F);
    ReadValue = Read1302(DS1302_MONTH);
    Time->Month = ((ReadValue&0x70)>>4)*10 + (ReadValue&0x0F);
    ReadValue = Read1302(DS1302_YEAR);
    Time->Year = ((ReadValue&0x70)>>4)*10 + (ReadValue&0x0F);
}
void DateToStr(SYSTEMTIME *Time)
 //将时间年、月、日、星期数据转换成液晶显示字符串，放到数组里 DateString[]
{   if(hide_year<2)
 //这里的 if、else 语句都是判断位闪烁，<2 显示数据，>2 就不显示
    {
      Time->DateString[0] = '2';
      Time->DateString[1] = '0';
      Time->DateString[2] = Time->Year/10 + '0';
      Time->DateString[3] = Time->Year%10 + '0';
    }
      else
        {
          Time->DateString[0] = ' ';
          Time->DateString[1] = ' ';
          Time->DateString[2] = ' ';
          Time->DateString[3] = ' ';
        }
    Time->DateString[4] = '/';
    if(hide_month<2)
    {
      Time->DateString[5] = Time->Month/10 + '0';
      Time->DateString[6] = Time->Month%10 + '0';
    }
      else
      {
        Time->DateString[5] = ' ';
        Time->DateString[6] = ' ';
      }
    Time->DateString[7] = '/';
    if(hide_day<2)
    {
      Time->DateString[8] = Time->Day/10 + '0';
      Time->DateString[9] = Time->Day%10 + '0';
    }
```

```
        else
        {
          Time->DateString[8] = ' ';
          Time->DateString[9] = ' ';
        }
      if(hide_week<2)
      {
        week_value[0] = Time->Week%10 + '0';
//星期的数据另外放到 week_value[]数组里，跟年、月、日的分开存放，因为等一下要在最后显示
      }
        else
        {
          week_value[0] = ' ';
        }
        week_value[1] = '\0';

      Time->DateString[10] = '\0';      //字符串末尾加 '\0'，判断结束字符
  }

  void TimeToStr(SYSTEMTIME *Time)
//将时、分、秒数据转换成液晶显示字符放到数组 TimeString[]
  {     if(hide_hour<2)
        {
          Time->TimeString[0] = Time->Hour/10 + '0';
          Time->TimeString[1] = Time->Hour%10 + '0';
        }
          else
            {
              Time->TimeString[0] = ' ';
              Time->TimeString[1] = ' ';
            }
        Time->TimeString[2] = ':';
        if(hide_min<2)
        {
          Time->TimeString[3] = Time->Minute/10 + '0';
          Time->TimeString[4] = Time->Minute%10 + '0';
        }
          else
            {
              Time->TimeString[3] = ' ';
```

```
            Time->TimeString[4] = ' ';
        }
    Time->TimeString[5] = ':';
    if(hide_sec<2)
    {
      Time->TimeString[6] = Time->Second/10 + '0';
      Time->TimeString[7] = Time->Second%10 + '0';
    }
      else
       {
         Time->TimeString[6] = ' ';
         Time->TimeString[7] = ' ';
       }
    Time->DateString[8] = '\0';
}


void Initial_DS1302(void)               //时钟芯片初始化
{
    unsigned char Second=Read1302(DS1302_SECOND);
    if(Second&0x80)                     //判断时钟芯片是否关闭
    {
    Write1302(0x8e,0x00);               //写入允许
    Write1302(0x8c,0x07);               //以下写入初始化时间日期
    Write1302(0x88,0x07);
    Write1302(0x86,0x25);
    Write1302(0x8a,0x07);
    Write1302(0x84,0x23);
    Write1302(0x82,0x59);
    Write1302(0x80,0x55);
    Write1302(0x8e,0x80);               //禁止写入
    }

}

/*********** DS18B20 测温子程序*************************/
/***********DS18B20 延迟子函数（晶振 12MHz ）*******/

void delay_18B20(unsigned int i)
{
```

```
    while(i--);
}

/********** DS18B20 初始化函数**********************/
void Init_DS18B20(void)
{
    unsigned char x=0;
    DQ = 1;              //DQ 复位
    delay_18B20(8);      //稍做延时
    DQ = 0;              //单片机将 DQ 拉低
    delay_18B20(80);     //精确延时大于 480μs
    DQ = 1;              //拉高总线
    delay_18B20(14);
    x=DQ;                //稍做延时后，如果 x=0 则初始化成功，x=1 则初始化失败
    delay_18B20(20);
}
/****************************** DS18B20 读一个字节*******************/
unsigned char ReadOneChar(void)
{
    uchar i=0;
    uchar dat = 0;
    for (i=8;i>0;i--)
     {
        DQ = 0;          //给脉冲信号
        dat>>=1;
        DQ = 1;          //给脉冲信号
        if(DQ)
        dat|=0x80;
        delay_18B20(4);
    }
  return(dat);
 }
/*********************** DS18B20 写一个字节******************************/
void WriteOneChar(uchar dat)
{
    unsigned char i=0;
    for (i=8; i>0; i--)
    {
        DQ = 0;
        DQ = dat&0x01;
```

```
    delay_18B20(5);
        DQ = 1;
    dat>>=1;
  }
 }
/*******************************读取 DS18B20 当前温度********************/
    void ReadTemp(void)
    {
        unsigned char a=0;
        unsigned char b=0;
        unsigned char t=0;
        Init_DS18B20();
        WriteOneChar(0xCC);              // 跳过读序号列号的操作
        WriteOneChar(0x44);              // 启动温度转换
        delay_18B20(100);                // this message is very important
        Init_DS18B20();
        WriteOneChar(0xCC);              //跳过读序号列号的操作
        WriteOneChar(0xBE);              //读取温度寄存器等（共可读 9 个寄存器），前两个就是温度
        delay_18B20(100);
        a=ReadOneChar();                 //读取温度值低位
        b=ReadOneChar();                 //读取温度值高位
        temp_value=b<<4;
        temp_value+=(a&0xf0)>>4;
    }
    void temp_to_str()                   //温度数据转换成液晶字符显示
    {
       TempBuffer[0]=temp_value/10+'0';  //十位
       TempBuffer[1]=temp_value%10+'0';  //个位
       TempBuffer[2]=0xdf;               //温度符号
       TempBuffer[3]='C';
       TempBuffer[4]='\0';
    }
    void Delay1ms(unsigned int count)
    {
        unsigned int i,j;
        for(i=0;i<count;i++)
        for(j=0;j<120;j++);
    }
    /*延时子程序*/
    void mdelay(uint delay)
```

```
    {    uint i;
         for(;delay>0;delay--)
              {for(i=0;i<62;i++)                                  //1ms 延时
              {;}
              }
    }
    void outkey()                                                 //跳出调整模式，返回默认显示
    { uchar Second;
      if(out= =0||wireless_1= =1)
      { mdelay(8);
         count=0;
         hide_sec=0,hide_min=0,hide_hour=0,hide_day=0,hide_week=0,hide_month=0,hide_year=0;
         Second=Read1302(DS1302_SECOND);
         Write1302(0x8e,0x00);                                    //写入允许
         Write1302(0x80,Second&0x7f);
         Write1302(0x8E,0x80);                                    //禁止写入
         done=0;
         while(out= =0);
         while(wireless_1= =1);
      }
}
void Upkey()//升序按键
{
      Up=1;
      if(Up= =0||wireless_2= =1)
                    {
                       mdelay(8);
                           switch(count)
                              {case 1:
                                 temp=Read1302(DS1302_SECOND);    //读取秒数
                                         temp=temp+1;             //秒数加 1
                                         up_flag=1;               //数据调整后更新标志
                                         if((temp&0x7f)>0x59)     //超过 59s，清零
                                         temp=0;
                                         break;
                               case 2:
                                 temp=Read1302(DS1302_MINUTE);    //读取分数
                                         temp=temp+1;             //分数加 1
                                         up_flag=1;
                                         if(temp>0x59)            //超过 59 分，清零
```

```
                temp=0;
                break;
        case 3:
          temp=Read1302(DS1302_HOUR);          //读取小时数
                temp=temp+1;                   //小时数加 1
                up_flag=1;
                if(temp>0x23)                  //超过 23h，清零
                temp=0;
                break;
        case 4:
          temp=Read1302(DS1302_WEEK);          //读取星期数
                temp=temp+1;                   //星期数加 1
                up_flag=1;
                if(temp>0x7)
                temp=1;
                break;
        case 5:
          temp=Read1302(DS1302_DAY);           //读取日数
                temp=temp+1;                   //日数加 1
                up_flag=1;
                if(temp>0x31)
                temp=1;
                break;
        case 6:
          temp=Read1302(DS1302_MONTH);         //读取月数
                temp=temp+1;                   //月数加 1
                up_flag=1;
                if(temp>0x12)
                temp=1;
                break;
        case 7:
          temp=Read1302(DS1302_YEAR);          //读取年数
                temp=temp+1;                   //年数加 1
                up_flag=1;
                if(temp>0x85)
                temp=0;
                break;
         default:break;
       }
```

```
                while(Up= =0);
                while(wireless_2= =1);
                }
}
void Downkey()                                          //降序按键
{
    Down=1;
   if(Down= =0||wireless_3= =1)
              {
                mdelay(8);
                 switch(count)
                   {case 1:
                     temp=Read1302(DS1302_SECOND);      //读取秒数
                          temp=temp-1;                  //秒数减 1
                          down_flag=1;                  //数据调整后更新标志
                          if(temp= =0x7f)               //小于 0s，返回 59s
                          temp=0x59;
                          break;
                    case 2:
                     temp=Read1302(DS1302_MINUTE);      //读取分数
                          temp=temp-1;                  //分数减 1
                          down_flag=1;
                          if(temp= =-1)
                          temp=0x59;                    //小于 0s，返回 59s
                          break;
                    case 3:
                     temp=Read1302(DS1302_HOUR);        //读取小时数
                          temp=temp-1;                  //小时数减 1
                          down_flag=1;
                          if(temp= =-1)
                          temp=0x23;
                          break;
                    case 4:
                     temp=Read1302(DS1302_WEEK);        //读取星期数
                          temp=temp-1;                  //星期数减 1
                          down_flag=1;
                          if(temp= =0)
                          temp=0x7;;
                          break;
                    case 5:
```

```
                temp=Read1302(DS1302_DAY);        //读取日数
                    temp=temp-1;                  //日数减 1
                    down_flag=1;
                    if(temp= =0)
                    temp=31;
                    break;
            case 6:
              temp=Read1302(DS1302_MONTH);        //读取月数
                    temp=temp-1;                  //月数减 1
                    down_flag=1;
                    if(temp= =0)
                    temp=12;
                    break;
            case 7:
                temp=Read1302(DS1302_YEAR);       //读取年数
                    temp=temp-1;                  //年数减 1
                    down_flag=1;
                    if(temp= =-1)
                    temp=0x85;
                    break;
            default:break;
          }
        while(Down= =0);
          while(wireless_3= =1);
        }
}
void Setkey()                                     // "模式选择" 按键
{
    Set=1;
    if(Set= =0||wireless_4= =1)
    {
        mdelay(8);
        count=count+1;                            //Setkey 按下一次，count 就加 1
        done=1;                                   //进入调整模式
        while(Set= =0);
        while(wireless_4= =1);
    }
}
void keydone()                                    //按键功能执行
{       uchar Second;
```

```
if(flag= =0)                                    //关闭时钟，停止计时
  { Write1302(0x8e,0x00);                       //写入允许
    temp=Read1302(0x80);
    Write1302(0x80,temp|0x80);
    Write1302(0x8e,0x80); //禁止写入
    flag=1;
  }
  Setkey();                                     //扫描“模式切换”按键
switch(count)
{case 1:do                                      //count=1，调整秒
        {
          outkey();                             //扫描“跳出”按钮
         Upkey();                               //扫描“加”按钮
         Downkey();                             //扫描“减”按钮
        if(up_flag= =1||down_flag= =1)          //数据更新，重新写入新的数据
         {
         Write1302(0x8e,0x00);                  //写入允许
         Write1302(0x80,temp|0x80);             //写入新的秒数
         Write1302(0x8e,0x80);                  //禁止写入
         up_flag=0;
         down_flag=0;
         }
         hide_sec++;                            //位闪计数
         if(hide_sec>3)
           hide_sec=0;
          show_time();                          //液晶显示数据
        }while(count= =2);break;
 case 2:do                                      //count=2，调整分
        {
         hide_sec=0;
         outkey();
         Upkey();
         Downkey();
         if(temp>0x60)
           temp=0;
         if(up_flag= =1||down_flag= =1)
         {
         Write1302(0x8e,0x00);                  //写入允许
         Write1302(0x82,temp);                  //写入新的分数
         Write1302(0x8e,0x80);                  //禁止写入
```

```
            up_flag=0;
            down_flag=0;
            }
            hide_min++;
            if(hide_min>3)
              hide_min=0;
             show_time();
           }while(count= =3);break;
case 3:do                                   //count=3，调整小时
         {
             hide_min=0;
            outkey();
            Upkey();
            Downkey();
            if(up_flag= =1||down_flag= =1)
            {
            Write1302(0x8e,0x00);           //写入允许
            Write1302(0x84,temp);           //写入新的小时数
            Write1302(0x8e,0x80);           //禁止写入
            up_flag=0;
            down_flag=0;
            }
            hide_hour++;
            if(hide_hour>3)
              hide_hour=0;
             show_time();
           }while(count= =4);break;
case 4:do                                   //count=4，调整星期
         {
             hide_hour=0;
            outkey();
            Upkey();
            Downkey();
            if(up_flag= =1||down_flag= =1)
            {
            Write1302(0x8e,0x00);           //写入允许
            Write1302(0x8a,temp);           //写入新的星期数
            Write1302(0x8e,0x80);           //禁止写入
            up_flag=0;
            down_flag=0;
```

```
            }
            hide_week++;
            if(hide_week>3)
              hide_week=0;
             show_time();
           }while(count= =5);break;
    case 5:do                                   //count=5，调整日
           {
            hide_week=0;
            outkey();
            Upkey();
            Downkey();
            if(up_flag= =1||down_flag= =1)
            {
            Write1302(0x8e,0x00);               //写入允许
            Write1302(0x86,temp);               //写入新的日数
            Write1302(0x8e,0x80);               //禁止写入
            up_flag=0;
            down_flag=0;
            }
            hide_day++;
            if(hide_day>3)
              hide_day=0;
             show_time();
           }while(count= =6);break;
    case 6:do                                   //count=6，调整月
           {
             hide_day=0;
            outkey();
            Upkey();
            Downkey();
            if(up_flag= =1||down_flag= =1)
            {
            Write1302(0x8e,0x00);               //写入允许
            Write1302(0x88,temp);               //写入新的月数
            Write1302(0x8e,0x80);               //禁止写入
            up_flag=0;
            down_flag=0;
            }
            hide_month++;
```

```
                if(hide_month>3)
                  hide_month=0;
                 show_time();
               }while(count= =7);break;
     case 7:do                                         //count=7，调整年
               {
                 hide_month=0;
                outkey();
                Upkey();
                Downkey();
                if(up_flag= =1||down_flag= =1)
                {
                Write1302(0x8e,0x00);           //写入允许
                Write1302(0x8c,temp);           //写入新的年数
                Write1302(0x8e,0x80);           //禁止写入
                up_flag=0;
                down_flag=0;
                }
                hide_year++;
                if(hide_year>3)
                  hide_year=0;
                 show_time();
               }while(count= =8);break;
   case 8: count=0;hide_year=0;                        //count=8, 跳出调整模式，返回默认显示状态
            Second=Read1302(DS1302_SECOND);
            Write1302(0x8e,0x00);               //写入允许
            Write1302(0x80,Second&0x7f);
            Write1302(0x8E,0x80);               //禁止写入
            done=0;
     break;                                            //count=7，开启中断，标记位置0并退出
     default:break;
   }
     }
void show_time()                                       //液晶显示子程序
{
   DS1302_GetTime(&CurrentTime);                       //获取时钟芯片的时间数据
   TimeToStr(&CurrentTime);                            //时间数据转换成液晶字符
   DateToStr(&CurrentTime);                            //日期数据转换成液晶字符
   ReadTemp();                                         //开启温度采集程序
   temp_to_str();                                      //温度数据转换成液晶字符
```

```
    GotoXY(12,1);                          //液晶字符显示位置
    Print(TempBuffer);                     //显示温度
    GotoXY(0,1);
    Print(CurrentTime.TimeString);         //显示时间
    GotoXY(0,0);
    Print(CurrentTime.DateString);         //显示日期
    GotoXY(15,0);
    Print(week_value);                     //显示星期
    GotoXY(11,0);
    Print("Week");                         //在液晶上显示字母 Week
    Delay1ms(400);                         //扫描延时
}
void main()
{
    flag=1;                                //时钟停止标志
    LCD_Initial();                         //液晶初始化
    Init_DS18B20( ) ;                      //DS18B20 初始化
    Initial_DS1302();                      //时钟芯片初始化
    up_flag=0;
    down_flag=0;
    done=0;                                //进入默认液晶显示
    wireless_1=0;
    wireless_2=0;
    wireless_3=0;
    wireless_4=0;
    while(1)
    {
        while(done= =1)
          keydone();                       //进入调整模式
        while(done= =0)
        {
            show_time();                   //液晶显示数据
            flag=0;
           Setkey();                       //扫描各功能键
        }
    }
}
```

2．软件仿真调试

调用 Proteus 仿真软件，在仿真电路图上调试运行源程序，其仿真结果如图 8-13 所示。

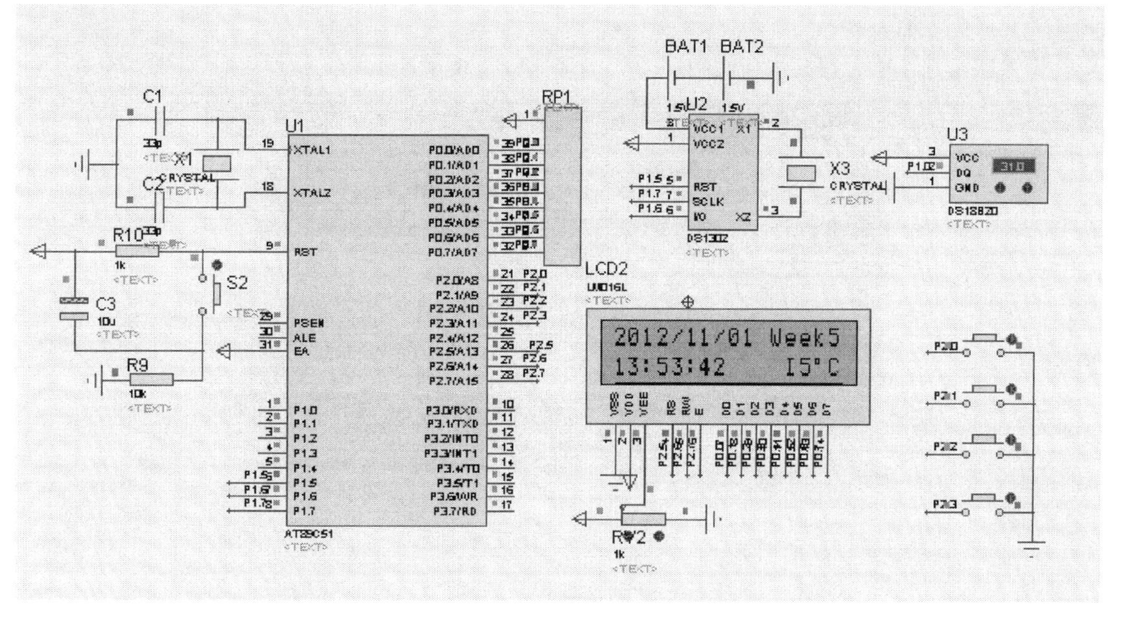

图 8-13 数字万年历仿真结果

8.4.5 软硬件联调

1. 硬件电路制作

1）数字万年历电路元件清单如表 8-8 所示

表 8-8 数字万年历电路元件清单

元件名称	参数	数量	元件名称	参数	数量
IC 插座	DIP-40	1	LCD	1602	1
单片机	STC89C51RC	1	电阻	10kΩ	3
晶振	12MHz	1	电阻	4.7kΩ	1
瓷片电容	30pF	2	电位器	10kΩ	1
时钟芯片	DS1302	1	电容	0.1μF	1
晶振	32.768kHz	1	电解电容	10μF	1
温度传感器	DS18B20	1	弹性按键		5
排阻	10kΩ	1	扬声器		1
万能板		1			

2）根据电路原理图，用万能板焊接数字万年历电路

注意：如果采用做板方法，在印制电路板设计中，要将强、弱电路严格分开，尽量不要把它们设计在一块印制电路板上；电源线走向应尽量与数据传递方向一致；接地线应尽量加粗，在印制电路板的各个关键部位应配置去耦电容。

2. 调试与脱机运行

（1）将调试好的程序下载至焊接好的电路板单片机 STC89S51RC 芯片 ROM 中。

（2）脱机运行。

如果软硬件正确无误，上电后数字万年历电路板将正常显示，其显示效果如图 8-14 所示。

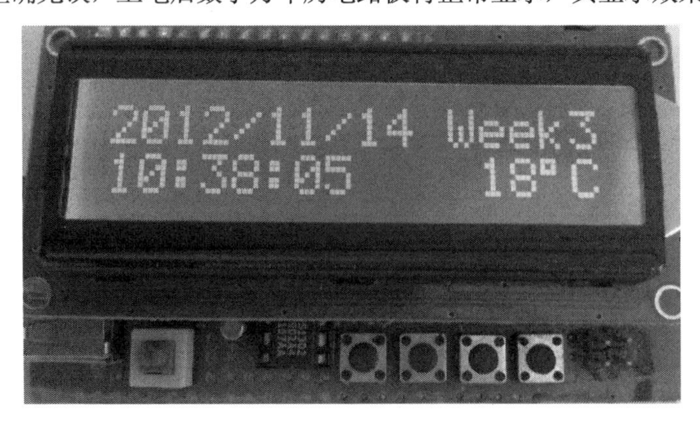

图 8-14　数字万年历显示效果图

8.5　小结

本项目主要介绍了数字万年历的设计与制作步骤，通过数字万年历的设计与制作，熟悉大项目分模块的设计制作思路与方法。

8.6　练习题

1．试设计一个控制电路，用一片 DS18B20 构成测温系统，测量的温度精度达到 0.1℃，温度范围在-20℃到+100℃之间，用四位数码管显示温度值。

2．设计一个数字温度计，当温度低于 30℃时，发出长“嘀”报警声和光报警，当温度高于 60℃时，发出短“嘀”报警声和光报警。测量的温度范围为 0～99℃，用两位数码管显示温度值。

3．利用专用时钟芯片 DS1302 设计制作一个数字电子时钟。

4．自己动手设计并制作一个数字万年历，在本项目学习的基础上，扩展实现以下功能。

（1）红外线通信功能：用于遥控设置时间、设置闹钟或解除闹钟等。

（2）声光提示功能：用于红外解码、闹钟、温度超限指示等。

（3）电子硬盘：用于存储闹钟信息。

（4）要求独立完成以下步骤：

① 在计算机上运用一种绘图工具软件，绘制数字万年历电路图，并列出元件清单。

② 采用 C 语言编写控制源程序。

③ 采用 Keil 软件调试源程序，并生成 HEX 文件。

④ 焊接电路板。

⑤ 下载 HEX 文件至焊接好的电路板，进行软硬件联调。

附录 A　C 语言常用语法提要

为了读者能更好地阅读本书里的 C 程序，能及时查阅有关 C 语言的语法知识，下面列出 C 语言语法中常用的知识提要，仅供参考。

1．标识符

标识符可由字母、数字和下划线组成。标识符必须以字母或下划线开头，大、小写的字母分别被认为是两个不同的字符。不同的系统对标识符的字符数有不同的规定，一般要求不超过 7 个字符。

2．常量

在程序运行过程中，其值不能被改变的量称为常量。常用的常量有以下几种。

1）整型常量

① 十进制常数。
② 八进制常数（以 0 开头的数字序列）。
③ 十六进制常数（以 0x 开头的数字序列）。
④ 长整型常数（在数字后加字符 L 或 l）。

2）字符常量

① 普通字符为用单撇号（'）括起来的一个字符。
② 转义字符。

3）实型常量（浮点型常量）

① 十进制小数形式。
② 指数形式。

4）字符串常量

字符串常量为用双撇号（"）括起来的字符序列。

5）符号常量

符号常量为用符号名代表的常量，用#define 来指定，例如：

```
#define PI 3.1416
```

3．表达式

1）算术表达式

① 整型表达式：参加运算的运算量是整型量，结果也是整型。
② 实型表达式：参加运算的运算量是实型量（double），运算过程中先将其转换成 double 型，结果也为 double 型。

2）逻辑表达式

逻辑表达式为用逻辑运算符连接的整型量，结果为一个整数（0 或 1）。逻辑表达式可以认为是整型表达式的一种特殊形式。

3）字位表达式

字位表达式为用位运算符连接的整型量，结果为整数。字位表达式也可以认为是整型表达式的一种特殊形式。

4）强制类型转换表达式

C 语言中可以用“(类型)”运算符使表达式的类型进行强制转换，如“(float)a”。

5）逗号表达式（顺序表达式）

其形式为：

```
表达式 1,表达式 2,…,表达式 n
```

顺序求出表达式 1，表达式 2，…，表达式 n 的值，结果为表达式 n 的值。

6）赋值表达式

赋值表达式是将赋值符号“=”右侧表达式的值赋给赋值号左边的变量。赋值表达式的值为执行赋值后被赋值的变量值。

7）条件表达式

其形式为：

```
逻辑表达式?表达式 1:表达式 2
```

逻辑表达式的值若为非零，则条件表达式的值等于表达式 1 的值；若逻辑表达式的值为零，则条件表达式的值等于表达式 2 的值。

8）指针表达式

指针表达式是对指针类型的数据进行运算，如 p-2，p1-p2 等（其中 p、p1、p2 均已定义为指向数组的指针变量，p1 与 p2 指向同一数组中的元素），结果为指针类型。

以上各种表达式可以包含有关的运算符，也可以是不包含任何运算符的初等量（如常数是算术表达式的最简单的形式）。

4. 数据定义

C 语言要求程序中用到的所有变量都需要“先定义，后使用”，对数据要定义其数据类型，需要时要指定其存储类别。

1）可用类型标识符

```
int
short
long
unsigned
char
float
double
```

```
struct 结构体名
union 共同体名
enum 枚举类型名
typedef 类型名
```

结构体与共同体的定义形式为：

```
struct 结构体名
    {成员列表};
union 共同体名
    {成员列表};
```

用 typedef 定义新的类型名的形式为：

```
typedef 已有类型 新定义类型;
```

例如：

```
typedef int COUNT;
```

2）可用存储类别

```
auto
static
register
extern
```

注意： 如不指定存储类别，默认为 auto。

变量定义的形式为：

```
存储类别 数据类型 变量表列;
```

例如:

```
static  float  a,b,c ;
```

注意： 外部数据定义只能用 extern 或 static，而不能用 auto 或 register。

5. 函数定义

C 语言要求在程序中用到的所有函数必须“先定义，后使用”。函数的定义有以下三种形式。

（1）定义无参函数的一般形式为：

```
类型名 函数名 ( )
{
    函数体
}
```

或

```
类型名 函数名 (void )
{
    函数体
}
```

函数名后面括号内的 void 表示“空”，即函数没有参数。

函数体包括声明部分和语句部分。

（2）定义有参函数的一般形式为：

```
类型名 函数名 (形式参数表列)
{
    函数体
}
```

函数体包括声明部分和语句部分。

（3）定义空函数的一般形式为：

```
类型名 函数名 ( )
{
}
```

6．变量的初始化

在定义时可以对变量或数组指定初始值，即为变量的初始化。

静态变量或外部变量如未初始化，系统自动使其初值为零（数值型变量）或空（字符型数据）。对自动变量或寄存器变量，若未初始化，则其初值为一不可预测的数据。

7．语句

C 语言中常用语句有以下几种。

（1）表达式语句；

（2）函数调用语句；

（3）控制语句；

（4）复合语句；

（5）空语句；

（6）break 语句；

（7）continue 语句；

（8）return 语句；

（9）goto 语句。

控制语句包括：

1）if 语句

if 语句的一般表达形式如下：

```
if (表达式)    语句
```

或

```
if (表达式)
    语句 1
else
    语句 2
```

或

```
if (表达式 1)            语句 1
else if (表达式 2)       语句 2
else if (表达式 3)       语句 3
    ⋮                      ⋮
else if (表达式 m)       语句 m
else                     语句 m+1
```

2）while 语句

while 语句执行流程图如图 A-1 所示，一般表达形式如下：

```
while(表达式)语句
```

3）do-while 语句

do-while 语句一般表达形式如下：

```
do 语句
while (表达式) ;
```

其执行流程图如图 A-2 所示。

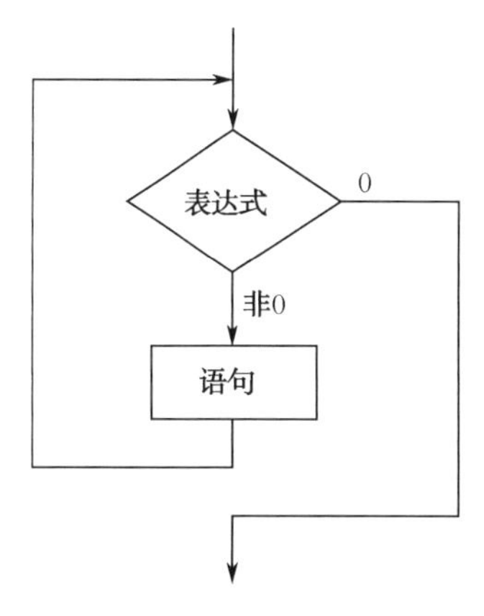

图 A-1　while 语句执行流程图

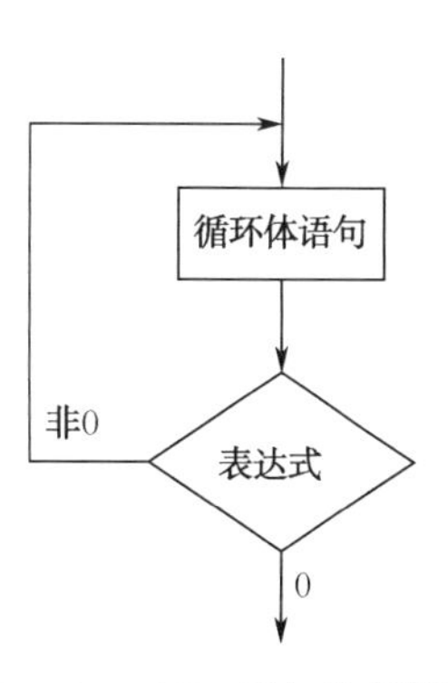

图 A-2　do -while 语句执行流程图

4）for 语句

for 语句一般表达形式如下：

```
for (表达式 1;表达式 2;表达式 3)
语句
```

其执行流程图如图 A-3 所示。

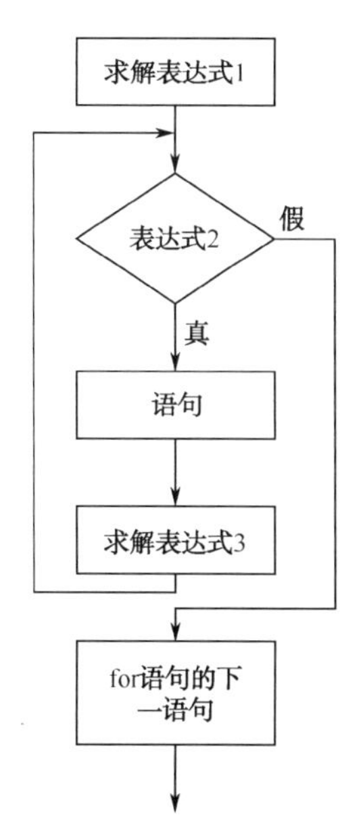

图 A-3　for 语句执行流程图

5）switch 语句

switch 语句一般表达形式如下：

```
switch (表达式)
{
    case 常量 1: 语句 1;
    case 常量 2: 语句 2;
            …
    case 常量 n: 语句 n;
    default;      语句 n + 1;
}
```

前缀 case 和 default 本身并不改变控制流程，它们只起标号作用，在执行上一个 case 所标志的话句后，继续顺序执行下一个 case 前缀所标志的语句，除非上一个语句中最后调用 break 语句使控制转出 switch 结构。

6）break 语句

break 语句一般表达形式如下：

```
break;
```

break 语句的作用是使流程跳到循环体之外，接着执行循环体下面的语句。

注意：break 语句只能用于循环语句和 switch 语句之中，而不能单独使用。

7）continue 语句

continue 语句一般表达形式如下：

```
continue;
```

continue 语句的作用是结束本次循环，即跳过循环体中下面尚未执行的语句，转到循环体结束点之前，进行下一次是否执行循环的判定。

注意：continue 语句只能用于循环语句和 switch 语句之中，而不能单独使用。

8. 预处理指令

```
#define 宏名字符串
#define 宏名(参数 1,参数 2,…,参数 n)字符串
# undef 宏名
# include “文件名”（或<文件名>）
# if 常量表达式
# ifdef 宏名
# ifndef 宏名
# else
# endif
```

附录 B　C51 的库函数

C51 编译器提供了丰富的库函数，使用库函数可以大大简化用户的程序设计工作从而提高编程效率。基于 C51 系列单片机本身的特点，某些库函数的参数和调用格式与 ANSIC 标准有所不同。

每个库函数在相应的头文件中都给出了函数原型声明，用户如果需要使用库函数，必须在源程序的开始处采用预处理命令#include，将有关的头文件包含进来。下面是 C51 中常见的库函数。

B.1　寄存器库函数 REG×××.H

在 REG×××.H 的头文件中定义了 C51 的所有特殊功能寄存器和相应的位，定义时都用大写字母。当在程序的头部把寄存器库函数 REG×××.H 包含后，在程序中就可以直接使用 C51 中的特殊功能寄存器和相应的位了。

B.2　字符函数 CTYPE.H

函数原型：extern bit isalpha(char c)
再入属性：reentrant
功能：检查参数字符是否为英文字母，是则返回 1，否则返回 0。

函数原型：extern bit isalnum(char c)
再入属性：reentrant
功能：检查参数字符是否为英文字母或数字字符，是则返回 1，否则返回 0。

函数原型：extern bit iscntrl(char c)
再入属性：reentrant
功能：检查参数字符是否在 0x00～0x1f 之间或等于 0x7f，是则返回 1，否则返回 0。

函数原型：extern bit isdigit(char c)
再入属性：reentrant
功能：检查参数字符是否为数字字符，是则返回 1，否则返回 0。

函数原型：extern bit isgraph(char c)
再入属性：reentrant
功能：检查参数字符是否为可打印字符，可打印字符的 ASCII 值为 0x21～0x7e，是则

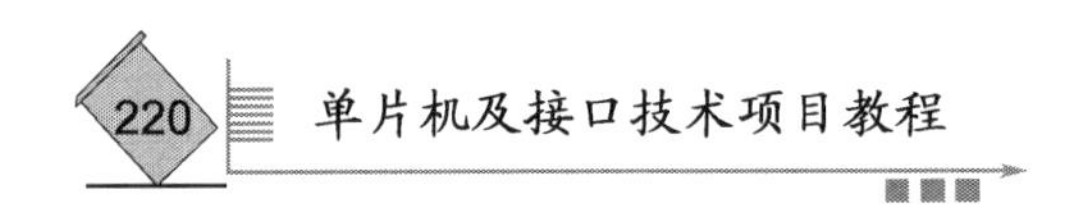

返回 1，否则返回 0。

函数原型：extern bit isprint(char c)
再入属性：reentrant
功能：部分功能与 isgraph 相同，还接收空格符（0x20）。

函数原型：extern bit ispunct(char c)
再入属性：reentrant
功能：检查参数字符是否为标点、空格或格式字符，是则返回 1，否则返回 0。

函数原型：extern bit is1ower (char c)
再入属性：reentrant
功能：检查参数字符是否为小写英文字母，是则返回 1，否则返回 0。

函数原型：extern bit isupper(char c)
再入属性：reentrant
功能：检查参数字符是否为大写英文字母，是则返回 1，否则返回 0。

函数原型：extern bit isspace(char c)
再入属性：reentrant
功能：检查参数字符是否为空格、制表符、回车、换行、垂直制表符或送纸，是则返回 1，否则返回 0。

函数原型：extern bit isxdigit (char c)
再入属性：reentrant
功能：检查参数字符是否为十六进制数字字符，是则返回 1，否则返回 0。

函数原型：extern char toint (char c)
再入属性：reentrant
功能：将 ASCII 字符的 0～9、A～F 转换为十六进制数，返回值为 0～F。

函数原型：extern char tolower (charc)
再入属性：reentrant
功能：将大写字母转换成小写字母，如果不是大写字母，则不做转换直接返回相应的内容。

函数原型：extern char toupper(char c)
再入属性：reentrant
功能：将小写字母转换成大写字母，如果不是小写字母，则不做转换直接返回相应的内容。

B.3 一般输入/输出函数 STDIO.H

C51 库中包含的输入/输出函数 STDIO.H 是通过 C51 的串行口工作的。在使用输入/输出函数 STDIO.H 库中的函数之前，应先对串行口进行初始化。例如，波特率为 2400bps（时钟频率为 12MHz），则初始化程序如下所示。

```
SCON=0x52;
TMOD=0x20;
TH1=0xf3;
TR1=1;
```

当然也可以用其他的波特率。

在输入/输出函数 STDIO.H 中，库中的所有其他的函数都依赖 getkey()和 putchar()函数，如果希望支持其他 I/O 接口，只需修改这两个函数。

函数原型：extem char _getkey(void)
再入属性：reentrant
功能：从串口读入一个字符，不显示。

函数原型：extem char getkey(void)
再入属性：reentrant
功能：从串口读入一个字符，并通过串口输出对应的字符。

函数原型：extem char putchar(char c)
再入属性：reentrant
功能：从串口输出一个字符。

函数原型：extem char *gets(char *string,int len)
再入属性：non-reentrant
功能：从串口读入一个长度为 len 的字符串存入 string 指定的位置，输入以换行符结束。输入成功则返回传入的参数指针，失败则返回 NULL。

函数原型：extem char ungetchar(char c)
再入属性：reentrant
功能：将输入的字符送到输入缓冲区并将其值返回给调用者，下次使用 gets 或 getchar 时可得到该字符，但不能返回多个字符。

函数原型：extem char ungetkey(char c)
再入属性：reentrant
功能：将输入的字符送到输入缓冲区并将其值返回给调用者，下次使用_getkey 时可得到该字符，但不能返回多个字符。

函数原型：extem int printf(const char *fmtstr[,argument] ...)
再入属性：non-reentrant
功能：以一定的格式通过 C51 的串口输出数值或字符串，返回实际输出的字符数。

函数原型：extem int sprintf(char * buffer,const char * fmtstr[,argument])
再入属性：non-reentrant
功能：sprintf 与 printf 的功能相似，但数据不是输出到串口，而是通过一个指针 buffer 送入可寻址的内存缓冲区，并以 ASCII 码形式存放。

函数原型：extem int puts (const char * string)
再入属性：reentrant
功能：将字符串和换行符写入串行口，错误时返回 EOF，否则返回一个非负数。

函数原型：extem int scanf(const char * fintstr[,argument]...)
再入属性：non-reentrant
功能：以一定的格式通过 C51 的串口读入数据或字符串，存入指定的存储单元。
注意：每个参数都必须是指针类型，scanf 返回输入的项数，错误时返回 EOF。

函数原型：extem int sscanf(char *buffer,const char * fintsr[,argument])
再入属性：non-reentrant
功能：sscanf 与 scanf 功能相似，但字符串的输入不是通过串口，而是通过另一个以空结束的指针。

B.4 内部函数 INTRINS.H

函数原型：unsigned char _crol_(unsigned char var,unsigned char n)
unsigned int _irol_(unsigned int var,unsigned char n)
unsigned long _irol_(unsigned long var,unsigned char n)
再入属性：reentrant/intrinse
功能：将变量 var 循环左移 n 位，它们与 C51 单片机的“RL A”指令相关。这 3 个函数的不同之处在于变量的类型与返回值的类型不同。

函数原型：unsigned char _cror_(unsigned char var,unsigned char n)
unsigned int _iror_(unsigned int var,unsigned char n)
unsigned long _iror_(unsigned long var,unsigned char n)
再入属性：reentrant/intrinse
功能：将变量 var 循环右移 n 位，它们与 C51 单片机的“RR A”指令相关。这 3 个函数不同之处在于变量的类型与返回值的类型不同。

函数原型：void _nop_(void)
再入属性：reentrant/intrinse
功能：产生一个 C51 单片机的 NOP 指令。

函数原型：bit _testbit_(bit b)
再入属性：reentrant/intrinse
功能：产生一个 C51 单片机的 JBC 指令。该函数对字节中的一位进行测试。如为 1 则返回 1，如为 0 则返回 0。该函数只能对可寻址位进行测试。

B.5 标准函数 STDLI8.H

函数原型：float atof(void *string)
再入属性：non-reentrant
功能：将字符串 string 转换成浮点数并返回。

函数原型：long atol(void *string)
再入属性：non-reentrant
功能：将字符串 string 转换成长整型数并返回。

函数原型：int atoi(void *string)
再入属性：non-reentrant
功能：将字符串 string 转换成整型数并返回。

函数原型：void *calloc(unsigned int num,unsigned int len)
再入属性：non-reentrant
功能：返回 n 个具有 len 长度的内存指针，如果无内存空间可用，则返回 NULL，所分配的内存区域自动进行初始化。

函数原型：void *malloc(unsigned int size)
再入属性：non-reentrant
功能：返回一个具有 size 长度的内存指针，如果无内存空间可用，则返回 NULL，所分配的内存区域不进行初始化。

函数原型：void *realloc (void xdata *p, unsigned int size)
再入属性：non-reentrant
功能：改变指针 p 所指向的内存单元的大小，原内存单元的内容被复制到新的存储单元中，如果该内存单元的区域较大，多出的部分不做初始化。realloc 函数返回指向新存储区的指针，如果无足够大的内存可用，则返回 NULL。

函数原型：void free(void xdata *p)

再入属性：non-reentrant

功能：释放指针 p 所指向的存储器区域，如果返回值为 NULL，则该函数无效，p 必须为以前用 calloc、malloc 或 realloc 函数分配的存储器区域。

函数原型：void init_mempool(void *data *p，unsigned int size)

再入属性：non-reentrant

功能：对被 calloc、malloc 或 realloc 函数分配的存储器区域进行初始化。指针 p 指向存储器区域的首地址，size 表示存储区域的大小。

B.6 字符串函数 STRING.H

函数原型：void *memcopy(void *dest,void *src,char val,int len)

再入属性：non-reentrant

功能：复制字符串 src 中 len 个元素到字符串 dest 中。如果实际复制了 len 个字符则返回 NULL。复制过程在复制完字符 val 后停止，此时返回指向 dest 中下一个元素的指针。

函数原型：void *memmove (void *dest,void *src,int len)

再入属性：reentrant/intrinse

功能：memmove 的工作方式与 memcopy 相同，只是复制的区域可以交叠。

函数原型：void *memchr (void *buf,char c,int len)

再入属性：reentrant/intrinse

功能：顺序搜索字符串 buf 的前 len 个字符以找出字符 val，成功后返回 buf 中指向 val 的指针，失败时返回 NULL。

函数原型：char memcmp(void *buf1,void * buf2,int len)

再入属性：reentrant/intrinse

功能：逐个比较字符串 buf1 和 buf2 的前 len 个字符，相等时返回 0；如 buf1 大于 buf2，则返回一个正数；如 buf1 小于 buf2，则返回一个负数。

函数原型：void *memcopy(void *dest,void *src,int len)

再入属性：reentrant/intrinse

功能：从 src 所指向的存储器单元复制 len 个字符到 dest 中，返回指向 dest 中最后一个字符的指针。

函数原型：void *memset (void *buf,char c,int len)

再入属性：reentrant/intrinse
功能：用 val 来填充指针 buf 中 len 个字符。

函数原型：char *strcat (char *dest,char *src)
再入属性：non-reentrant
功能：将字符串 dest 复制到字符串 src 的尾部。

函数原型：char *strncat (char *dest,char *src,int len)
再入属性：non-reentrant
功能：将字符串 dest 的 len 个字符复制到字符串 src 的尾部。

函数原型：char strcmp (char * string1,char *string2)
再入属性：reentrant/intrinse
功能：比较字符串 string1 和 string2，相等则返回 0；string1>string2，则返回一个正数；string 1<string2，则返回一个负数。

函数原型：char strncmp(char *string1,char * string2,int len)
再入属性：non-reentrant
功能：比较字符串 string1 与 string2 的前 len 个字符，返回值与 strcmp 相同。

函数原型：char *strcpy (char *dest,char *src)
再入属性：reentrant/intrinse
功能：将字符串 src（包括结束符）复制到字符串 dest 中，返回指向 dest 中第一个字符的指针。

函数原型：char strncpy (char *dest,char*src,int len)
再入属性：reentrant/intrinse
功能：strncpy 与 strcpy 相似，但它只复制 len 个字符。如果 src 的长度小于 len，则 dest 以 0 补齐到长度 len。

函数原型：int strlen (char *src)
再入属性：reentrant
功能：返回字符串 src 中的字符个数，包括结束符。

函数原型：char*strchr (const char * string,char c)
　　　　　int strpos (const char *string,char c)
再入属性：reentrant
功能：strchr 搜索 string 中第一个出现的字符 c，如果找到则返回指向该字符的指针，否则返回 NULL。被搜索的字符可以是字符串结束符，此时返回值是指向字符串结束符的指针。strpos 的功能与 strchr 类似，但返回的是字符 c 在字符串中出现的位置或-1，string 中首字符位置是 0。

函数原型：int strlen (char *src)
再入属性：reentrant
功能：返回字符串 src 中的字符个数，包括结束符。

函数原型：char *strchr (const char *string,char c)
int strpos (const char *string,char c)
再入属性：reentrant
功能：strchr 搜索 string 中最后一个出现的字符 c，如果找到则返回指向该字符的指针，否则返回 NULL。被搜索的字符可以是字符串结束符，此时返回值是指向字符串结束符的指针。strpos 的功能与 strchr 类似，但返回的是字符 c 在字符串中最后一次出现的位置或-1。

函数原型：int strspn(char *string,char *set)
int strcspn(char *string,char * set)
char *strpbrk (char *string,char *set)
char * strrpbrk (char *string,char *set)
再入属性：non-reentrant
功能：strspn 搜索 string 中第一个不包括在 set 串中的字符，返回值是 string 中包括在 set 里的字符个数。如果 string 中所有的字符都包括在 set 里面，则返回 string 的长度（不包括结束符），如果 set 是空则返回 0。

strcspn 与 strspn 相似，但它搜索的是 string 中第一个包含在 set 里的字符。strpbrk 与 strspn 相似，但返回指向搜索到的字符的指针，而不是个数，如果未搜索到，则返回 NULL。strrpbrk 与 strpbrk 相似，但它返回的是指向搜索到的字符的最后一个字符指针。

B.7 数学函数 MATH.H

函数原型：extem int abs(int i)
extem char cabs(char i)
extem float fabs(float i)
extem long labs(long i)
再入属性：reentrant
功能：计算并返回 i 的绝对值。这 4 个函数除了变量和返回值类型不同之外，其他功能完全相同。

函数原型：extem float exp(float i)
extem float log(float i)
extem float log10(float i)
再入属性：non-reentrant

功能：exp 返回以 e 为底的 i 的幂，log 返回 i 的自然对数（e = 2.718282），log10 返回以 10 为底的 i 的对数。

函数原型：extem float sqrt(float i)

再入属性：non-reentrant

功能：返回 i 的正平方根。

函数原型：extem int rand( )

　　　　　extem void srand(int i)

再入属性：reentrant/non-reentrant

功能：rand 返回一个 0～32767 之间的伪随机数，srand 用来将随机数发生器初始化成一个已知的值，对 rand 的相继调用将产生相同序列的随机数。

函数原型：extem float cos(float i)

　　　　　extem float sin(float i)

　　　　　extem float tan(float i)

再入属性：non-reentrant

功能：cos 返回 i 的余弦值，sin 返回 i 的正弦值，tan 返回 i 的正切值，所有函数的变量范围都是-π/2～+π/2，变量的值必须在±65535 之间，否则会产生一个 NaN 错误。

函数原型：extem float acos(float i)

　　　　　extem float asin(float i)

　　　　　extem float atan(float i)

　　　　　extem float atan2(float i,float j)

再入属性：non-reentrant

功能：acos 返回 i 的反余弦值，asin 返回 i 的反正弦值，atan 返回 i 的反正切值，所有函数的值域都是-π/2～+π/2，atan2 返回 i/j 的反正切值，其值域为-π～+π。

函数原型：extem float cosh(float i)

　　　　　extem float sinh(float i)

　　　　　extem float tanh(float i)

再入属性：non-reentrant

功能：cosh 返回 i 的双曲余弦值，sinh 返回 i 的双曲正弦值，tanh 返回 i 的双曲正切值。

B.8　绝对地址访问函数 A8SACC.H

函数原型：#define CBYTE((unsigned char *)0x50000L)

　　　　　#define DBYTE((unsigned char *)0x40000L)

　　　　　#define PBYTE((unsigned char *)0x30000L)

```
#define XBYTE((unsigned char *)0x20000L)
#define CWORD((unsigned int *)0x50000L)
#define DWORD((unsigned int *)0x50000L)
#define PWORD((unsigned int *)0x50000L)
#define XWORD((unsigned int *)0x50000L)
```

再入属性：reentrant

功能：CBYTE 以字节形式对 CODE 区寻址，DBYTE 以字节形式对 DATA 区寻址，PBYTE 以字节形式对 PDATA 区寻址，XBYTE 以字节形式对 XDATA 区寻址，CWORD 以字形式对 CODE 区寻址，DWORD 以字形式对 DATA 区寻址，PWORD 以字形式对 PDATA 区寻址，XWORD 以字形式对 XDATA 区寻址。例如，XBYTE[0x0001]表示以字节形式对片外 RAM 的 0001lH 单元访问。

附录 C　Proteus 仿真软件

Proteus 软件是英国 Labcenter Electronics 公司出品的 EDA 工具软件。它不仅具有其他 EDA 工具软件的仿真功能，还能仿真单片机及外围器件。它是目前最好的仿真单片机及外围器件的工具之一。Proteus 可实现从原理图布图、代码调试到单片机与外围电路协同仿真，一键切换到 PCB 设计，真正实现了从概念到产品的完整设计，是目前世界上唯一将电路仿真软件、PCB 设计软件和虚拟模型仿真软件三合一的设计平台，其处理器模型支持 8051、HC11、PIC10/12/16/18/24/30/dsPIC33、AVR、ARM、8086 和 MSP430 等，2010 年增加了 Cortex 和 DSP 系列处理器。在编译方面，它也支持 IAR、Keil 和 MPLAB 等多种编译器。

1．进入 Proteus ISIS 界面

双击桌面上的 Proteus ISIS 7 Professional 图标或者选择桌面左下方的“开始”→“程序”→“Proteus 7 Professional”→“ISIS 7 Professional”命令，进入 Proteus ISIS 软件界面。

Proteus 的工作界面是标准的窗口操作界面，如图 C-1 所示，包括标题栏、主菜单、标准工具栏、绘图工具栏、状态栏、对象选择按钮、预览对象方位控制按钮、仿真进程控制按钮、预览窗口、对象选择器窗口、图形编辑窗口。

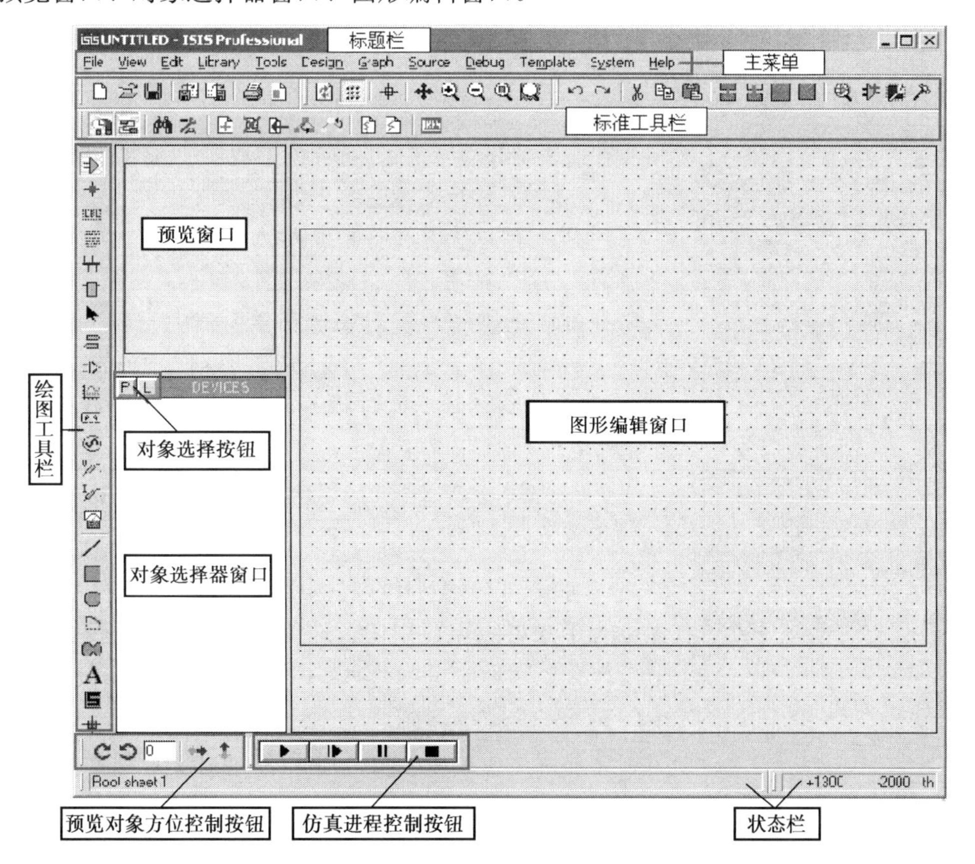

图 C-1　Proteus 软件工作界面

2. Proteus 仿真实例绘制

1）添加元件（Picking Components into the Schematic）

首先单击对象选择按钮“P”，如图 C-2 所示。弹出“Pick Devices”界面后，在“Keywords”栏输入 AT89C51，系统将在对象库中进行搜索查找，并将搜索结果显示在“Results”栏中，如图 C-3 所示。

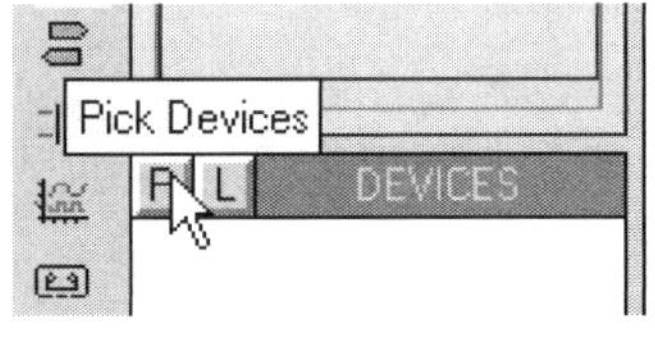

图 C-2　对象选择按钮

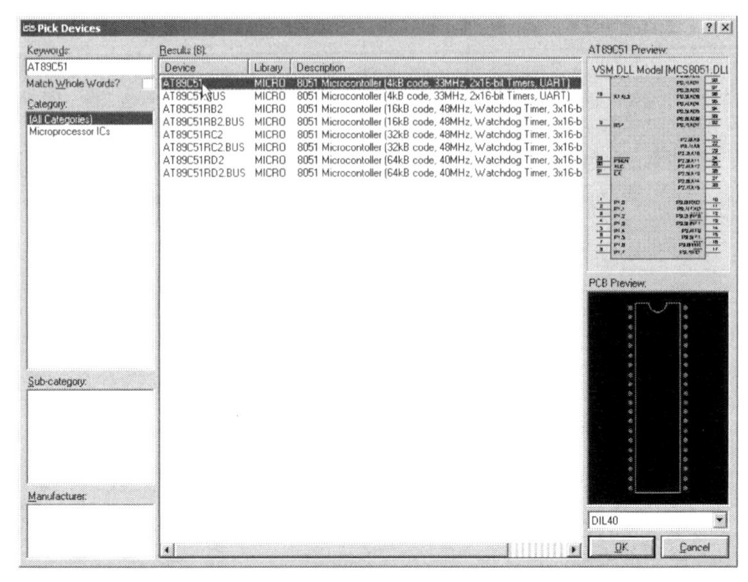

图 C-3　元件库

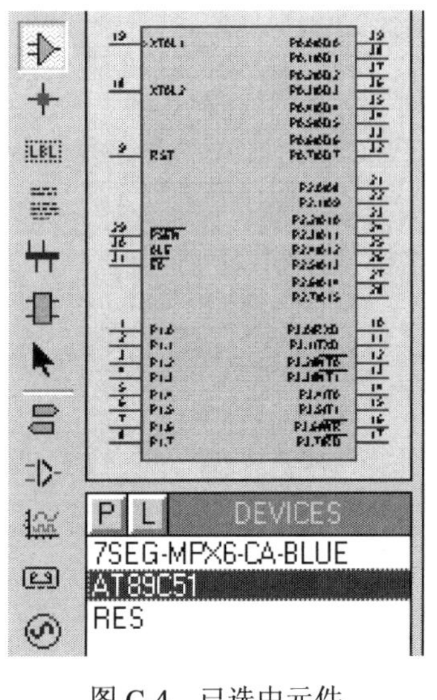

图 C-4　已选中元件

在“Results”栏中的列表项中双击“AT89C51”，则可将“AT89C51”添加至对象选择器窗口。

用同样的方法可选择整个仿真中所需要的电子元件，最后单击“OK”按钮，结束对象选择。

经过以上操作，在对象选择器窗口中已有了仿真所需要的元器件对象，若选择“AT89C51”，在预览窗口中可见到 AT89C51 的实物图。此时绘图工具栏中的元器件按钮已处于选中状态，如图 C-4 所示。

2）放置元器件至图形编辑窗口（Placing Components onto the Schematic）

在对象选择器窗口中，选中“7SEG-MPX6-CA-BLUE”，将光标置于图形编辑窗口中合适位置，单击鼠标左键，该对象完成放置。同理，将 AT89C51 和 RES 放置到图形编辑窗口中，如图 C-5 所示。

若需要移动对象位置，可将光标移到该对象上，单击鼠标右键，此时该对象的颜色变成红色，表明该对象已被选中，拖动光标，将对象移至新位置后，松开鼠标，完成移动操作。

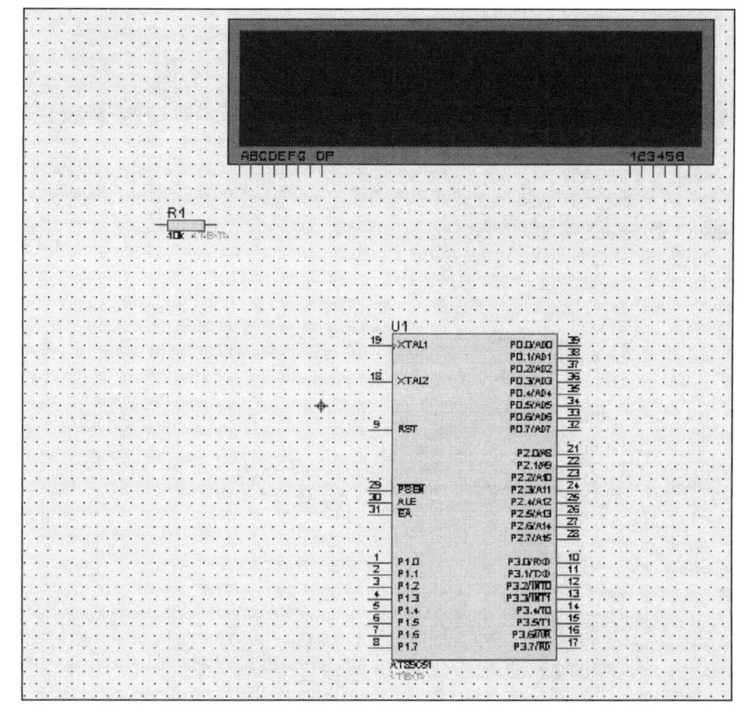

图 C-5　元件放置

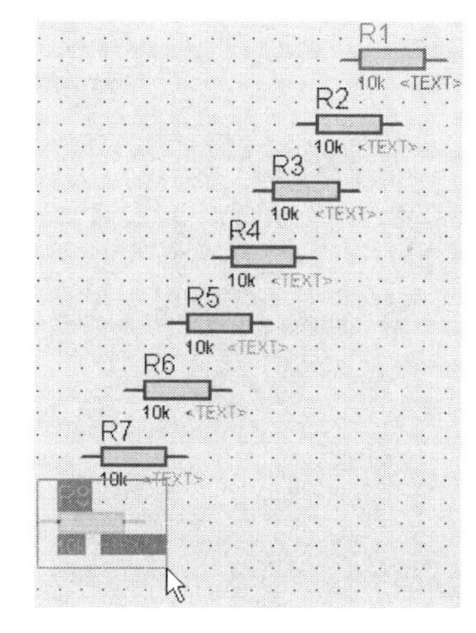

图 C-6　元件的移动

此外，由于电阻 R1～R8 的型号和电阻值均相同，因此可利用复制功能作图。将光标移到 R1，单击鼠标左键选中 R1，在标准工具栏中单击复制按钮，如图 C-7 所示，拖动鼠标，并在合适位置按下鼠标左键，将对象复制到新位置。如此反复，按下鼠标右键后结束复制，电阻名的标志系统将自动加以区分。

3）放置总线至图形编辑窗口

单击绘图工具栏中的总线按钮，如图 C-8 所示，使之处于选中状态。将光标置于图形编辑窗口，单击鼠标左键，确定总线的起始位置；移动鼠标，屏幕出现粉红色细直线，找到总线的终点位置，单击鼠标左键，再单击鼠标右键，以表示确认并结束画总线操作。此后，粉红色细直线被蓝色的粗直线所替代，如图 C-9 所示。

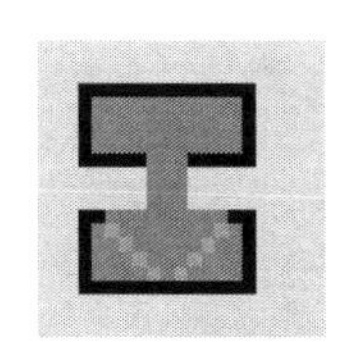

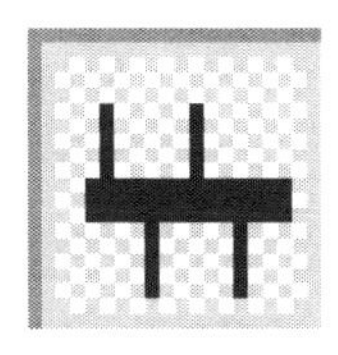

图 C-7　复制按钮　　图 C-8　总线按钮

4）元器件之间的连线（Wiring Up Components on the Schematic）

Proteus 可以在画线的时候进行自动检测。下面来操作如何将电阻 R1 的右端连接到 LED 显示器的 A 端。当光标靠近 R1 右端的连接点时，光标附近会出现一个“×”标记，表明找到了 R1 的连接点，单击鼠标左键，移动鼠标（不用拖动鼠标），将光标靠近 LED 显示器的 A 端的连接点时，光标附近会出现一个“×”标记，表明找到了 LED 显示器的连接点，同时屏幕上出现了粉红色的连接线，单击鼠标左键，粉红色的连接线变成了深绿色，同时，线形由直线自动变成了 90° 的折线，这是因为默认选择了线路自动路径功能。

Proteus 具有线路自动路径功能（简称 WAR），当选中两个连接点后，WAR 将选择一个合适的路径连线。WAR 可通过标准工具栏里的“WAR”命令按钮（见图 C-10）来关闭或打开，也可以在菜单栏的“Tools”下找到这个图标。

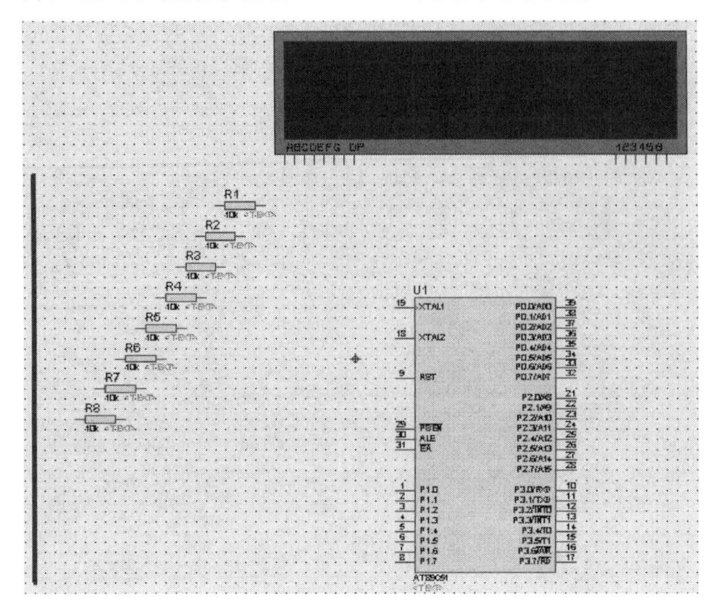

图 C-9　总线的放置

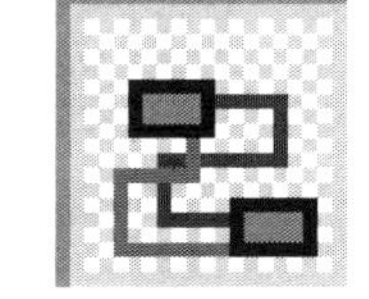

图 C-10　“WAR”命令按钮

同理可以完成其他连线，在此过程中的任何时刻，都可以按 ESC 键或者单击鼠标的右键来放弃画线，如图 C-11 所示。

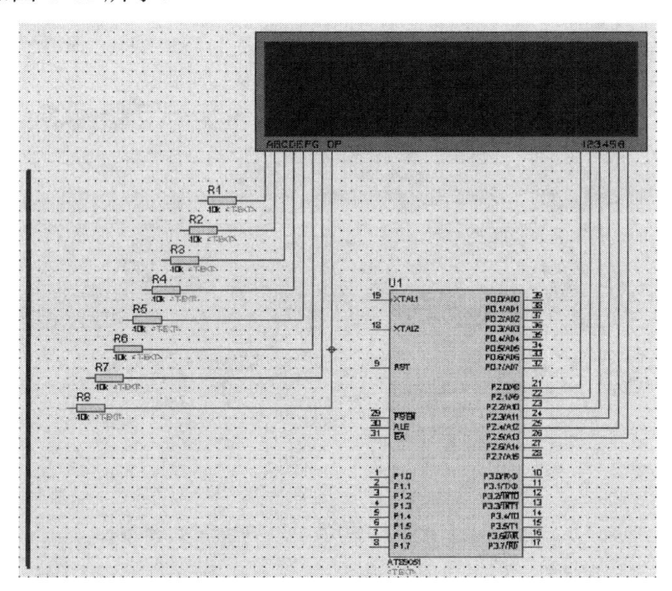

图 C-11　元件间的连线

画总线的时候为了和一般的导线区分，一般用斜线来表示分支线，此时需要自己决定走线路径，只需在拐点处单击鼠标左键即可，如图 C-12 所示。

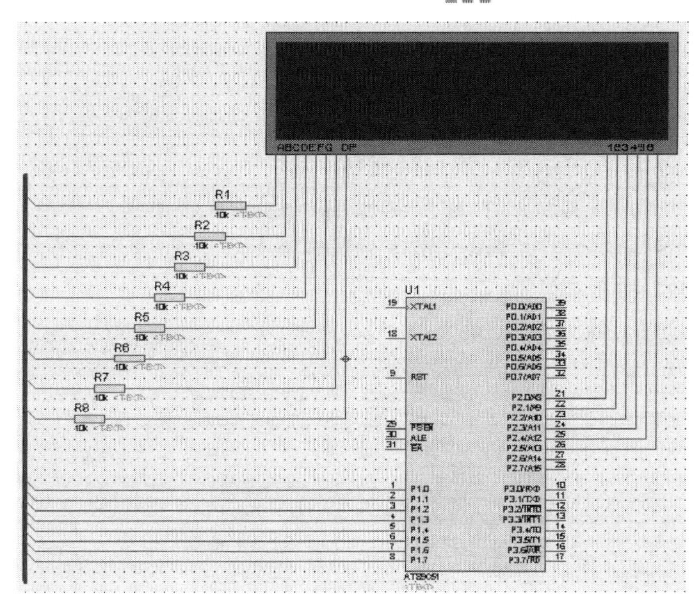

图 C-12　元件与总线的连接

5）给与总线连接的导线贴标签（Part Labels）

单击绘图工具栏中的导线标签按钮，如图 C-13 所示，使之处于选中状态。将光标置于图形编辑窗口的导线上，光标附近会出现一个“×”标记，如图 C-14 所示，其表示已找到可以标注的导线，单击鼠标左键，弹出“编辑导线标签”窗口，如图 C-15 所示。在“String”栏中，输入标签名称（如“a”），单击“OK”按钮，结束对该导线的标签标注。同理，可以标注其他导线的标签，如图 C-16 所示。

注意：在标定导线标签的过程中，相互接通的导线必须标注相同的标签名。

图 C-13　标签按钮

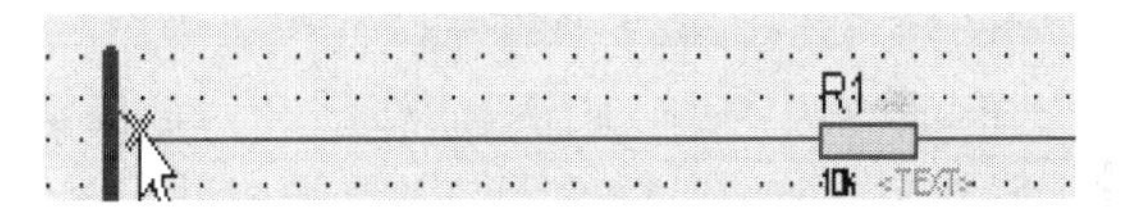

图 C-14　标签放置

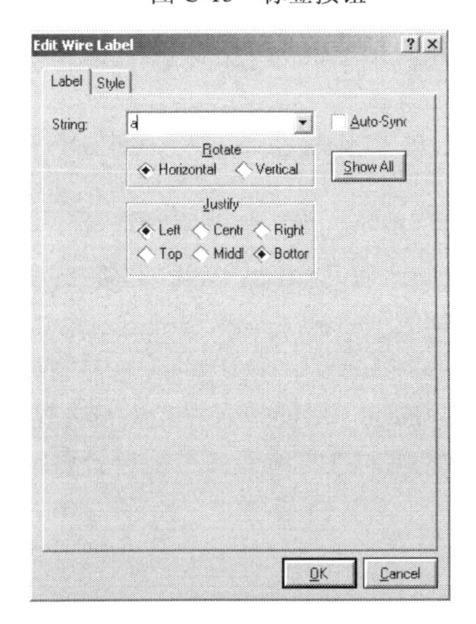

图 C-15　“编辑导线标签”窗口

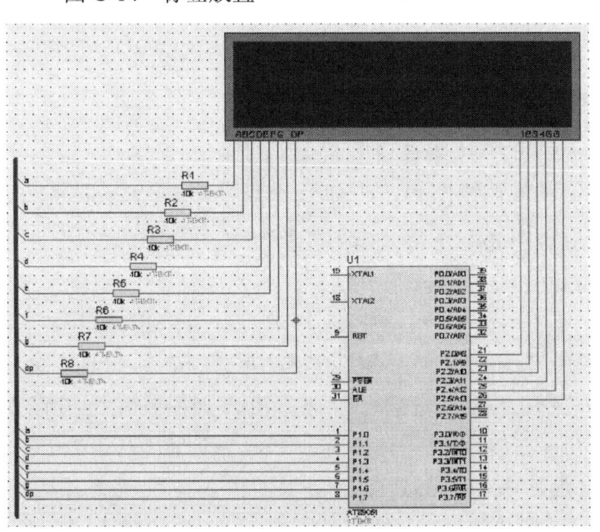

图 C-16　标签完整放置

至此便完成了整个电路图的绘制。

3. Proteus 仿真运行

仿真图绘制完毕，程序编写完成后，在仿真图中双击单片机弹出如图 C-17 所示对话框，单击对话框中文件夹按钮，在随后弹出的对话框中选择程序所在位置，添加程序的 HEX 文件后退回原对话框，在“Program File”一项中多了 HEX 所在的位置，如图 C-18 所示，然后单击“OK”按钮确认。

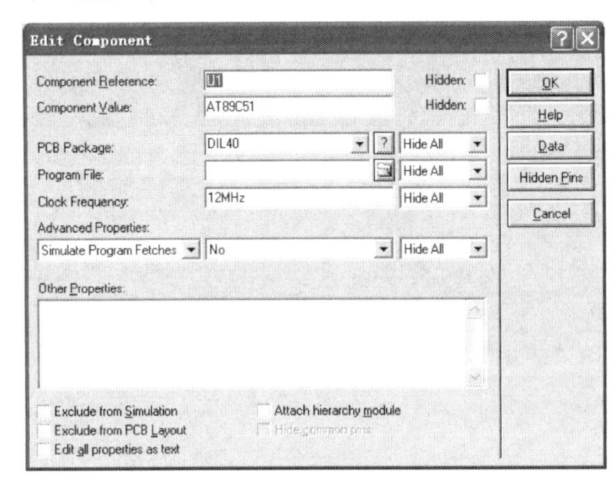

图 C-17 “程序添加”对话框

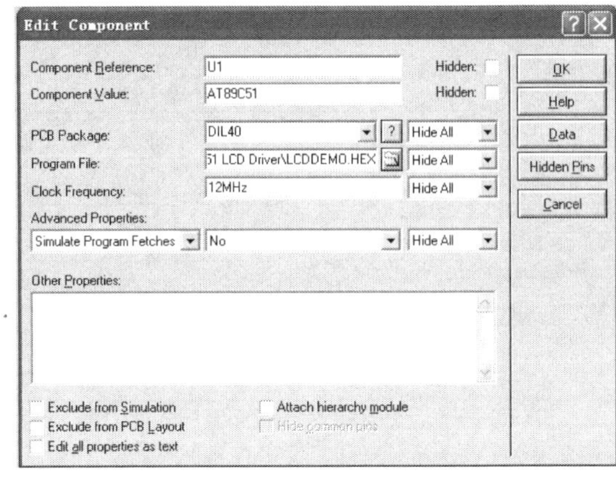

图 C-18 程序添加完成

程序添加完成后，单击 Proteus 软件左下角的“开始”图标，程序就开始运行，在图形编辑窗口就可以看到运行的结果。

4. Keil 与 Proteus 联调

Keil 与 Proteus 联调是在 Keil 软件编译程序完毕后，直接调用 Proteus 软件中的仿真例子，不需要再在 Proteus 中装入 HEX 的程序文本，要实现正确的联调的前提是 Keil 与 Proteus 软件的正确安装与联调补丁的安装（联调的补丁读者可以自行到因特网上下载）。

1）联调补丁安装

下载了补丁程序后，双击补丁程序图标，安装补丁，默认安装在 Keil 文件夹中，如图 C-19 所示。

2）Keil 软件设置

Keil 软件中工程建立之后，单击“Project”→“Options for Target”选项或者选择工具栏的“Option for target”按钮，在弹出窗口中单击“Debug”按钮，出现如图 C-20 所示对话框。

在出现的对话框右上部的下拉菜单里选中“Proteus VSM Monitor-51 Driver”，并勾选“Use”选项，然后单击“Setting”按钮，设置通信接口，在“Host”后面输入“127.0.0.1”，如果使用的不是同一台计算机，则需要在这里输入另一台计算机的 IP 地址（另一台计算机也应安装 Proteus）。在“Port”后面输入“8000”，设置好的情形如图 C-21 所示，单击“OK”按钮。最后编译工程，进入调试状态并运行。

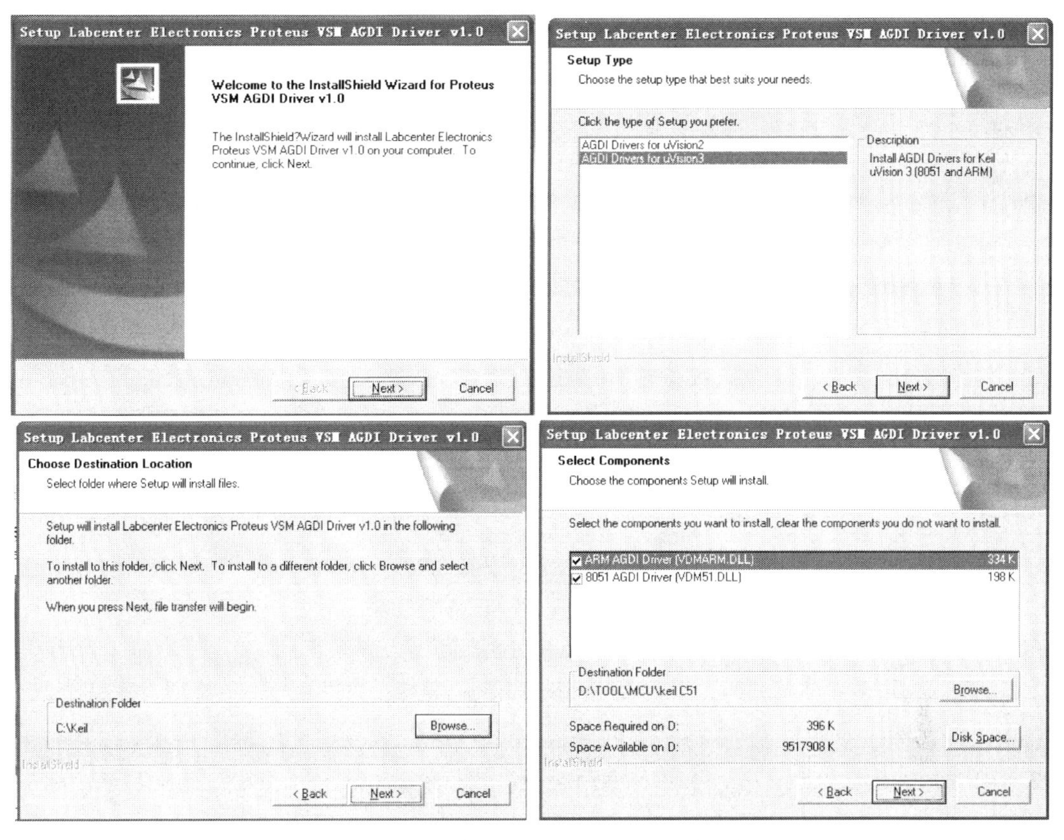

图 C-19　Keil 与 Proteus 联调补丁程序安装

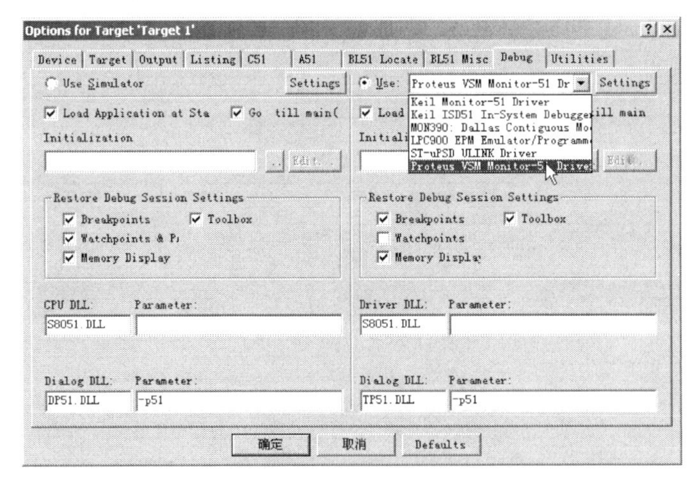

图 C-20　Keil 联调设置

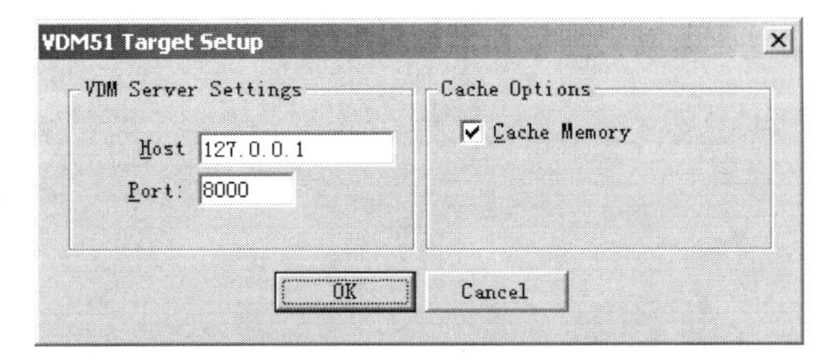

图 C-21　IP 设置

3）Proteus 软件设置

进入 Proteus 软件界面，用鼠标左键单击菜单“Debug”，选中“Use Remote Debug Monitor”，如图 C-22 所示。此后，便可实现 Keil 与 Proteus 联调。

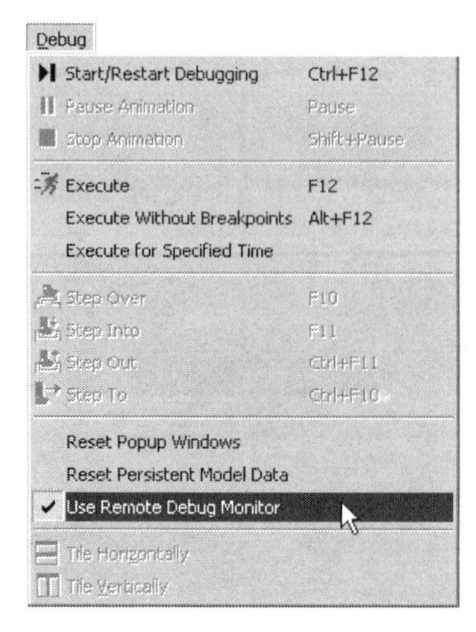

图 C-22 Proteus 联调设置

联调设置完成后，即可在 Keil 里编译程序，选择 Keil 软件中“Debug”→“Start/Stop Debug Session”选项，然后再次选择“Debug”→“Run”，接着就可返回到 Proteus 软件中看仿真结果，不必再生成 HEX 文件并调用到 Proteus 中了。

附录 D　STC 单片机烧录软件

STC 系列单片机是由国内一家 8051 单片机设计生产公司——深圳宏晶科技有限公司生产的。

1. STC 系列单片机特点

STC 系列单片机是新一代超强抗干扰、高速、低功耗的单片机，指令代码完全兼容传统 8051 单片机，12 时钟/机器周期和 6 时钟/机器周期均可选择，最新的 D 版本内部集成 MAX810 专用复位电路。其主要特点如下：

（1）增强型 1T 流水线/精简指令集结构 8051 CPU；

（2）工作电压：2.4～3.8V/3.4～5.5V；

（3）工作频率范围：0～35MHz，相当于普通 8051 的 0～420MHz；

（4）用户应用程序空间：2KB；

（5）片上集成 256B RAM；

（6）15 个通用 I/O 口复位后为准双向口/弱上拉，且可设置成四种模式：准双向口/弱上拉、推挽/强上拉、仅为输入/高阻、开漏；

（7）E^2PROM 功能；

（8）共两个 16 位定时器/计数器；

（9）通用异步串行口；

（10）看门狗；

（11）ISP/IAP，无须专用编程器和仿真器，可通过串口（TXD/RXD）直接下载用户程序，数秒即可完成一片；

（12）工作温度范围：0～75℃/−40～+85℃。

STC 单片机的 ISP/IAP 技术，使其可以在线烧录程序，只需要通过串口的通信就可以将程序烧录到单片机中，省去了买烧录器和重复插拔单片机芯片的麻烦，给开发和实验带来了很大的方便。

2. STC 系列单片机的烧录

1）STC 系列单片机烧录软件

STC 系列单片机具有 ISP 技术，ISP 的好处是：省去购买通用编程器，单片机在用户系统上即可下载/烧录用户程序，而无须将单片机从已生产好的产品中拆下，再用通用编程器将程序代码烧录进单片机内部。有些程序尚未定型的产品可以一边生产，一边完善，加快产品进入市场的速度，减小新产品由于软件缺陷带来的风险。由于可以在用户的目标系统上将程序直接下载进单片机看运行结果对错，故不需要仿真器。

STC 系列单片机的内部固化有 ISP 系统引导固件，配合 PC 端的控制程序即可将用户程序代码下载进单片机内部，故不需要编程器（速度比通用编程器快，几秒一片）。

STC 提供的 ISP 下载工具可以从宏晶公司网站（www.stcmcu.com）下载，支持*.bin 和*.HEX（Intel 十六进制格式）文件，少数*.HEX 文件不支持的话，可转换成*.bin 文件。

2）STC 系列单片机烧录软件使用

STC-ISP 烧录工具完整界面如图 D-1 所示，烧录步骤如下。

步骤 1：选择所使用的单片机型号，如 STC89C51，STC12C2052AD 等。

步骤 2：打开文件，要烧录用户程序，必须调入用户程序代码（*.bin，*.HEX）。

步骤 3：选择串行口，如串行口 1——COM1，串行口 2——COM2 等。

步骤 4：选择下次冷启动后，时钟源为“内部 R/C 振荡器”还是“外部晶振或时钟”。

步骤 5：单击“Download/下载”按钮下载用户的程序到单片机内部，可以重复执行步骤 5，也可以单击“Re-Download/重复下载”按钮。

下载时注意看提示，看是否要给单片机上电或复位，其下载速度比一般通用编程器快。

注意：一定要先单击“Download/下载”按钮，然后再给单片机上电复位（先彻底断电），而不要先上电。如果先上电，检测不到合法的下载命令流，单片机就直接运行用户程序了。

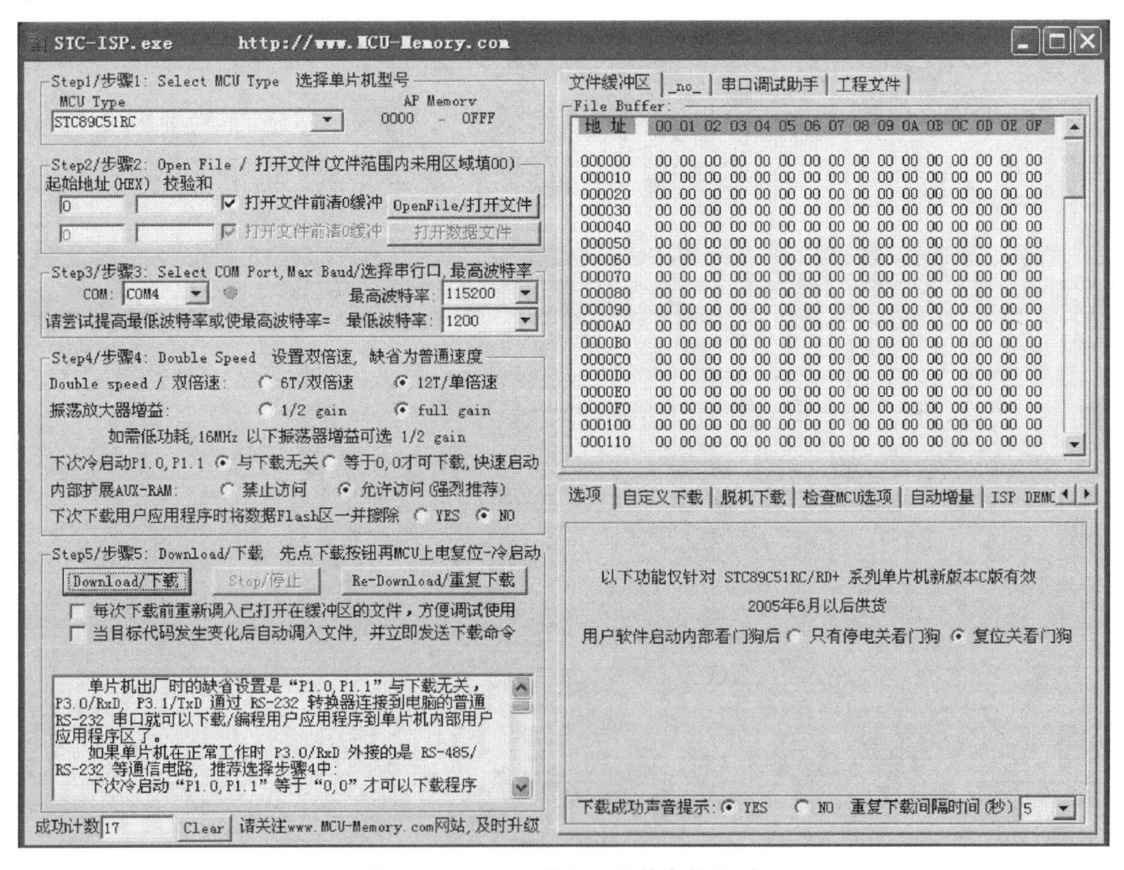

图 D-1 STC-ISP 烧录工具的完整界面

附录 E　串口调试助手使用

1. 软件下载网址

“串口调试助手”软件可到网站 http://www.emouze.com 下载。

2. 显示界面

“串口调试助手”软件的完整界面如图 E-1 所示。

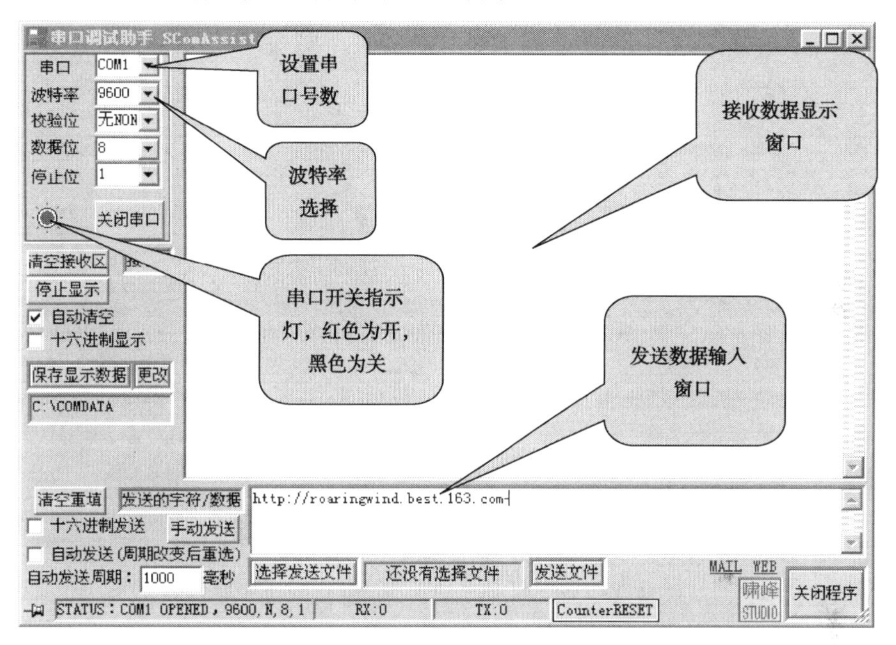

图 E-1　“串口调试助手”的完整界面

3. 使用方法

（1）调好串口号和波特率；
（2）打开软件的串口；
（3）把程序烧到芯片上，将电路板与串口连接好；
（4）单片机上电；
（5）在接收区看显示结果。

注意：在连接 PC 串口调试，发送数字时，发送完一个数字后还要发送一个回车符，以使 scanf 函数确认有数据输入。

4. 调试实例

编写 C51 控制源程序如下所示。

```
/*********************************************************************
    * @file:     main.c
    * @Function：用“串口调试助手”显示  “Hello Everyone!”
*********************************************************************/
    #include <reg51.h>
    #include <stdio.h>
    void main(void)
    {
        SCON = 0x52;                          //串口方式 1，允许接收
        TMOD = 0x20;                          //定时器 1 定时方式 2
        TCON = 0x40;                          //设定时器 1 开始计数
        TH1 = 0xE8;                           //11.0592MHz，波特率 1200bps
        TL1 = 0xE8;
        TR1 = 1;                              //启动定时器
        while(1)
        {
            printf ("  Hello Everyone!\n");   //显示“Hello Everyone!”
            printf ("\n");
        }
    }
```

附录 F　常用芯片引脚图

单片机常用芯片引脚如图 F-1～图 F-13 所示。

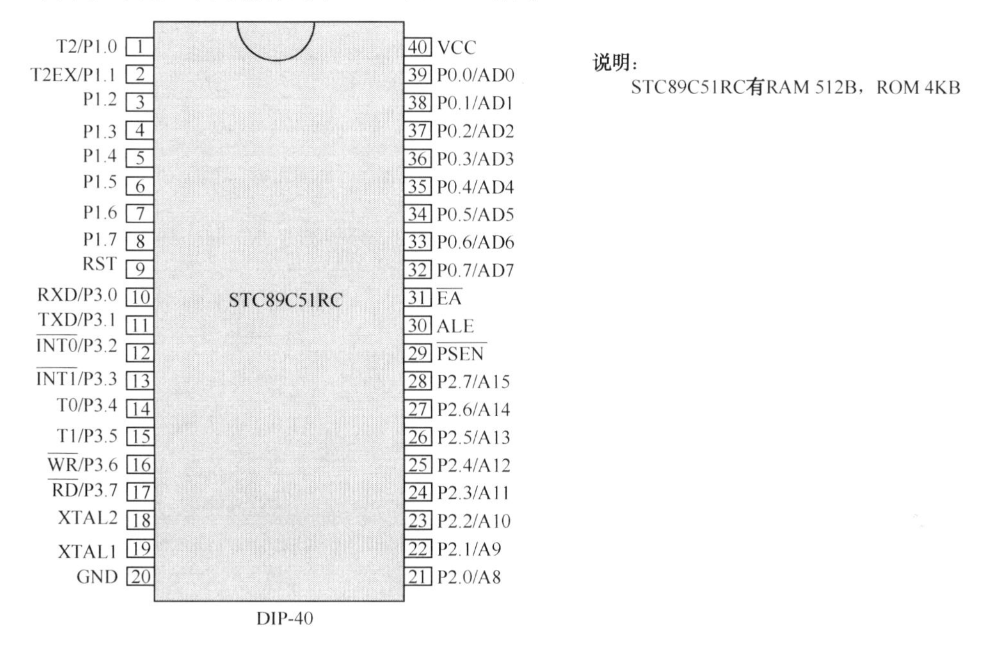

图 F-1　DIP-40 单片机引脚图

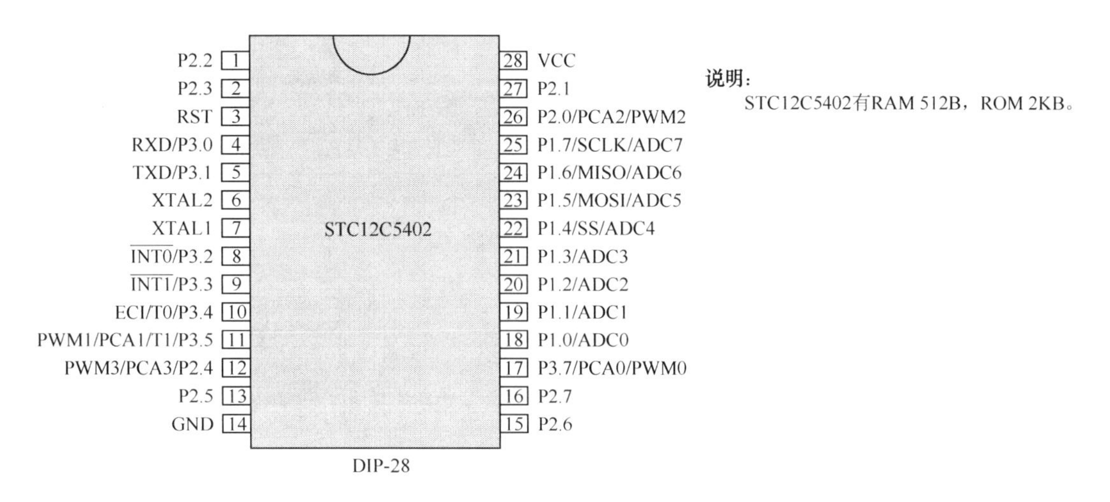

图 F-2　DIP-28 单片机引脚图

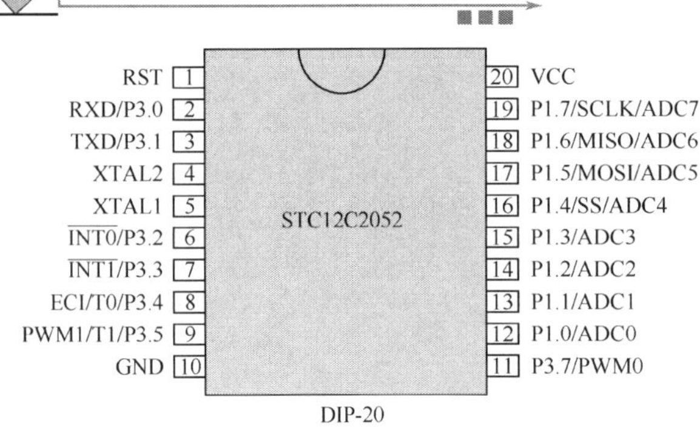

说明：

STC12C2052有RAM 256B，ROM 2KB。

图 F-3　DIP-20 单片机引脚图

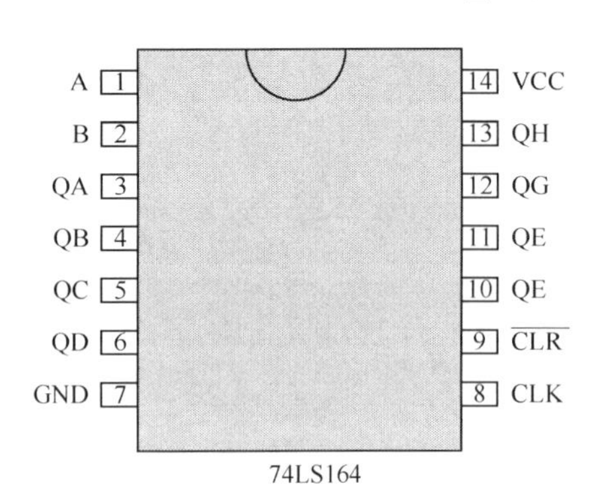

说明：

8位移位寄存器，串行输入，并行输出，常用于扩展输出口。

1、2引脚：串行输入。

3～6、10～13引脚：并行输出。

9引脚：异步清零。

8引脚：移位脉冲。

图 F-4　74LS164 引脚图

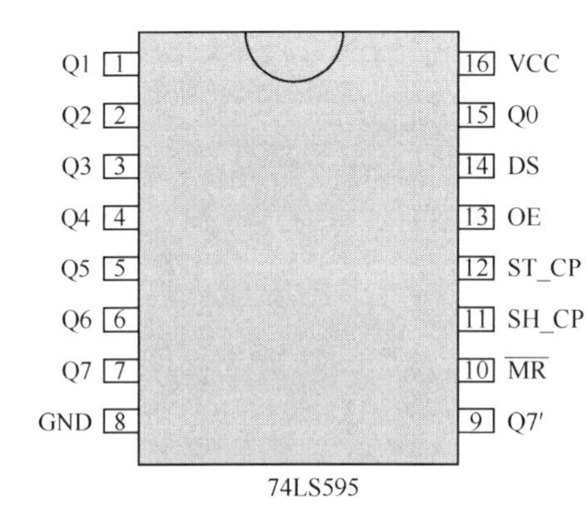

说明：

8位输出锁存移位寄存器。

15、1～7引脚：芯片8位输出端（Q0～Q7），9引脚Q7′可作为多片74LS595级联输出，接下一片的14引脚。

10引脚：移位寄存器的清零输入端，为低，移位寄存器的输出全为零。

11引脚：移位寄存器的移位时钟脉冲。在其上升沿发生移位时，将DS的下一数据打入低位。

12引脚：输出锁存器的打入信号。其上升沿将移位寄存器的输入打入到输出锁存器。

13引脚：三态门的开放信号。为低，移位寄存器的输出才开放，否则为高阻态。

14引脚：串行数据输入端。

图 F-5　74LS595 引脚图

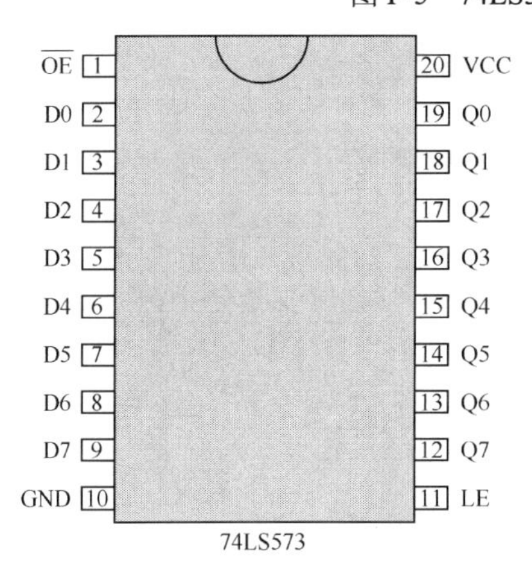

说明：

573为八D锁存器（带三态缓冲输出）。

Q0～Q7：数据输出端。

D0～D7：数据输入端。

OE：三态允许控制端（低态有效）。

LE：锁存允许控制端。

口线分布优于373。

图 F-6　74LS573 引脚图

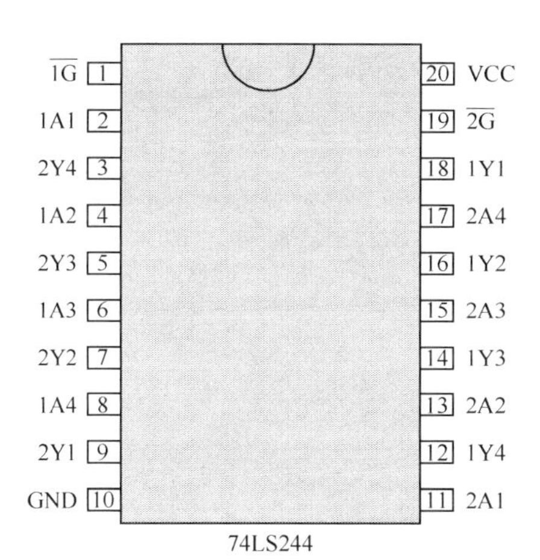

说明：

74LS244为单向八缓冲器/线驱动器/线接收器（三态）芯片，常用做单向总线驱动器和并行输入口，实现地址总线和控制总线的驱动。

图 F-7 74LS244 引脚图

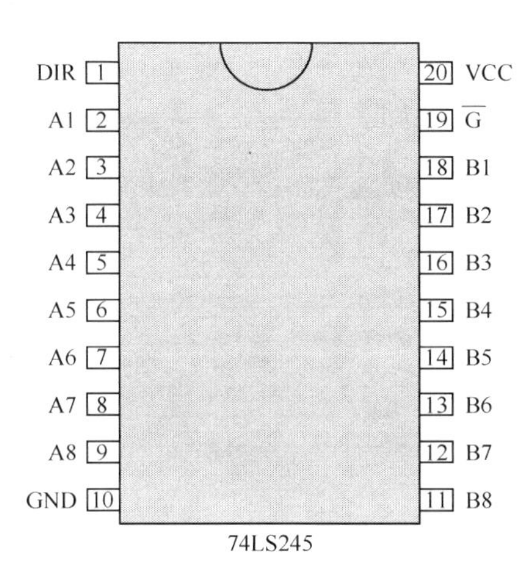

说明：

74LS245为双向八缓冲器/线驱动器/（三态）芯片，常用做双向总线驱动器和并行输入口，实现数据总线驱动。

图 F-8 74LS245 引脚图

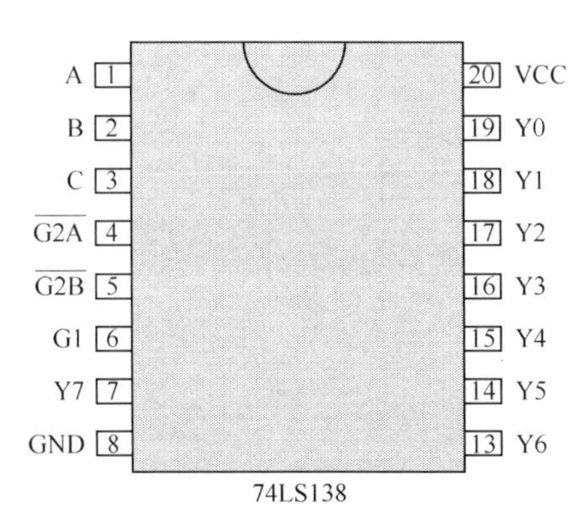

说明：

74LS138为3-8线译码器。

图 F-9 74LS138 引脚图

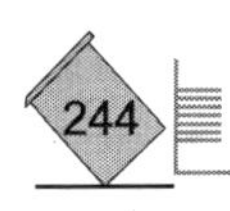

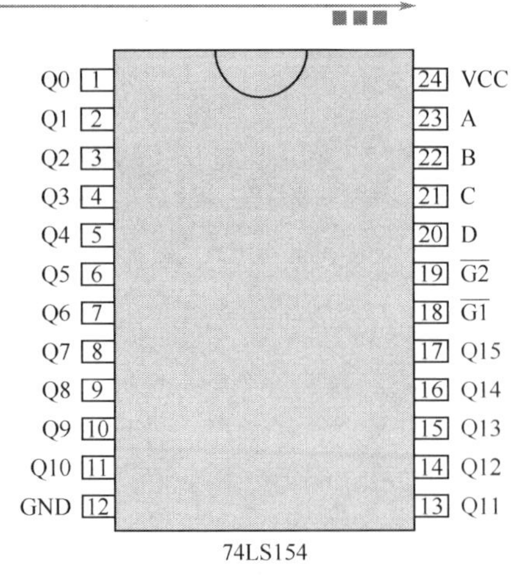

说明：

4-16线译码器/分路分配器。

$\overline{G1}$、$\overline{G2}$引脚：输入使能控制端，低电平有效。

A、B、C、D引脚：输入端，共有16种组合状态。

Q0～Q15引脚：16路输出端。

图 F-10　74LS154 引脚图

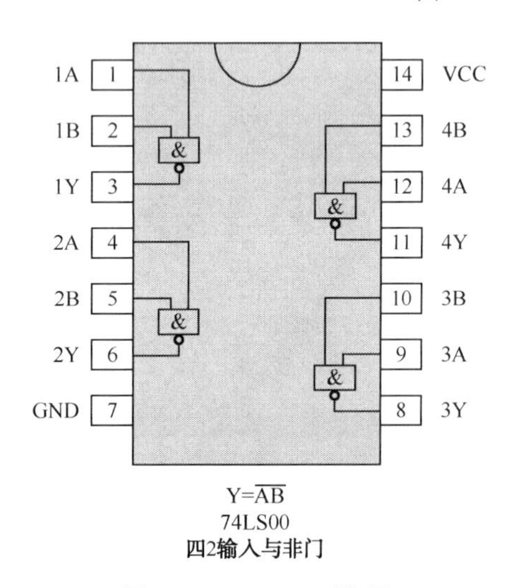

Y=$\overline{AB}$

74LS00

四2输入与非门

图 F-11　74LS00 引脚图

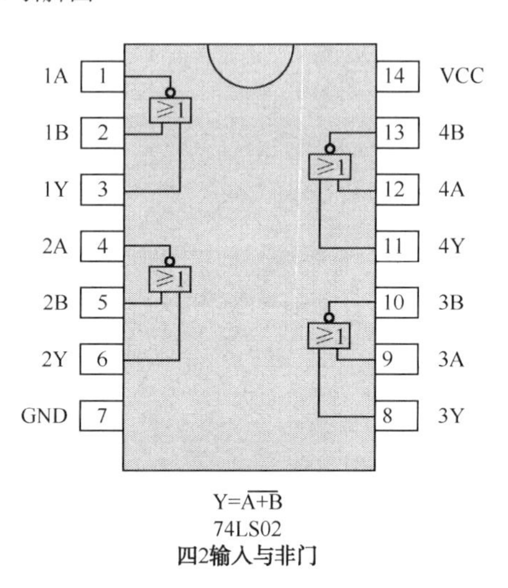

Y=$\overline{A+B}$

74LS02

四2输入与非门

图 F-12　74LS02 引脚图

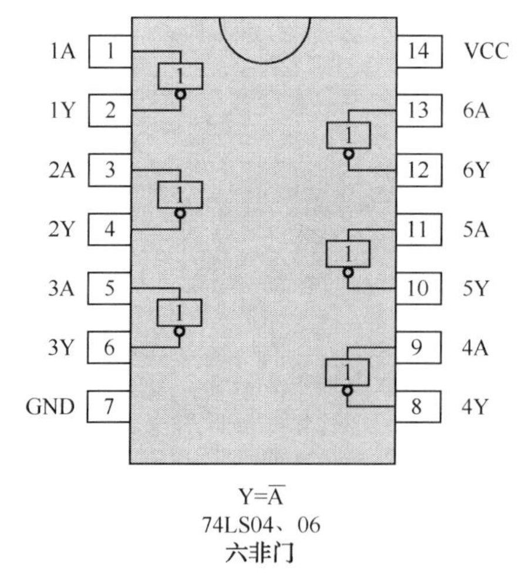

Y=$\overline{A}$

74LS04、06

六非门

图 F-13　74LS04、06 引脚图